大同市主要农作物优良品种及栽培技术

李 波 张 春 编著

中国农业大学出版社
·北京·

内 容 简 介

为了更好地实施山西省粮食绿色高产高效创建项目,加快有机旱作农业的发展,特编撰了此书。本书重点收录了玉米、马铃薯、谷子、糜黍、荞麦、大豆、绿豆、莜麦和高粱 9 种大同市粮食生产中常见作物的优良品种及相关优质高产栽培技术。本书可供广大种子工作者、农业技术人员、农业专业合作社、种植大户以及广大农民群众阅读参考。

图书在版编目(CIP)数据

大同市主要农作物优良品种及栽培技术/李波,张春编著 . —北京:中国农业大学出版社,2018.10

ISBN 978-7-5655-2123-2

Ⅰ.①大… Ⅱ.①李…②张… Ⅲ.①作物-良种-大同②作物-栽培技术-大同 Ⅳ.①S31

中国版本图书馆 CIP 数据核字(2018)第 234077 号

书　名	大同市主要农作物优良品种及栽培技术
作　者	李 波 张 春 编著

策划编辑	张秀环	责任编辑	石 华
封面设计	郑 川		
出版发行	中国农业大学出版社		
社　址	北京市海淀区圆明园西路 2 号	邮政编码	100193
电　话	发行部 010-62818525,8625	读者服务部	010-62732336
	编辑部 010-62732617,2618	出 版 部	010-62733440
网　址	http://www.caupress.cn	E-mail	cbsszs @ cau. edu. cn
经　销	新华书店		
印　刷	涿州市星河印刷有限公司		
版　次	2018 年 10 月第 1 版　2018 年 10 月第 1 次印刷		
规　格	787×1092　16 开本　14 印张　350 千字		
定　价	45.00 元		

图书如有质量问题本社发行部负责调换

前　言

　　农作物种子作为现代科学技术的载体，是农业生产的物质基础，在农业生产中发挥着不可替代的作用。积极使用具有良好生产性能和加工品质的农作物新品种，同时配合优质高产栽培技术，是实现高产、高效农业的重要前提。

　　编写本书旨在更好地实施山西全省粮食绿色高产、高效创建项目，加快山西省有机旱作农业发展，加大农作物新品种试验示范筛选推广力度，引导广大农民科学选用良种，倡导良种良法配套，为广大种子工作者、农业技术人员、农业专业合作社、种植大户以及广大农民群众提供优良新品种以及与之相适应的栽培技术，促进粮食生产，增加农民收入。

　　本书重点收录了玉米、马铃薯、谷子、糜黍、荞麦、大豆、绿豆、莜麦和高粱等9种大同市粮食生产中常见作物的优良品种和相关优质高产栽培技术。

　　本书在编写过程中参考了大量的相关文献资料、引用了有关科研院所的技术资料、收编摘录了近年来国家和山西省农作物品种审定委员会审定通过的部分品种，在此期间得到许多同行专家和技术人员的大力支持和帮助，在此表示衷心感谢。文中如有纰漏和不足之处，敬请读者大力斧正。

编　者

2018 年 4 月

目　　录

第一章 玉 米

第一节 优良品种介绍

一、先玉 335

它是美国先锋公司选育的玉米杂交种。由敦煌种业先锋良种有限公司按照美国先锋公司的质量标准和专有技术独家生产加工销售。具有高产、稳产、抗倒伏、适应性广、熟期适中、株型合理等优点。于 2004 年、2006 年分别通过了国家审定。

审定编号：国审玉 2004017 号（夏播）、国审玉 2006026 号（春播）。

选育单位：铁岭先锋种子研究有限公司。

审定情况：2004 年河南省农作物品种审定委员会审定。

品种来源：母本为 PH6WC，来源为先锋公司自育；父本为 PH4CV，来源为先锋公司自育。

特征特性：该品种田间表现幼苗长势较强，成株株型紧凑、清秀，气生根发达，叶片上举。其籽粒均匀，杂质少，商品性好，高抗茎腐病，中抗黑粉病，中抗弯孢菌叶斑病。田间表现丰产性好，稳产性突出，适应性好，早熟抗倒。在黄淮海地区生育期 98 天，比对照"农大 108"早熟 5～7 天。幼苗叶鞘紫色，叶片绿色，叶缘绿色。成株株型紧凑，株高 286 厘米，穗位高 103 厘米，全株叶片数 19 片左右。花粉红色，颖壳绿色，花丝紫红色，果穗筒形，穗长 18.5 厘米，穗行数 15.8 行，穗轴红色，籽粒黄色，马齿形，半硬质，百粒重 34.3 克。

抗病鉴定：经河北省农科院植保所 2 年接种鉴定，高抗茎腐病，中抗黑粉病、弯孢菌叶斑病，感大斑病、小斑病、矮花叶病和玉米螟。

品质分析：经农业部谷物品质监督检验测试中心（北京）测定，籽粒粗蛋白质含量 9.55%，粗脂肪含量 4.08%，粗淀粉含量 74.16%，赖氨酸含量 0.30%。经农业部谷物及制品质量监督检验测试中心（哈尔滨）测定，籽粒粗蛋白质含量 9.58%，粗脂肪含量 3.41%，粗淀粉含量 74.36%，赖氨酸含量 0.28%。

栽培要点：适宜密度为 3 500～4 000 株/亩，注意防治大斑病、小斑病、矮花叶病和玉米螟。造好底墒，施足底肥，精细整地，精量播种，增产增收。

产量表现：2002—2003 年参加黄淮海夏玉米品种区域试验，38 点次增产，7 点次减产，2 年平均亩产 579.5 千克，比对照"农大 108"增产 11.3%；2003 年参加同组生产试验，15 点增产，6 点减产，平均亩产 509.2 千克，比当地对照增产 4.7%。在东北平均亩产量 1 500 千克，年积温 2 650～2 700℃。

审定意见：经审核该品种符合国家玉米品种审定标准，通过审定。该品种适宜在北京、天津、辽宁、吉林、河北北部、山西、内蒙古赤峰和通辽地区、陕西延安地区春播种植，注意防治丝黑穗病。根据《中华人民共和国农业部公告》第 413 号，该品种还适宜在河南、河北、山东、陕西、安徽、山西运城夏播种植,大斑病、小斑病、矮花叶病、玉米螟高发区慎用。

二、大丰 30

审定编号:晋审玉 2012007。

申报单位:山西大丰种业有限公司。

选育单位:山西大丰种业有限公司。

品种来源:A311×PH4CV。

特征特性:生育期 127 天左右。幼苗第一叶叶鞘深紫色,尖端圆到匙形,叶缘紫色。株型半紧凑,总叶片数 21 片,株高 325 厘米,穗位高 110 厘米,雄穗主轴与分枝角度中,侧枝姿态直,一级分枝 4～5 个,最高位侧枝以上的主轴长 28.8 厘米,花药紫色,颖壳紫色,花丝由淡黄转红色,果穗筒形,穗轴深紫色,穗长 18.8 厘米,穗行数 16～18 行,行粒数 40.4 粒,籽粒黄色、马齿形,籽粒顶端黄色,百粒重 40.5 克,出籽率 89.7%。

抗病鉴定:2009—2011 年山西省农业科学院植物保护研究所、山西农业大学农学院鉴定,中抗茎腐病,感丝黑穗病、大斑病、穗腐病、矮花叶病、粗缩病。

品质分析:2010 年农业部谷物及制品质量监督检验测试中心检测,容重 756 克/升,粗蛋白质含量 9.99%,粗脂肪含量 3.57%,粗淀粉含量 75.45%。

产量表现:2009—2010 年参加山西省早熟玉米品种区域试验,2009 年亩产 721.2 千克,比对照"长城 799"增产 5.9%,2010 年亩产 714.7 千克,比对照增产 20.8%,2 年平均亩产 718.0 千克,比对照增产 12.8%;2010 年早熟区生产试验,平均亩产 698.5 千克,比当地对照增产 15.1%。2011 年参加中、晚熟玉米品种(4200 密度组)区域试验,平均亩产 901.8 千克,比对照"先玉 335"增产 6.5%;2011 年生产试验,平均亩产 797.9 千克,比当地对照增产 9.4%。

栽培要点:适宜播期 4 月下旬;亩留苗 4 000 株左右;亩施优质农肥 3 000～4 000 千克,拔节期追施尿素 40 千克。

适宜区域:山西省春播早熟及中、晚熟玉米区。

三、诚信 16

审定编号:晋审玉 2010023。

申报单位:山西诚信种业有限公司。

选育单位:山西诚信种业有限公司。

品种来源:C0314×W91,试验名称为"谊科 6 号"。

特征特性:生育期 128 天左右。株型半紧凑,株高 277 厘米,穗位高 104 厘米,雄穗分枝数 10～13 个,花丝黄白色,花药棕黄色,护颖绿色,果穗长筒形,穗轴红色。穗长 21.2 厘米,穗行数 16 行,行粒数 42.2 粒,籽粒黄色、马齿形,百粒重 36.6 克。

抗病鉴定:2007—2008 年经山西省农业科学院植物保护研究所鉴定,抗穗腐病,中抗大斑病、青枯病、矮花叶病,感丝黑穗病、粗缩病。

品质分析:2008 年农业部谷物及制品质量监督检验测试中心检测,容重 772 克/升,粗蛋白质含量 10.66%,粗脂肪含量 4.35%,粗淀粉含量 72.35%。

产量表现:2007—2008 年参加山西省春播中、晚熟玉米区域试验,2007 年亩产 755.9 千克,比对照"农大 108"增产 15.4%,2008 年亩产 759.0 千克,比对照"郑单 958"增产 8.7%,2

年平均亩产 757.4 千克,比对照增产 11.9%。2008 年生产试验,平均亩产 727.8 千克,比当地对照增产 5.9%。

栽培要点:亩留苗 3 000～3 500 株;增施有机底肥,配施氮、钾肥;注意喇叭口期培土,防止后期倒伏。

适宜区域:山西省春播中、晚熟玉米区。

四、先玉 508

引种编号:晋引玉 2010006。

申报单位:铁岭先锋种子研究有限公司。

选育单位:铁岭先锋种子研究有限公司。

品种来源:PH5AD×PH6WC。

审定情况:2005 年辽宁省审定(辽审玉[2005]209 号)。

特征特性:生育期 130 天左右。株型半紧凑,株高 290 厘米,穗位高 103 厘米,花丝浅紫色,花药紫色,颖壳紫色,雄穗分枝 5～8 个,果穗筒形,穗轴红色,穗长 20.8 厘米,穗行数 16 行,行粒数 42.9 粒,籽粒黄色、马齿形,出籽率 83.1%,百粒重 38 克。

抗病鉴定:2009 年山西省农业科学院植物保护研究所鉴定,高抗青枯病,抗丝黑穗病、穗腐病、粗缩病,中抗大斑病,高感矮花叶病。

品质分析:2004 年农业部农产品质量监督检验测试中心(沈阳)检测,容重 746.4 克/升,粗蛋白质含量 10.03%,粗脂肪含量 4.34%,淀粉含量 74.04%,赖氨酸含量 0.34%。

产量表现:2009 年参加山西省中、晚熟区玉米引种试验,平均亩产 775.3 千克,比对照增产 12.3%。

栽培要点:播期 4 月中、下旬至 5 月初;亩留苗 3 300～4 200 株;亩施磷酸二铵 15 千克和硫酸钾 5 千克作种肥,追肥尿素 30 千克。

适宜区域:山西省春播中、晚熟玉米区。

五、泉玉 10 号

审定编号:晋审玉 2011002。

申报单位:阳高县益源种业科技有限公司。

选育单位:阳高县益源种业科技有限公司。

品种来源:YG122×YG482。试验名称为"L2006-2"。

特征特性:生育期 127 天,比对照"长城 799"晚 1 天。幼苗第一叶叶鞘红色,尖端圆形,叶缘紫红色。株型紧凑,总叶片数 20 片,株高 290 厘米,穗位高 118 厘米,雄穗主轴与分枝角度中,侧枝姿态轻度下弯,一级分枝 3～4 个,最高位侧枝以上的主轴长 15～20 厘米,花药黄色,颖壳黄绿色,花丝粉红色,果穗筒形,穗轴白色,穗长 21～23 厘米,穗行数 16～18 行,行粒数 40 粒,籽粒黄色、半马齿形,籽粒顶端黄色,百粒重 38.6 克,出籽率 89.2%。

抗病鉴定:2009—2010 年经山西省农业科学院植物保护研究所鉴定,中抗大斑病、青枯病、穗腐病、矮花叶病,感丝黑穗病、粗缩病。

品质分析:2010 年农业部谷物及制品质量监督检验测试中心检测,容重 779 克/升,粗蛋白质 9.93%,粗脂肪 4.33%,粗淀粉 74.87%。

产量表现:2009—2010 年参加山西省早熟玉米品种区域试验,2009 年亩产 774.6 千克,比对照"长城 799"(下同)增产 13.8%,2010 年亩产 701.1 千克,比对照增产 13.4%,2 年平均亩产 737.9 千克,比对照增产 13.6%。2010 年生产试验,平均亩产 668.8 千克,比当地对照增产 12.2%。

栽培要点:一般肥力地亩留苗 3 800~4 000 株,高水肥地 4 000~4 500 株。

适宜区域:山西省春播早熟玉米区。

六、大民 3307

引种编号:晋引玉 2013005。

申请单位:大民种业股份有限公司。

选育单位:大民种业股份有限公司。

审定情况:2008 年通过内蒙古自治区审定(蒙审玉 2008024)、2011 年通过黑龙江省审定(黑审玉 2011009)。

特征特性:生育期 125 天左右,与对照长城 799 相当。幼苗第一叶叶鞘浅紫色,叶尖端匙形,叶缘紫色。株型半紧凑,总叶片 18 片,平均株高 300 厘米,平均穗位高 106 厘米。雄穗主轴与分枝角度中,侧枝姿态直,一级分枝 7~9 个,最高位侧枝以上的主轴长 24 厘米,花药粉色,颖壳绿色。花丝粉红色,果穗筒形,穗轴红色,平均穗长 19.3 厘米,穗行数 16~18 行,平均行粒数 40 粒,籽粒黄色、偏马齿形,籽粒顶端黄色,百粒重 37.6 克,出籽率 85.3%。

抗病鉴定:2011—2012 年山西省农业科学院植物保护研究所、山西农业大学农学院鉴定,感丝黑穗病、大斑病、穗腐病,高抗茎腐病。

产量表现:2011 年参加山西省玉米早熟区域试验,平均亩产 695.4 千克,比对照长城 799 增产 18.2%;2012 年生产试验,平均亩产 804.2 千克,比当地对照增产 12.8%。

栽培要点:选择中等肥力地块种植;适宜播期 4 月下旬至 5 月上旬;亩留苗 3 300~3 500 株;施足农家肥,亩施磷酸二铵 15~20 千克及硫酸钾 5 千克作种肥,喇叭口期亩追施尿素 20~25 千克;注意防治丝黑穗病和玉米螟。

适宜区域:山西省春播早熟玉米区。

七、中种 8 号

审定编号:晋审玉 2016004。

申请单位:中国种子集团有限公司。

选育单位:中国种子集团有限公司。

审定情况:2010 年通过河南省审定(豫审玉 2010008)。

品种来源:CR2919×CRE2。

特征特性:山西省春播早熟玉米区生育期 130 天左右,比对照"大丰 30"略晚熟。幼苗第一叶叶鞘浅紫色,叶尖端圆形,叶缘绿色。株型半紧凑,总叶片数 18~20 片,株高 293.5 厘米,穗位高 114 厘米,雄穗主轴与分枝角度中,侧枝姿态直,一级分枝 8 个,最高位侧枝以上的主轴长 19.8 厘米。花药浅紫色,颖壳绿色,花丝浅紫色,果穗筒形,穗轴红色,穗长 18.5 厘米,穗行 16~18 行,行粒数 38 粒,籽粒黄色、偏马齿形,籽粒顶端黄色,百粒重 32.6 克,出籽率 87.0%。

抗病鉴定:2013—2014 年山西农业大学抗病性接种鉴定,抗大斑病、穗腐病,感丝黑穗病,高感茎腐病。2015 年农业部谷物及制品质量监督检验测试中心检测,容重 685 克/升,粗蛋白质含量 8.57%,粗脂肪含量 3.87%,粗淀粉含量 76.88%。

产量表现:2013—2014 年参加山西省春播早熟玉米区域试验,2013 年亩产 850.1 千克,比对照"大丰 30"增产 11.0%;2014 年亩产 848.5 千克,比对照"大丰 30"增产 6.7%;2 年平均亩产 849.3 千克,比对照增产 8.7%,增产点 94%。2015 年生产试验,平均亩产 781.0 千克,比对照增产 8.2%,增产点 100%。

栽培要点:适宜播期为 4 月中、下旬;亩留苗 4 000 株左右;配方施肥,力保苗齐、苗匀和苗壮;追肥在拔节期和大喇叭口期分 2 次施入或在小喇叭口期一次性追施;及时防治病虫害。

适宜区域:山西省春播早熟玉米区地膜覆盖,茎腐病高发区禁用。

八、先玉 987

审定编号:晋审玉 2014004。

申请单位:铁岭先锋种子研究有限公司。

选育单位:铁岭先锋种子研究有限公司。

品种来源:PH11V8×PH12TB。

特征特性:山西省春播中、晚熟区生育期 127 天左右,与对照"先玉 335"相当。幼苗第一叶叶鞘紫色,叶尖端圆到匙形,叶缘绿色。株型半紧凑,总叶片数 20 片,株高 305 厘米,穗位高 105 厘米。雄穗主轴与分枝角度中,侧枝姿态直,一级分枝 2～6 个,最高位侧枝以上的主轴长 31～39 厘米,花药紫色,颖壳有紫色条纹。花丝黄、绿、紫色,果穗筒形,穗轴红色,穗长 20.0 厘米,穗行 16 行左右,行粒数 39.8 粒,籽粒桔黄色、偏硬粒型,籽粒顶端橘黄色,百粒重 39.1 克,出籽率 88.3%。

抗病鉴定:2012—2013 年经山西农业大学农学院、山西省农科院植物保护研究所鉴定,抗茎腐病,中抗大斑病、穗腐病,感丝黑穗病、矮花叶病、粗缩病。

品质分析:2013 年农业部谷物及制品质量监督检验测试中心(哈尔滨)检测:容重 785 克/升,粗蛋白质含量 9.92%,粗脂肪含量 3.93%,粗淀粉含量 74.16%。

产量表现:2012—2013 年参加山西省春播中、晚熟玉米区耐密组区域试验,2012 年亩产 918.7 千克,比对照"先玉 335"增产 5.8%,2013 年亩产 932.9 千克,比对照"先玉 335"增产 8.3%,2 年平均亩产 925.8 千克,比对照增产 7.05%,18 点试验,增产点 94%。2013 年生产试验,平均亩产 852.2 千克,比当地对照增产 7.5%,8 点试验,增产点 100%。

栽培要点:适宜播期在 4 月下旬至 5 月上旬;亩留苗 4 200 株左右;亩施农家肥 3 000 千克或复合肥 50～60 千克作底肥,追施尿素 25～30 千克,喇叭口期注意用药剂防治玉米螟的危害。

适宜区域:山西省春播中、晚熟玉米区。

九、吉东 16 号

引种编号:晋引玉 2010003。

申报单位:吉林省吉东种业有限责任公司。

选育单位:吉林省吉东种业有限责任公司。

品种来源:四-287×D22。

审定情况:2007 年国家东北早熟区审定(国审玉 2007004)。

特征特性:生育期 130 天左右。幼苗叶鞘浅紫色,叶片绿色。株高 251 厘米,穗位高 93 厘米,雄穗分枝 8 个,花丝绿色,果穗筒形,穗轴白色,穗长 19.0 厘米,穗行数 14～16 行,行粒数 39.4 粒,籽粒浅黄色、马齿形,百粒重 34.3 克,出籽率 84.2%。

抗病鉴定:2009 年山西省农业科学院植物保护研究所鉴定,高抗矮花叶病,抗丝黑穗病、穗腐病、粗缩病,感大斑病,高感青枯病。

品质分析:2006 年农业部谷物品质监督检验测试中心(哈尔滨)检测,容重 717 克/升,粗蛋白质含量 9.14%,粗脂肪含量 3.92%,淀粉含量 74.47%,赖氨酸含量 0.26%。

产量表现:2009 年参加山西省早熟区玉米引种试验,平均亩产 670.9 千克,比对照增产 11.3%。

栽培要点:中等以上肥力地块种植;适宜播期为 4 月中、下旬;亩留苗 3 600 株左右;亩施农家肥 2 000 千克,硫酸钾和磷酸二铵各 10 千克作基肥,追肥 25～30 千克;及时防治玉米螟。

适宜区域:山西省春播早熟玉米区。

十、龙生 1 号

审定编号:晋审玉 2011005。

申报单位:晋中龙生种业有限公司。

选育单位:晋中龙生种业有限公司。

品种来源:LS01×AX10。试验名称为"龙生 1 号"。

特征特性:生育期 128 天,比对照"长城 799"晚 2 天。幼苗第一叶叶鞘紫色,尖端圆到匙形,叶缘绿色。株型半紧凑,总叶片数 20 片,株高 300 厘米,穗位高 115 厘米,雄穗主轴与分枝角度中,侧枝姿态直,一级分枝 7 个左右,最高位侧枝以上的主轴长 29 厘米,花药紫色,颖壳绿色,花丝粉红色,果穗筒形,穗轴红色,穗长 22 厘米,穗行数 16 行,行粒数 39 粒,籽粒黄色、马齿形,籽粒顶端黄色,百粒重 39 克,出籽率 87.8%。

抗病鉴定:2009—2010 年经山西省农业科学院植物保护研究所鉴定,抗穗腐病,中抗矮花叶病,感丝黑穗病、大斑病、粗缩病,高感青枯病。

品质分析:2010 年农业部谷物及制品质量监督检验测试中心检测,容重 759 克/升,粗蛋白质含量 9.59%,粗脂肪含量 4.34%,粗淀粉含量 75.55%。

产量表现:2009—2010 年参加山西省早熟玉米品种区域试验,2009 年亩产 718.4 千克,比对照"长城 799"(下同)增产 11.1%,2010 年亩产 691.6 千克,比对照增产 11.9%,2 年平均亩产 705.0 千克,比对照增产 11.5%。2010 年生产试验,平均亩产 678.3 千克,比当地对照增产 13.7%。

栽培要点:亩留苗 3 500～3 800 株;重施基肥,中、后期适时追肥浇水。

适宜区域:山西省春播早熟玉米区。

十一、宁玉 524

审定编号:晋审玉 2011006。

申报单位:南京春曦种子研究中心。

选育单位:南京春曦种子研究中心。

品种来源:宁晨 26×宁晨 41。试验名称为"太行 101"。

特征特性:生育期 126 天,与对照"长城 799"相同。幼苗第一叶叶鞘紫绿色,尖端圆到匙形,叶缘绿色。株型紧凑,总叶片数 20~21 片,株高 285 厘米,穗位高 106 厘米,雄穗主轴与分枝角度中,侧枝姿态中度下弯,一级分枝 5~7 个,最高位侧枝以上的主轴长 30 厘米,花药紫色,颖壳绿色,花丝紫色,果穗柱形,穗轴红色,穗长 19.4 厘米,穗行数 14~16 行,行粒数 30 粒,籽粒黄色、偏硬粒型,籽粒顶端淡黄色,百粒重 38.7 克,出籽率 82.6%。

抗病鉴定:2009—2010 年经山西省农业科学院植物保护研究所鉴定,抗穗腐病、粗缩病,感丝黑穗病、大斑病、青枯病、矮花叶病。

品质分析:2010 年农业部谷物及制品质量监督检验测试中心检测,容重 774 克/升,粗蛋白质含量 10.16%,粗脂肪含量 3.90%,粗淀粉含量 74.02%。

产量表现:2009—2010 年参加山西省早熟玉米品种区域试验,2009 年亩产 721.7 千克,比对照"长城 799"(下同)增产 6.0%,2010 年亩产 681.1 千克,比对照增产 10.2%,2 年平均亩产 701.4 千克,比对照增产 8.0%。2010 年生产试验,平均亩产 633.4 千克,比当地对照增产 5.1%。

栽培要点:适宜播期为 4 月中旬至 5 月上旬;亩留苗 3 500~4 500 株;在施足农肥的基础上,一般种肥亩施磷酸二铵 15 千克、硫酸钾 15 千克左右;大喇叭口期亩追尿素 30 千克;拔节前注意防治苗期病虫害,大喇叭口期及时防治玉米螟;适当晚收获。

适宜区域:山西省春播早熟玉米区。

十二、吉单 535

引种编号:晋引玉 2011001。

申报单位:吉林长融高新种业有限公司。

选育单位:吉农高新北方农作物优良品种开发中心。

品种来源:吉 V202×吉 V016。

审定情况:2006 年吉林省审定(吉审玉 2006061)。

特征特性:生育期 128 天,比对照"四单 19"晚 1 天。幼苗第一叶叶鞘紫色,尖端圆形,叶缘紫红色。株型半紧凑,总叶片数 19 片,株高 271 厘米,穗位高 98 厘米,雄穗主轴与分枝角度中,侧枝姿态轻度下弯,一级分枝 8 个,最高位侧枝以上的主轴长 30 厘米,花药黄色,颖壳黄色,花丝绿色,果穗筒形,穗轴红色,穗长 19.3 厘米,穗行数 18 行,行粒数 38 粒,籽粒黄色、马齿形,籽粒顶端黄色,百粒重 36.3 克,出籽率 82%。

抗病鉴定:2009—2010 年山西省农业科学院植物保护研究所鉴定,抗穗腐病、粗缩病,感大斑病、青枯病、丝黑穗病,高感矮花叶病。

品质分析:2005 年农业部谷物品质监督检验测试中心(北京)检测,容重 762 克/升,粗蛋白质含量 8.47%,粗脂肪含量 4.64%,淀粉含量 75.81%,赖氨酸含量 0.25%。

产量表现:2009—2010 年参加山西省玉米早熟引种试验,2009 年亩产 689.6 千克,比当地对照增产 14.4%,2010 年亩产 710.1 千克,比对照增产 16.2%,2 年平均亩产 699.9 千克,比对照增产 15.3%。

栽培要点:4 月下旬至 5 月上旬播种;亩留苗 3 300 株;多施农家肥,亩底施玉米专用肥 30 千克或磷酸二铵 15 千克,追施尿素 25 千克。

适宜区域:山西省春播早熟玉米区。

十三、纪元 128

引种编号:晋引玉 2011002。

申报单位:河北新纪元种业有限公司。

选育单位:河北新纪元种业有限公司。

品种来源:CY-5×87-1。

审定情况:2007 年河北省审定(冀审玉 2007006 号)。

特征特性:生育期 127 天,比对照"长城 799"早 3 天。幼苗第一叶叶鞘红色,尖端匙形,叶缘淡红色。株型半紧凑,总叶片数 19～20 片,株高 249 厘米,穗位高 104 厘米,雄穗主轴与分枝角度小,侧枝姿态直,一级分枝 5～7 个,最高位侧枝以上的主轴长 15 厘米,花药黄色,颖壳绿色,花丝粉红色,果穗中间形,穗轴白色,穗长 20.3 厘米,穗行数 14～16 行,行粒数 38～40粒,籽粒黄色、偏硬粒型,籽粒顶端淡黄色,百粒重 39.2 克,出籽率 86.2%。

抗病鉴定:2009—2010 年山西省农业科学院植物保护研究所鉴定,抗穗腐病,中抗大斑病、青枯病、矮花叶病、粗缩病,感丝黑穗病。

品质分析:2006 年河北省农作物品种品质检测中心检测,粗蛋白质含量 8.09%,粗脂肪含量 3.42%,粗淀粉含量 71.01%,赖氨酸含量 0.29%。

产量表现:2009—2010 年参加山西省玉米早熟引种试验,2009 年亩产 682.9 千克,比当地对照增产 13.7%,2010 年亩产 683.3 千克,比对照增产 12.5%,2 年平均亩产 683.1 千克,比对照增产 13.1%。

栽培要点:亩留苗 3 500～4 000 株;适时追肥、灌水。

适宜区域:山西省春播早熟玉米区。

十四、吉东 28 号

引种编号:晋引玉 2013004。

申请单位:吉林省吉东种业有限责任公司。

选育单位:吉林省吉东种业有限责任公司。

审定情况:2007 年国家东北早熟区审定(国审玉 2007005)、2008 年内蒙古自治区认定(蒙认玉 2008029 号)。

特征特性:生育期 126 天左右,与对照"长城 799"相当。幼苗第一叶叶鞘紫色,叶尖端尖到圆形,叶缘绿色。株型半紧凑,总叶片 17 片,平均株高 270 厘米,平均穗位高 108 厘米。雄穗主轴与分枝角度小,侧枝姿态轻度下弯,一级分枝 13 个,最高位侧枝以上的主轴长 8 厘米,花药深紫色,颖壳紫色。花丝绿色,果穗锥形,穗轴红色,平均穗长 21 厘米,穗行数 18 行左右,平均行粒数 42 粒,籽粒黄色、马齿形,籽粒顶端黄色,百粒重 36 克,出籽率 85%。

抗病鉴定:2011—2012 年山西省农业科学院植物保护研究所、山西农业大学农学院鉴定,感丝黑穗病、抗大斑病、中抗茎腐病、穗腐病。

产量表现:2011 年参加山西省玉米早熟区域试验,平均亩产 644.4 千克,比对照"长城799"增产 9.5%;2012 年生产试验,平均亩产 806.1 千克,比当地对照增产 13.1%。

栽培要点:选择中等肥力地块种植;适宜播期 4 月 20 日左右;亩施有机肥 1 000 千克,磷酸二铵 10～15 千克作种肥;亩留苗 3 700～4 000 株;注意防治丝黑穗病。

适宜区域:山西省春播早熟玉米区。

十五、晋单 78 号

审定编号:晋审玉 2011003。

申报单位:山西省农业科学院作物科学研究所。

选育单位:山西省农业科学院作物科学研究所、山西省农业科学院高粱研究所。

品种来源:P001×太早 95137。试验名称为"科早单 1 号"。

特征特性:生育期 124 天,比对照"长城 799"早 2 天。幼苗第一叶叶鞘紫色,尖端圆到匙形,叶缘绿色。株型紧凑,总叶片数 19～20 片,株高 235 厘米,穗位高 95 厘米,雄穗主轴与分枝角度中,侧枝姿态轻度下弯,一级分枝 5～8 个,最高位侧枝以上的主轴长 15～20 厘米,花药浅紫色,颖壳绿色,花丝浅褐色,果穗筒形,穗轴白色,穗长 20.5 厘米,穗行数 14～16 行,行粒数 41 粒,籽粒黄色、半马齿形,籽粒顶端黄色,百粒重 40 克,出籽率 90%。

抗病鉴定:2009—2010 年经山西省农业科学院植物保护研究所鉴定,抗青枯病,中抗大斑病、穗腐病、矮花叶病,感丝黑穗病、粗缩病。

品质分析:2010 年农业部谷物及制品质量监督检验测试中心检测,容重 741 克/升,粗蛋白质含量 9.02%,粗脂肪含量 3.66%,粗淀粉含量 75.65%。

产量表现:2009—2010 年参加山西省早熟玉米品种区域试验,2009 年亩产 742.3 千克,比对照"长城 799"(下同)增产 14.8%,2010 年亩产 676.7 千克,比对照增产 9.5%,2 年平均亩产 709.5 千克,比对照增产 12.2%。2010 年生产试验,平均亩产 646.4 千克,比当地对照增产 11.7%。

栽培要点:种子包衣,防治丝黑穗病和地下害虫;亩留苗 3 500～4 000 株。

适宜区域:山西省春播早熟玉米区。

十六、先牌 007

审定编号:晋审玉 2011004。

申报单位:松原市利民种业有限责任公司。

选育单位:松原市利民种业有限责任公司。

品种来源:选 404×多早 34。试验名称为"利民 7101"。

特征特性:生育期 126 天,与对照"长城 799"相同。幼苗第一叶叶鞘紫色,尖端圆到匙形,叶缘紫色。株型半紧凑,总叶片数 18 片,株高 279 厘米,穗位 103 厘米,雄穗主轴与分枝角度中,侧枝姿态直,一级分枝 7～9 个,最高位侧枝以上的主轴长 10～12 厘米,花药紫色,颖壳绿色,花丝紫红色,果穗筒形,穗轴粉红色,穗长 20 厘米,穗行数 16～18 行,行粒数 38 粒,籽粒黄色、马齿形,籽粒顶端淡黄色,百粒重 36.4 克,出籽率 86.1%。

抗病鉴定:2009—2010 年经山西省农业科学院植物保护研究所鉴定,高抗青枯病,抗粗缩病,中抗大斑病、丝黑穗病、穗腐病,感矮花叶病。

品质分析:2010 年农业部谷物及制品质量监督检验测试中心检测,容重 747 克/升,粗蛋白质含量 10.65%,粗脂肪含量 2.87%,粗淀粉含量 74.64%。

产量表现:2009—2010 年参加山西省早熟玉米品种区域试验,2009 年亩产 715.9 千克,比对照"长城799"(下同)增产10.8%,2010年亩产730.5千克,比对照增产18.2%,2年平均亩产723.2千克,比对照增产14.4%。2010年生产试验,平均亩产684.4千克,比当地对照增产14.5%。

栽培要点:选择中等肥力以上地块种植;亩留苗3 500～4 500株;注意增施钾肥;防治玉米螟、蚜虫。

适宜区域:山西省春播早熟玉米区。

十七、强盛388

审定编号:晋审玉2013007。

申请单位:山西省农业科学院玉米研究所。

选育单位:山西省农业科学院玉米研究所、山西强盛种业有限公司。

品种来源:W7516×XY-1。试验名称为"忻玉408"。

特征特性:生育期129天左右,与对照"长城799"相当,需活动积温2 640℃。幼苗第一叶叶鞘深紫色,叶尖端尖到圆形,叶缘红色。株型紧凑,总叶片数22片左右,株高平均317厘米,穗位高平均116厘米。雄穗主轴与分枝角度中,侧枝姿态直,一级分枝3个,最高位侧枝以上的主轴长10厘米,花药红色,颖壳红色。花丝绿色,果穗筒形,穗轴红色,穗长平均20.1厘米,穗行数16～18行,行粒数平均38粒,籽粒黄色、半马齿形,籽粒顶端橙色,百粒重35.9克,出籽率85.5%。

抗病鉴定:2011—2012年山西省农业科学院植物保护研究所、山西农业大学农学院鉴定,感丝黑穗病、穗腐病,中抗大斑病,高抗茎腐病。

品质分析:2012年农业部谷物及制品质量监督检验测试中心检测,容重692克/升,粗蛋白质含量9.05%,粗脂肪含量3.54%,粗淀粉含量75.47%。

产量表现:2011—2012年参加山西省早熟区玉米品种区域试验,2011年亩产678.9千克,比对照"长城799"增产15.4%,2012年亩产713.5千克,比对照增产9.9%,2年平均亩产696.2千克,比对照增产12.65%。2012年生产试验,平均亩产815.6千克,比当地对照增产13.9%。

栽培要点:适宜播期4月下旬至5月上旬;一般亩留苗3 500～4 000株;亩施农家肥2 000千克、尿素20千克、适量增施磷钾肥作底肥,在喇叭口期追施尿素25～30千克;注意防治丝黑穗病。

适宜区域:山西省春播早熟玉米区。

十八、并单17号

审定编号:晋审玉2010004。

申报单位:山西省农业科学院作物遗传研究所。

选育单位:山西省农业科学院作物遗传研究所。

品种来源:206-352×H06-100。试验名称为"晋农科7号"。

特征特性:生育期129天左右。幼苗第一片叶呈椭圆形,叶鞘浅紫色。株型紧凑,株高250厘米,穗位高93厘米,花丝浅绿色,花药粉色,雄穗分枝5～6个。果穗筒形,穗轴粉色。穗长20.6厘米,穗行数16～18行,籽粒黄色、半马齿形,百粒重33.3克,出籽率81.9%。

抗病鉴定:2008—2009年经山西省农业科学院植物保护研究所鉴定,高抗青枯病,抗丝黑穗病、穗腐病,中抗大斑病,感矮花叶病、粗缩病。

品质分析:2009年农业部谷物及制品质量监督检验测试中心检测,容重730克/升,粗蛋白质含量8.46％,粗脂肪含量3.85％,粗淀粉含量74.74％。

产量表现:2008—2009年参加山西省早熟玉米品种区域试验,2008年亩产686.2千克,比对照"吉单261"(下同)增产12.5％,2009年亩产752.2千克,比对照增产16.4％,2年平均亩产719.2千克,比对照增产14.5％。2009年生产试验,平均亩产672.7千克,比当地对照增产13.4％。

栽培要点:该品种适宜密植,根据土壤肥力,一般亩留苗3 500～4 500株。

适宜区域:山西省春播早熟玉米区。

十九、晋单73号

审定编号:晋审玉2010009。

申报单位:山西省阳高县晋阳玉米研究所。

选育单位:山西省阳高县晋阳玉米研究所。

品种来源:1131×东16。试验名称为"晋阳1号"。

特征特性:生育期127天左右。幼苗芽鞘紫色,叶色淡绿。成株株型紧凑,叶色深绿,株高266厘米,穗位高82厘米,雄穗分枝5～7枝,果穗筒形,穗轴红色。穗长20.4厘米,穗行数16～18行,百粒重33.0克,出籽率83.8％,籽粒黄色、马齿形。

抗病鉴定:2008—2009年经山西省农业科学院植物保护研究所鉴定,抗粗缩病,中抗丝黑穗病、大斑病、穗腐病,感青枯病,高感矮花叶病。

品质分析:2009年农业部谷物及制品质量监督检验测试中心检测,容重748克/升,粗蛋白质含量8.09％,粗脂肪含量3.53％,粗淀粉含量74.4％。

产量表现:2008—2009年参加山西省早熟玉米品种区域试验,2008年亩产702.2千克,比对照"吉单261"(下同)增产15.1％,2009年亩产763.5千克,比对照增产18.1％,2年平均亩产732.8千克,比对照增产16.6％。2009年生产试验,平均亩产665.4千克,比当地对照增产12.1％。

栽培要点:亩留苗3 500～3 800株。

适宜区域:山西省春播早熟玉米区。

二十、纪元1号

引种编号:晋引玉2010001。

申报单位:河北新纪元种业有限公司。

选育单位:河北新纪元种业有限公司。

品种来源:廊系-1×K12-选。

审定情况:2006年河北省审定(冀审玉2006040号),2008年内蒙古自治区认定(蒙认玉2008033号)。

特征特性:生育期130天左右。株型紧凑,叶色浓绿,株高223厘米,穗位高91厘米,花药黄色,花丝红色。果穗锥形,穗轴红色,穗长21.4厘米,穗行数14行,行粒数39.9粒,籽粒橙黄色、硬粒形,百粒重 40.5 克。

抗病鉴定:2009 年山西省农业科学院植物保护研究所鉴定,抗大斑病、穗腐病,中抗丝黑穗病、青枯病、粗缩病,感矮花叶病。

品质分析:2003 年农业部谷物品质监督检验测试中心(北京)检测,容重 755 克/升,粗蛋白质含量 9.68%,粗脂肪含量 3.96%,淀粉含量 74.21%,赖氨酸含量 0.26%。

产量表现:2009 年参加山西省玉米早熟引种试验,平均亩产 683.2 千克,比对照增产13.4%。

栽培要点:适宜种植密度 3 000～3 500 株。

适宜区域:山西省春播早熟玉米区。

二十一、张玉 8 号

引种编号:晋引玉 2010002。

申报单位:张家口市玉米研究所有限公司。

选育单位:张家口市玉米研究所有限公司。

品种来源:501×201。

审定情况:2004 年河北省审定(冀审玉 2004022 号)。

特征特性:生育期 130 天左右。幼苗叶鞘紫色,叶缘绿色,第一叶圆形。株型紧凑,株高252 厘米,穗位高 93 厘米,花药红色,果穗锥形,穗轴红色,穗长 21.1 厘米,穗行数 14～16 行,行粒数 41.4 粒,籽粒橙黄色、半马齿形,百粒重 37.3 克,出籽率 89.3%。

抗病鉴定:2009 年山西省农业科学院植物保护研究所鉴定,抗穗腐病、矮花叶病、粗缩病,中抗大斑病,感丝黑穗病,高感青枯病。

品质分析:2003 年河北省农作物品种品质检测中心检测,粗蛋白质含量 8.84%,粗脂肪含量 3.05%,淀粉含量 68.26%,赖氨酸含量 0.31%。

产量表现:2009 年参加山西省玉米早熟引种试验结果,平均亩产 696.5 千克,比对照增产15.3%。

栽培要点:中等以上水肥地种植;亩适宜密度 3 500～4 000 株;亩施 5～10 千克磷酸二铵及钾肥作种肥;追肥可在拔节期及大喇叭口期分 2 次施入,前轻后重;注意防治玉米螟。

适宜区域:山西省春播早熟玉米区。

二十二、晋单 61

引种编号:晋引玉 2010005。

申报单位:原平市利民农业科学研究所。

选育单位:原平市利民农业科学研究所。

品种来源:3129×314。

审定情况:2006 年北京市审定(京审玉 2006006)。

特征特性:生育期 130 天左右。株型半紧凑,株高 244 厘米,穗位高 98 厘米,雄穗分枝 13个,花粉黄色,花丝红色,果穗筒形,穗长 21.7 厘米,穗行数 14～16 行,行粒数 38.2 粒,籽粒黄色、马齿形,百粒重 38.3 克。

抗病鉴定:2009 年山西省农业科学院植物保护研究所鉴定,高抗矮花叶病,抗丝黑穗病、穗腐病,感大斑病、粗缩病,高感青枯病。

品质分析:2003年农业部谷物及制品质量监督检验测试中心(哈尔滨)检测,容重750克/升,粗蛋白质含量9.07%,粗脂肪含量3.64%,淀粉含量75.81%,赖氨酸含量0.26%。

产量表现:2009年参加山西省早熟区玉米引种试验,平均亩产682.7千克,比对照增产13.0%。

栽培要点:亩留苗3 800株左右;施足底肥,重施穗肥;注意防治丝黑穗病。

适宜区域:山西省春播早熟玉米区。

二十三、登海618

审定编号:晋审玉2014002。

申请单位:山东登海种业股份有限公司。

选育单位:山东登海种业股份有限公司。

品种来源:521×DH392,试验名称为"DH618"。

特征特性:生育期125天左右,比对照"大丰30"略早。幼苗第一叶叶鞘深紫色,尖端圆到匙形,叶缘紫红色。株型紧凑,总叶片数18~19片,株高260厘米,穗位高80厘米,雄穗主轴与分枝角度小,侧枝姿态直,一级分枝7~8个,最高位侧枝以上的主轴长26厘米,花药紫色,颖壳浅紫色,花丝浅紫色,果穗圆筒形,穗轴紫色,穗长19.4厘米,穗行16行左右,行粒数41粒,籽粒黄色、偏马齿形,籽粒顶端黄色,百粒重39.4克,出籽率86.6%。

抗病鉴定:2012—2013年经山西农业大学农学院鉴定,中抗茎腐病、穗腐病,感丝黑穗病、大斑病。

品质分析:2013年农业部谷物及制品质量监督检验测试中心(哈尔滨)检测,容重746克/升,粗蛋白质含量8.47%,粗脂肪含量4.17%,粗淀粉含量75.72%。

产量表现:2012—2013年参加山西省春播早熟玉米区域试验,2012年亩产715.6千克,比对照"长城799"增产10.2%,2013年亩产837.1千克,比对照"大丰30"增产9.3%,2年平均亩产776.4千克,比对照增产9.7%,15点试验,增产点100%。2013年生产试验,平均亩产890.6千克,比当地对照增产13.0%,7点试验,增产点100%。

栽培要点:亩留苗4 000~4 500株;亩施三元复合肥20~30千克作种肥,拔节期和大喇叭口期重追肥,追肥一般亩施三元复合肥50千克和尿素20~30千克,采用沟施追肥。

适宜区域:山西省春播早熟玉米区。

二十四、晋玉18

审定编号:晋审玉2014003。

申请单位:山西省农业科学院玉米研究所。

选育单位:山西省农业科学院玉米研究所、山西天元种业有限公司。

品种来源:SM×W7153。试验名称为"忻玉4079"。

特征特性:生育期128天左右,比对照"大丰30"略晚。幼苗第一叶叶鞘紫色,尖端圆到匙形,叶缘紫红色。株型紧凑,总叶片数20~21片,株高282厘米,穗位高107厘米,雄穗主轴与分枝角度小,侧枝姿态直,一级分枝6~7个,最高位侧枝以上的主轴长28厘米,花药浅紫色,颖壳浅紫色,花丝浅紫色,果穗筒形,穗轴红色,穗长21厘米,穗行16~18行,行粒数39粒,籽粒黄色、马齿形，籽粒顶端橙色，百粒重 38.2 克，出籽率 88.5%。

抗病鉴定：2012—2013 年经山西农业大学农学院鉴定，抗穗腐病，中抗茎腐病，感大斑病、丝黑穗病。

品质分析：2013 年农业部谷物及制品质量监督检验测试中心（哈尔滨）检测，容重 722 克/升，粗蛋白质含量 8.29%，粗脂肪含量 4.74%，粗淀粉含量 75.01%。

产量表现：2012—2013 年参加山西春播早熟玉米区域试验，2012 年亩产 752.5 千克，比对照"长城 799"增产 13.5%；2013 年亩产 794.2 千克，比对照"大丰 30"增产 3.7%，2 年平均亩产 773.4 千克，比对照增产 8.2%，15 点试验，增产点 87%；2013 年生产试验，平均亩产 856.2 千克，比当地对照增产 7.7%，7 点试验，增产点 100%。

栽培要点：适宜播期 4 月下旬至 5 月上旬；一般亩留苗 3 500～4 200 株；亩施农家肥 2 000 千克、尿素 20 千克、适量增施磷钾肥作底肥，在喇叭口期追施尿素 25～30 千克；注意防治丝黑穗病。

适宜区域：山西省春播早熟玉米区。

二十五、潞玉 39

审定编号：晋审玉 2012004。

申报单位：山西潞玉种业玉米科学研究院。

选育单位：山西潞玉种业玉米科学研究院。

品种来源：LZA13×LZF4-1。试验名称为"潞玉 901"。

特征特性：生育期 124 天左右。幼苗第一叶叶鞘紫色，尖端尖到圆形，叶缘微紫色。株型半紧凑，总叶片数 20～21 片，株高 260 厘米，穗位高 85 厘米，雄穗主轴与分枝角度中，侧枝姿态轻度下弯，一级分枝 7～10 个，最高位侧枝以上的主轴长 4～6 厘米，花药黄色，颖壳绿间紫色，花丝青色，果穗偏锥形，穗轴红色，穗长 21.5 厘米，穗行数 16～18 行，行粒数 42 粒，籽粒橘红色、半马齿形，籽粒顶端黄色，百粒重 35.5 克，出籽率 88.8%。

抗病鉴定：2010—2011 年山西省农科院植保所、山西农大农学院鉴定，中抗大斑病、茎腐病、矮花叶病，感丝黑穗病、穗腐病、粗缩病。

品质分析：2011 年农业部谷物及制品质量监督检验测试中心检测，容重 750 克/升，粗蛋白质含量 9.31%，粗脂肪含量 3.85%，粗淀粉含量 76.21%。

产量表现：2010—2011 年参加山西省早熟玉米品种区域试验，2010 年亩产 656.1 千克，比对照"长城 799"增产 10.9%；2011 年亩产 701.6 千克，比对照增产 19.2%，2 年平均亩产 678.8 千克，比对照增产 15.0%；2011 年生产试验，平均亩产 708.6 千克，比当地对照增产 13.9%。

栽培要点：选择中等肥力以上地块种植；亩留苗 3 800 株；施足底肥，亩追施尿素 15～20 千克。

适宜区域：山西省春播早熟玉米区。

二十六、诚信 5 号

审定编号：晋审玉 2012005。

申报单位：山西诚信种业有限公司。

选育单位:山西诚信种业有限公司。

品种来源:PH6WC×CX32。试验名称为"诚信试1"。

特征特性:生育期126天左右。幼苗第一叶叶鞘紫色,尖端圆到匙形,叶缘紫红色。株型半紧凑,总叶片数19~20片,株高297厘米,穗位高101厘米,雄穗主轴与分枝角度适中,雄穗侧枝姿态中度下弯,一级分枝4~5个,最高位侧枝以上的主轴长38厘米,花药黄色,颖壳青色,花丝微红色,果穗筒形,穗轴红色,穗长23.8厘米,穗行数16~18行,行粒数47粒,籽粒黄色、马齿形,籽粒顶端黄色,百粒重40.0克,出籽率89.6%。

抗病鉴定:2010—2011年山西省农业科学院植物保护研究所、山西农业大学农学院鉴定,中抗茎腐病、穗腐病,感丝黑穗病、大斑病、矮花叶病、粗缩病。

品质分析:2011年农业部谷物及制品质量监督检验测试中心检测,容重758克/升,粗蛋白质含量9.63%,粗脂肪含量4.24%,粗淀粉含量75.27%。

产量表现:2010—2011年参加山西省早熟玉米品种区域试验,2010年亩产662.3千克,比对照"长城799"增产7.2%;2011年亩产650.1千克,比对照增产10.1%,2年平均亩产656.2千克,比对照增产8.6%;2011年生产试验,平均亩产697.4千克,比当地对照增产12.1%。

栽培要点:适宜播期4月下旬;亩留苗4 000株;注意防治病虫害。

适宜区域:山西省春播早熟玉米区。

二十七、福盛园59

审定编号:晋审玉2012006。

申报单位:山西福盛园科技发展有限公司。

选育单位:山西福盛园科技发展有限公司。

品种来源:美冲358×春H221,试验名称为"QS0902"。

特征特性:生育期126天左右。幼苗第一叶叶鞘紫色,尖端圆到匙形,叶缘紫色。株型半紧凑,总叶片数18~19片,株高271厘米,穗位高115厘米,雄穗主轴与分枝角度中,侧枝姿态轻度下弯,一级分枝5~8个,最高位侧枝以上的主轴长10~14厘米,花药黄色,颖壳绿色,花丝浅红色,果穗筒形,穗轴红色,穗长24厘米,穗行数16~18行,行粒数44.6粒,籽粒黄色、马齿形,籽粒顶端黄色,百粒重41克,出籽率89%。

抗病鉴定:2010—2011年山西省农科院植保所、山西农大农学院鉴定,高抗茎腐病、中抗丝黑穗病,感大斑病、穗腐病、粗缩病,高感矮花叶病。

品质分析:2011年农业部谷物及制品质量监督检验测试中心检测,容重736克/升,粗蛋白质含量8.56%,粗脂肪含量3.85%,粗淀粉含量76.28%。

产量表现:2010—2011年参加山西省早熟玉米品种区域试验,2010年亩产692.4千克,比对照"长城799"增产12.0%;2011年亩产701.0千克,比对照增产19.1%,2年平均亩产696.7千克,比对照增产15.5%;2011年生产试验,平均亩产699.3千克,比当地对照增产11.9%。

栽培要点:适宜播期4月中旬至5月上旬;亩留苗4 000株左右;施足农肥,增施磷钾肥;大喇叭口期亩追施尿素30千克。

适宜区域:山西省春播早熟玉米区。

二十八、丰田6号

引种编号:晋引玉 2012001。

申报单位:赤峰市丰田科技种业有限公司。

选育单位:赤峰市丰田科技种业有限公司。

品种来源:F017×T8532。

审定情况:2005 年内蒙古自治区审定(蒙审玉 2005006)。

特征特性:生育期 126 天左右。幼苗第一叶叶鞘紫色,尖端匙形,叶缘紫色。株型紧凑,总叶片数 21 片,株高 260 厘米,穗位高 120 厘米,雄穗主轴与分枝角度中,侧枝姿态轻度下弯,一级分枝 7~9 个,最高位侧枝以上的主轴长 18 厘米,花药黄色,颖壳绿色,花丝红色,果穗锥形,穗轴红色,穗长 19.5 厘米,穗行数 16 行,行粒数 42 粒,籽粒黄色、马齿形,籽粒顶端黄色,百粒重 32 克,出籽率 84.1%。

抗病鉴定:2010—2011 年山西省农科院植保所、山西农大农学院鉴定,抗矮花叶病,中抗大斑病,感丝黑穗病、粗缩病,高感茎腐病、穗腐病。

品质分析:农业部谷物品质监督检验测试中心检测,容重 760 克/升,粗蛋白质含量 11.28%,粗脂肪含量 3.82%,淀粉含量 72.11%,赖氨酸含量 0.31%。

产量表现:2010—2011 年参加山西省玉米早熟引种试验,2010 年亩产 707.2 千克,比对照"长城 799"增产 19.5%;2011 年亩产 731.5 千克,比当地对照增产 18.5%,2 年平均亩产 719.4 千克,比对照增产 19.0%。

栽培要点:选择中、上等肥力地块种植;适宜播期 4 月 20 日左右;亩施有机肥 1 000 千克,磷酸二铵 10~15 千克作种肥;亩留苗 4 000~4 500 株。

适宜区域:山西省春播早熟玉米区。

二十九、吉东31号

引种编号:晋引玉 2012002。

申报单位:吉林省吉东种业有限责任公司。

选育单位:吉林省吉东种业有限责任公司。

品种来源:444×D20。

审定情况:2008 年吉林省审定(吉审玉 2008016)。

特征特性:生育期 126 天左右。幼苗第一叶叶鞘紫色,尖端尖形,叶缘红色。株型紧凑,总叶片数 20 片,株高 292 厘米,穗位高 124 厘米,雄穗主轴与分枝角度小,侧枝姿态直,一级分枝 10 个,最高位侧枝以上的主轴长 15 厘米,花药紫色,颖壳绿色,花丝浅粉色,果穗锥形,穗轴红色,穗长 19.9 厘米,穗行数 14~16 行,行粒数 40 粒,籽粒黄色、半马齿形,籽粒顶端淡黄色,百粒重 41.2 克,出籽率 86%。

抗病鉴定:2010—2011 年山西省农业科学院植物保护研究所、山西农业大学农学院鉴定,高抗茎腐病,中抗大斑病,感丝黑穗病、穗腐病、矮花叶病、粗缩病。

品质分析:农业部谷物及制品质量监督检验测试中心(哈尔滨)检测,容重 718 克/升,粗蛋白质含量 10.67%,粗脂肪含量 3.57%,粗淀粉含量 73.15%,赖氨酸含量 0.28%。

产量表现:2010—2011 年参加山西玉米早熟引种试验,2010 年亩产 674.3 千克,比对照

"长城 799"增产 13.9%；2011 年亩产 716.9 千克,比当地对照增产 15.4%,2 年平均亩产 695.6 千克,比对照增产 14.7%。

栽培要点:选择中等肥力以上地块种植;适宜播期 4 月下旬至 5 月上旬;亩留苗 3 700 株左右;施足农家肥,亩施种肥磷酸二铵 10～15 千克、硫酸钾 7～10 千克,尿素 3～7 千克,追施尿素 25～30 千克;及时防治玉米螟等病虫害。

适宜区域:山西省春播早熟玉米区。

三十、五谷 702

引种编号:晋引玉 2012003。

申报单位:甘肃五谷种业有限公司。

选育单位:甘肃五谷种业有限公司。

品种来源:4708×WG6602。

审定情况:2010 年内蒙古自治区审定(蒙审玉 2010029 号)。

特征特性:生育期 125 天左右。幼苗第一叶叶鞘紫色,尖端圆到匙形,叶缘紫红色。株型紧凑,总叶片数 22 片,株高 278 厘米,穗位高 104 厘米,雄穗主轴与分枝角度中,侧枝姿态直,一级分枝 3～5 个,最高位侧枝以上的主轴长 22 厘米,花药黄色,颖壳绿色,花丝浅绿色,果穗长筒形,穗轴红色,穗长 20 厘米,穗行数 14 行左右,行粒数 36.9 粒,籽粒橙黄色、偏硬粒型,籽粒顶端橘黄色,百粒重 36.4 克,出籽率 83.5%。

抗病鉴定:2010—2011 年山西省农业科学院植物保护研究所、山西农业大学农学院鉴定,抗丝黑穗病、茎腐病,中抗大斑病,感穗腐病、矮花叶病,高感粗缩病。

品质分析:农业部谷物及制品质量监督检验测试中心(哈尔滨)检测,容重 751 克/升,粗蛋白质含量 9.4%,粗脂肪含量 3.96%,淀粉含量 75.16%,赖氨酸含量 0.27%。

产量表现:2010—2011 年参加山西省玉米早熟区引种试验,2010 年亩产 624.9 千克,比对照"长城 799"增产 5.6%,2011 年亩产 686.5 千克,比当地对照增产 10.5%,2 年平均亩产 655.7 千克,比对照增产 8.1%。

栽培要点:选择中等肥力地块种植;适宜播期 4 月末至 5 月初;亩留苗 4 000 株;施足底肥,亩施磷酸二铵 15 千克以上,拔节初期追施尿素 25 千克。

适宜区域:山西省春播早熟玉米区。

三十一、种星 618

引种编号:晋引玉 2013003。

申请单位:内蒙古种星种业有限公司。

选育单位:内蒙古种星种业有限公司。

审定情况:2009 年内蒙古自治区审定(蒙审玉 2009004 号)。

特征特性:生育期 126 天左右,与对照"长城 799"相当。幼苗第一叶叶鞘深紫色,叶尖端匙形,叶缘绿色。株型紧凑,总叶片数 21 片,平均株高 332 厘米,穗位高 112 厘米。雄穗主轴与分枝角度中,侧枝姿态直,一级分枝 5～7 个,最高位侧枝以上的主轴长 17 厘米,花药紫色,颖壳紫色。花丝浅紫色,果穗筒形,穗轴粉色,平均穗长 20.5 厘米,穗行数 16～18 行,平均行粒数 41 粒,籽粒黄色、半马齿形,籽粒顶端黄色,百粒重 37.8 克,出籽率 83.5%。

抗病鉴定：2011—2012 年山西省农业科学院植物保护研究所、山西农业大学农学院鉴定，感丝黑穗病、大斑病，高抗茎腐病，高感穗腐病。

产量表现：2011 年参加山西省玉米早熟区域试验，平均亩产 676.9 千克，比对照"长城799"增产 15.0%；2012 年生产试验，平均亩产 802.5 千克，比当地对照增产 12.0%。

栽培要点：选择中等肥力地块种植，亩留苗 4 000～4 500 株；亩施优质农家肥 1 500 千克作底肥，磷酸二铵 15～20 千克作种肥，拔节初期追施尿素 25 千克；生长期间根据降水状况浇水 3～4 次；注意防治丝黑穗病。

适宜区域：山西省春播早熟玉米区，穗腐病易发区禁用。

三十二、金苹 618

审定编号：晋审玉 2013006。

申请单位：山西益田农业科技有限公司。

选育单位：武威金苹果有限责任公司、山西益田农业科技有限公司、山西省农业科学院农业环境与资源研究所。

品种来源：W9808×W936。试验名称为"益田 1 号"。

特征特性：生育期 127 天左右，比对照"长城799"晚 3～4 天。幼苗第一叶叶鞘紫色，叶尖端匙形，叶缘绿色。株型半紧凑，总叶片数 19～20 片，平均株高 275 厘米，平均穗位高 100 厘米。雄穗主轴与分枝角度中，侧枝姿态轻度下弯，一级分枝 3～5 个，最高位侧枝以上的主轴长 13 厘米，花药淡紫色，颖壳绿色。花丝紫红色，果穗筒形，穗轴红色，平均穗长 22.5 厘米，穗行数 16～18 行，平均行粒数 44 粒，籽粒黄色、粒型马齿形，籽粒顶端黄色，百粒重 39.5 克，出籽率 90.0%。

抗病鉴定：2011—2012 年山西省农业科学院植物保护研究所、山西农业大学农学院鉴定，感丝黑穗病，中抗大斑病、茎腐病、穗腐病。

品质分析：2012 年农业部谷物及制品质量监督检验测试中心检测，容重 678 克/升，粗蛋白质含量 8.99%，粗脂肪含量 3.36%，粗淀粉含量 74.99%。

产量表现：2011—2012 年参加山西省早熟玉米品种区域试验，2011 年亩产 708.6 千克，比对照"长城799"增产 20.4%；2012 年亩产 742.7 千克，比对照增产 14.4%，2 年平均亩产 725.7 千克，比对照增产 17.3%；2012 年生产试验，平均亩产 831.6 千克，比当地对照增产 15.8%。

栽培要点：适宜播期 4 月下旬至 5 月上旬；亩留苗 3 600～4 000 株；注意防治丝黑穗病和地下害虫。

适宜区域：山西省春播早熟玉米区。

三十三、晋单 86 号

审定编号：晋审玉 2013008。

申请单位：山西省农业科学院农业信息研究所。

选育单位：山西省农业科学院农业信息研究所、山西省农业科学院作物科学研究所。

品种来源：TD1101×TD5937。试验名称为"申玉 14"。

特征特性：生育期 129 天左右，比对照"长城799"晚熟 2 天。幼苗第一叶叶鞘紫色，叶尖端圆到匙形,叶缘绿色。株型半紧凑,总叶片数 20 片,平均株高 296 厘米,平均穗位高 115 厘米。雄穗主轴与分枝角度极大,侧枝姿态轻度下弯,一级分枝 5～10 个,最高位侧枝以上的主轴长 20～25 厘米,花药黄色,颖壳紫色。花丝淡红色,果穗筒形,穗轴粉红色,平均穗长 21 厘米,穗行数 18 行左右,平均行粒数 40 粒,籽粒黄色、半马齿形,籽粒顶端黄色,百粒重 38.3 克,出籽率 89.0%。

抗病鉴定:2011—2012 年山西省农业科学院植物保护研究所、山西农业大学农学院鉴定,感丝黑穗病、穗腐病,中抗大斑病,高抗茎腐病。

品质分析:2012 年农业部谷物及制品质量监督检验测试中心检测,籽粒容重 637 克/升,蛋白质含量 7.72%,脂肪含量 3.46%,淀粉含量 75.6%。

产量表现:2011—2012 年参加山西省早熟区玉米品种区域试验,2011 年亩产 694.0 千克,比对照"长城 799"增产 18.0%;2012 年亩产 747.0 千克,比对照增产 15.1%,2 年平均亩产 720.5 千克,比对照增产 16.5%;2012 年生产试验,平均亩产 816.3 千克,比当地对照增产 13.7%。

栽培要点:适宜播期 4 月下旬至 5 月上旬;亩留苗 3 500 株左右;注意防治丝黑穗病和地下害虫。

适宜区域:山西省春播早熟玉米区。

三十四、锦绣 206

审定编号:晋审玉 2013009。

申请单位:山西省农业科学院玉米研究所。

选育单位:山西省农业科学院玉米研究所,河南锦绣农业科技有限公司。

品种来源:CC15-2×昌 7-2 绿,试验名称为"忻 3006"。

特征特性:生育期 126 天左右,比对照"长城 799"早 1 天,需活动积温 2 630℃。幼苗第一叶叶鞘浅紫色,叶尖端圆形到匙形,叶缘浅黄色。株型半紧凑,总叶片数 19～21 片,平均株高 270 厘米,平均穗位高 105 厘米。雄穗主轴与分枝角度小,侧枝姿态直,一级分枝 8～12 个,最高位侧枝以上的主轴长 12～15 厘米,花药绿色,颖壳绿色。花丝粉红色,果穗筒形,穗轴红色,平均穗长 19.6 厘米,穗行数 18 行左右,平均行粒数 42 粒,籽粒黄色、马齿形,籽粒顶端黄色,百粒重 33.9 克,出籽率 88.6%。

抗病鉴定:2011—2012 年山西省农业科学院植物保护研究所、山西农业大学农学院鉴定,感丝黑穗病,中抗大斑病、茎腐病、穗腐病。

品质分析:2012 年农业部谷物及制品质量监督检验测试中心检测,容重 708 克/升,粗蛋白质含量 9.06%,粗脂肪含量 3.96%,粗淀粉含量 75.27%。

产量表现:2011—2012 年参加山西省早熟区玉米品种区域试验,2011 年亩产 652.9 千克,比对照"长城 799"增产 11%;2012 年亩产 728.8 千克,比对照增产 9.9%,2 年平均亩产 690.9 千克,比对照增产 10.5%;2012 生产试验,平均亩产 800.3 千克,比当地对照增产 11.2%。

栽培要点:适宜播期 4 月下旬至 5 月上旬;亩留苗 3 500～4 000 株;施肥以底肥为主,亩施农家肥 3 000 千克,复合肥或硝酸磷肥 50 千克作底肥,追施尿素 25～30 千克;注意防治丝黑穗病和苗期病虫害。

适宜区域:山西省春播早熟玉米区。

三十五、并单 669

审定编号：晋审玉 2013010。

申请单位：山西省农业科学院作物科学研究所。

选育单位：山西省农业科学院作物科学研究所、山西腾达种业有限公司。

品种来源：H10-137×H10-105，试验名称为"并单 34"。

特征特性：生育期平均 129 天左右，与对照"长城 799"相当。幼苗第一叶叶鞘紫色，叶尖端尖到圆形，叶缘紫色。株型半紧凑，总叶片数 20 片，平均株高 290 厘米，平均穗位高 115 厘米。雄穗主轴与分枝角度小，侧枝姿态轻度下弯，一级分枝 4～5 个，最高位侧枝以上的主轴长 28 厘米，花药肉色，颖壳绿带红纹。花丝绿色，果穗筒形，穗轴红色，平均穗长 19 厘米，穗行数 16～18 行，平均行粒数 40 粒，籽粒黄色、粒型半马齿形，籽粒顶端黄色，百粒重 38.7 克，出籽率 89.3％。

抗病鉴定：2011—2012 年山西省农业科学院植物保护研究所、山西农业大学农学院鉴定，感丝黑穗病、穗腐病、中抗大斑病、茎腐病。

品质分析：2012 年农业部谷物及制品质量监督检验测试中心检测，容重 793 克/升，粗蛋白质含量 9.55％，粗脂肪含量 4.51％，粗淀粉含量 74.36％。

产量表现：2011—2012 年参加山西省早熟区玉米品种区域试验，2011 年亩产 640.9 千克，比对照"长城 799"增产 8.5％；2012 年亩产 745.5 千克，比对照增产 12.4％，2 年平均亩产 693.2 千克，比对照增产 10.6％；2012 年生产试验，平均亩产 806.7 千克，比当地对照增产 12.6％。

栽培要点：适宜播期 4 月下旬至 5 月上旬；亩留苗 4 000 株左右；亩施农家肥 3 000 千克或复合肥 50～60 千克作底肥，拔节到抽雄期追施尿素 25～30 千克；注意防治丝黑穗病和苗期病虫害。

适宜区域：山西省春播早熟玉米区。

三十六、龙生 2 号

审定编号：晋审玉 2013012。

申请单位：晋中龙生种业有限公司。

选育单位：晋中龙生种业有限公司。

品种来源：PH6WC×BX06，试验名称为"章玉 09 号"。

特征特性：生育期 127 天左右，比对照"大丰 26 号"早 2～3 天。幼苗第一叶叶鞘紫色，叶尖端匙形，叶缘绿色。株型半紧凑，总叶片数 19～20 片，平均株高 290 厘米，平均穗位高 105 厘米。雄穗主轴与分枝角度中，侧枝姿态直，一级分枝 5 个，最高位侧枝以上的主轴长 28 厘米，花药紫色，颖壳绿色。花丝粉红色，果穗筒形，穗轴红色，穗长 22 厘米，穗行数 16～18 行，行粒数 41 粒，籽粒黄色、马齿形，籽粒顶端黄色，百粒重 41 克，出籽率 89.8％。

抗病鉴定：2010—2011 年经山西省农种院植物保护研究所抗病性鉴定结果，抗丝黑穗病、茎腐病、矮花叶病，中抗大斑病，感穗腐病、粗缩病。

品质分析：2012 年农业部谷物及制品质量监督检验测试中心检测，容重 780 克/升，粗蛋白质含量 10.91％，粗脂肪含量 3.70％，粗淀粉含量 73.4％。

产量表现:2010—2011年参加山西省中、晚熟普密组(3 500株/亩)玉米品种区域试验。2010年亩产724.0千克,比对照"大丰26"增产4.0%;2011年亩产800.8千克,比对照增产8.1%,2年平均亩产762.4千克,比对照增产6.05%;2012年生产试验,平均亩产782.4千克,比当地对照增产10.2%。

栽培要点:适宜播期为4月下旬至5月上旬;亩留苗3 500~4 000株;注意氮、磷、钾肥配合施用;高产田重视中后期管理,氮肥后移,补施磷、钾肥。

适宜区域:山西省中、晚熟玉米区。

三十七、吉东38号

引种编号:晋引玉2014003。

申请单位:吉林省吉东种业有限责任公司。

选育单位:吉林省吉东种业有限责任公司。

审定情况:2010年吉林省审定(吉审玉2010013)。

特征特性:生育期126天左右,与"大丰30"相当。幼苗第一叶叶鞘浅紫色,叶尖端圆形,叶缘绿色。株型紧凑,总叶片数19~21片,株高304厘米,穗位高100厘米。雄穗主轴与分枝角度中,侧枝姿态直,一级分枝4~5个,最高位侧枝以上的主轴长7厘米,花药浅紫色,颖壳绿色。花丝黄色,果穗长筒形,穗轴红色,穗长20.1厘米,穗行16~18行,行粒数41粒,籽粒黄色、马齿形,籽粒顶端黄色,百粒重44克,出籽率85.9%。

抗病鉴定:2012—2013年经山西农业大学农学院鉴定,抗穗腐病,中抗茎腐病,感丝黑穗病、大斑病。

品质分析:籽粒容重751克/升,粗蛋白质含量10.97%,粗脂肪含量4.59%,粗淀粉含量71.04%,赖氨酸含量0.27%。

产量表现:2012年参加山西春播早熟玉米区域试验,平均亩产736.8千克,比对照"长城799"增产13.5%,7点试验,增产点率100%;2013年生产试验,平均亩产881.7千克,比当地对照增产10.5%,7点试验,增产点100%。

栽培要点:适宜播期4月中旬至5月初;亩留苗3 500株左右;亩施农家肥2 000千克,玉米专用肥50千克;硫酸钾和磷酸二铵各10千克作种肥;大喇叭口期追施尿素25千克左右。

适宜区域:山西省春播早熟玉米区。

三十八、宏育416

引种编号:晋引玉2014004。

申请单位:吉林市宏业种子有限公司。

选育单位:吉林市宏业种子有限公司。

审定情况:2010年吉林省审定(吉审玉2010012)、2011年黑龙江审定(黑审玉2011013)。

特征特性:生育期123天左右,比"大丰30"早熟3天左右。幼苗第一叶叶鞘紫色,叶尖端尖到圆形,叶缘紫色。株型半紧凑,总叶片数16片,株高295厘米,穗位高100厘米。雄穗主轴与分枝角度中,侧枝姿态直,一级分枝5~7个,最高位侧枝以上的主轴长8~10厘米,花药紫色,颖壳紫色。花丝绿色,果穗锥形,穗轴红色,穗长19.7厘米,穗行14~16行,行粒数41粒,籽粒黄色、马齿形,籽粒顶端黄色,百粒重37.2克,出籽率83.9%。

抗病鉴定:2012—2013 年经山西农业大学农学院鉴定,抗茎腐病,中抗大斑病、穗腐病,感丝黑穗病。

品质分析:籽粒容重 750 克/升,粗蛋白质含量 10.31%,粗脂肪含量 4.78%,粗淀粉含量 70.04%,赖氨酸含量 0.28%。

产量表现:2012 年参加山西春播早熟玉米区域试验,平均亩产 722.8 千克,比对照"长城799"增产 11.3%,7 点试验,增产点率 100%;2013 年生产试验,平均亩产 896.7 千克,比当地对照增产 12.5%,7 点试验,增产点 100%。

栽培要点:选择中等肥力地块种植;适宜播期 4 月下旬至 5 月上旬播种;亩留苗 3 700～4 000 株;亩施农家肥 3 000 千克,复合肥或硝酸磷肥 50 千克作底肥,追施尿素 25～30 千克。

适宜区域:山西省春播早熟玉米区。

三十九、先正达 408

引种编号:晋引玉 2015001。

申请单位:三北种业有限公司。

选育单位:先正达(中国)投资有限公司隆化分公司。

审定情况:2007 年内蒙古自治区审定(蒙审玉 2007020 号),2011 年吉林省审定(吉审玉2011015),2012 年黑龙江省审定(黑审玉 2012012),2012 年宁夏回族自治区审定(宁审玉2012015)。

特征特性:生育期 124 天左右,比"大丰 30"早熟 4 天左右。幼苗第一叶叶鞘紫色,尖端圆形,叶缘红绿色。株型半紧凑,总叶片数 19 片,株高 300 厘米,穗位高 117 厘米,雄穗主轴与分枝角度中,侧枝姿态中度下弯,一级分枝 5～7 个,最高位侧枝以上主轴长 20.5 厘米,花药黄色,颖壳紫色,花丝紫色。果穗筒形,穗轴红色,穗长 20.8 厘米,穗行 14 行左右,行粒数 44 粒,籽粒深黄色、半马齿形,籽粒顶端橘黄色,百粒重 35.9 克,出籽率 85.3%。

抗病鉴定:2013—2014 年山西农业大学农学院鉴定,抗穗腐病,中抗大斑病、茎腐病,感丝黑穗病。

产量表现:2013 年参加山西省春播早熟玉米区域试验,平均亩产 817.2 千克,比对照"大丰 30"增产 5.4%,8 点试验,增产点率 87.5%;2014 年生产试验,平均亩产 811.7 千克,比当地对照增产 8.3%,8 点试验,增产点率 87.5%。

栽培要点:适宜播期 4 月中下旬至 5 月初,亩留苗 4 000～4 500 株,施足底肥,大喇叭口期追施氮肥尿素每亩 15 千克,适当增施磷、钾肥,注意防治丝黑穗病和玉米螟。

适宜区域:山西省春播早熟玉米区。

四十、五谷 704

引种编号:晋引玉 2015002。

申请单位:甘肃五谷种业有限公司。

选育单位:甘肃五谷种业有限公司。

审定情况:2012 年宁夏回族自治区审定(宁审玉 2012019),2012 年国家审定(国审玉2012011),2014 年吉林省审定(吉审玉 2014012)。

特征特性:生育期 129 天左右,与"大丰 30"相仿。幼苗第一叶叶鞘紫色,尖端圆到匙形,叶缘紫色。株型紧凑,总叶片数 19 片,株高 310 厘米,穗位高 113 厘米。雄穗主轴与分枝角度中,侧枝姿态轻度下弯,一级分枝 2~5 个,最高位侧枝以上主轴长 24 厘米,花药紫色,颖壳浅绿色。花丝红色。果穗筒形,穗轴红色,穗长 18.9 厘米,穗行 16~18 行,行粒数 37.5 粒,籽粒黄色、马齿形,籽粒顶端浅黄色,百粒重 35.4 克,出籽率 85.4%。

抗病鉴定:2013—2014 年山西农业大学农学院鉴定,抗穗腐病,中抗大斑病、茎腐病,感丝黑穗病。

产量表现:2013 年参加山西省春播早熟玉米区域试验,平均亩产 822.9 千克,比对照"大丰 30"增产 6.1%,8 试验点,增产点率 75%;2014 年生产试验,平均亩产 830.9 千克,比当地对照增产 10.8%,8 试验点,增产点率 100%。

栽培要点:适宜播期 4 月中下旬至 5 月初,亩留苗 4 000~4 500 株,施足底肥,大喇叭口期亩追施氮肥 15 千克,适当增施磷钾肥,注意防治丝黑穗病和玉米螟。

适宜区域:山西省春播早熟玉米区。

四十一、威卡 926

审定编号:晋审玉 2014001。

申请单位:山西中农容玉种业有限责任公司。

选育单位:山西中农容玉种业有限责任公司。

品种来源:RY121×RY722,试验名称为"育实 926"。

特征特性:生育期 125 天左右,比对照"大丰 30"略早。幼苗第一叶叶鞘紫色,尖端圆到匙形,叶缘紫色。株型半紧凑,总叶片数 20 片,株高 320 厘米左右,穗位高 115 厘米左右,雄穗主轴与分枝角度小,侧枝姿态轻度下弯,一级分枝 2~5 个,最高位侧枝以上的主轴 30 厘米,花药黄绿色,颖壳绿色,花丝粉红色。果穗锥形,穗轴红色,穗长 20 厘米,穗行 16~18 行,行粒数 40 粒,籽粒黄色、半马齿形,籽粒顶端黄色,百粒重 36.4 克,出籽率 86.4%。

抗病鉴定:2012—2013 年经山西农业大学农学院鉴定,抗穗腐病,中抗大斑病,感丝黑穗病、茎腐病。

品质分析:2013 年农业部谷物及制品质量监督检验测试中心(哈尔滨)检测,容重 768 克/升,粗蛋白质含量 8.34%,粗脂肪含量 4.71%,粗淀粉含量 74.10%。

产量表现:2012—2013 年参加山西春播早熟玉米区域试验,2012 年亩产 760.7 千克,比对照"长城 799"增产 14.7%;2013 年亩产 847.2 千克,比对照"大丰 30"增产 10.6%,2 年平均亩产 803.9 千克,比对照增产 12.5%,15 点试验,增产点率 100%;2013 年生产试验,平均亩产 907.4 千克,比当地对照增产 15.4%,7 点试验,增产点率 100%。

栽培要点:适宜播期 4 月下旬;亩留苗 4 000 株左右;亩施农家肥 3 000 千克、复合肥或硝酸磷肥 40 千克,追施尿素 30 千克;种子用 22% 福克戊种衣剂包衣防治苗期病虫害。

适宜区域:山西省春播早熟玉米区。

四十二、瑞丰 168

审定编号:晋审玉 20170006。

申请单位:翼城县红丰农业科技发展有限公司。

选育单位:翼城县红丰农业科技发展有限公司。

品种来源:PM430×HF66,试验名称为"平阳108"。

特征特性:生育期130天左右,与对照"大丰30"相当。幼苗第一叶叶鞘深紫色,叶尖端圆到匙形,叶缘紫色。株型半紧凑,总叶片数20片,株高307厘米,穗位高104厘米。雄穗主轴与分枝角度中,侧枝姿态轻度下弯,一级分枝4~6个,最高位侧枝以上的主轴长17厘米,花药浅紫色,颖壳绿色,花丝浅紫色。果穗筒形,穗轴红色,穗长20.9厘米,穗行16~18行,行粒数40粒,籽粒黄色、半马齿形,籽粒顶端黄色,百粒重35.9克,出籽率83.7%。

抗病鉴定:2014—2015年山西农业大学抗病性接种鉴定,感丝黑穗病,中抗大斑病,抗穗腐病,高感茎腐病。

品质分析:2016年农业部谷物及制品质量监督检验测试中心(哈尔滨)检测,容重766克/升,粗蛋白质含量9.90%,粗脂肪含量3.04%,粗淀粉含量74.36%。

产量表现:2014—2015年参加山西省春播早熟玉米区区域试验,2014年亩产877.8千克,比对照"大丰30"增产10.4%;2015年亩产874.4千克,比对照"大丰30"增产13.0%,2年平均亩产876.1千克,比对照增产11.7%;2016年生产试验,平均亩产912.5千克,比对照增产7.7%。

栽培要点:适宜播期4月底至5月初;亩留苗4 000~4 500株;亩底施复合肥50千克、农家肥2 000~3 000千克,大喇叭口期结合浇水追施尿素30千克;注意防治丝黑穗病、茎腐病。

审定意见:该品种符合山西省玉米品种审定标准,通过审定。

适宜区域:适宜在山西省春播早熟玉米区种植。

四十三、太玉968

审定编号:晋审玉20170007。

申请单位:山西省农业科学院作物科学研究所。

选育单位:山西省农业科学院作物科学研究所、山西中农赛博种业有限公司。

品种来源:P001×太9547,试验名称为"太早单4号"。

特征特性:生育期130天左右,与对照"大丰30"相当。幼苗第一叶叶鞘紫色,叶尖端圆到匙形,叶缘紫色。株型半紧凑,总叶片数20~21片,株高307厘米,穗位高106厘米,雄穗主轴与分枝角度小,侧枝姿态直,一级分枝3~4个,最高位侧枝以上的主轴长15厘米,花药浅紫色,颖壳绿色,花丝浅红色。果穗筒形,穗轴红色,穗长20.5厘米,穗行16~18行,行粒数40粒,籽粒黄色、半马齿形,籽粒顶端黄色,百粒重35.0克,出籽率84.0%。

抗病鉴定:2014—2015年山西农业大学抗病性接种鉴定,感丝黑穗病,中抗大斑病,抗穗腐病,感茎腐病。

品质分析:2016年农业部谷物及制品质量监督检验测试中心(哈尔滨)检测,容重745克/升,粗蛋白质含量8.89%,粗脂肪含量3.05%,粗淀粉含量76.42%。

产量表现:2014—2015年参加山西省春播早熟玉米区区域试验,2014年亩产855.3千克,比对照"大丰30"增产7.5%;2015年亩产814.2千克,比对照"大丰30"增产11.0%,2年平均亩产834.8千克,比对照增产9.2%;2016年生产试验,平均亩产915.7千克,比对照增产8.1%。

栽培要点:适宜播期4月底至5月初;亩留苗3 800~4 000株;亩底施复合肥50千克、农家肥2 000~3 000千克,大喇叭口期结合浇水追施尿素25千克;注意防治丝黑穗病、茎腐病。

审定意见:该品种符合山西省玉米品种审定标准,通过审定。

适宜区域:适宜在山西省春播早熟玉米区种植。

四十四、松科 706

审定编号:晋审玉 20170008。

申请单位:内蒙古利禾农业科技发展有限公司。

选育单位:内蒙古利禾农业科技发展有限公司。

品种来源:F1616×D6,试验名称为"M305"。

特征特性:生育期 130 天左右,与对照"大丰 30"相当。幼苗第一叶叶鞘紫色,叶尖端圆到匙形,叶缘紫色。株型半紧凑,总叶片数 20 片,株高 312 厘米,穗位高 112 厘米,雄穗主轴与分枝角度中等,侧枝姿态直,一级分枝 5～8 个,最高位侧枝以上的主轴长 20 厘米,花药紫色,颖壳绿色,花丝紫色。果穗筒形,穗轴粉色,穗长 19.8 厘米,穗行 16～18 行,行粒数 40 粒,籽粒橘黄色、偏马齿形,籽粒顶端黄色,百粒重 37.0 克,出籽率 82.3%。

抗病鉴定:2014—2015 年山西农业大学抗病性接种鉴定,感丝黑穗病,感大斑病,抗穗腐病,高感茎腐病。

品质分析:2016 年农业部谷物及制品质量监督检验测试中心(哈尔滨)检测,容重 752 克/升,粗蛋白质含量 9.51%,粗脂肪含量 3.65%,粗淀粉含量 74.19%。

产量表现:2014—2015 年参加山西省春播早熟玉米区区域试验,2014 年亩产 884.2 千克,比对照"大丰 30"增产 9.7%;2015 年亩产 854.4 千克,比对照"大丰 30"增产 10.5%,2 年平均亩产 869.3 千克,比对照增产 10.1%;2016 年生产试验,平均亩产 919.3 千克,比对照增产 8.1%。

栽培技术要点:适宜播期 4 月底至 5 月初;亩留苗 4 500 株左右;亩施种肥磷酸二铵 10～15 千克,拔节期追施尿素 20 千克左右;注意防治丝黑穗病、大斑病、茎腐病。

审定意见:该品种符合山西省玉米品种审定标准,通过审定。

适宜区域:适宜在山西省春播早熟玉米区种植。

四十五、强盛 389

审定编号:晋审玉 20170009。

申请单位:山西福盛园科技发展有限公司。

选育单位:山西福盛园科技发展有限公司。

品种来源:SS3×东亲 069X,试验名称为"FS60"。

特征特性:生育期 130 天左右,与对照"大丰 30"相当。幼苗第一叶叶鞘深紫色,叶尖端圆到匙形,叶缘绿色。株型半紧凑,总叶片数 20 片,株高 300 厘米,穗位高 105 厘米,雄穗主轴与分枝角度中,侧枝姿态轻度下弯,一级分枝 5～7 个,最高位侧枝以上的主轴长 20～30 厘米,花药黄色,颖壳绿色,花丝红色。果穗筒形,穗轴红色,穗长 19.8 厘米,穗行 16 行左右,行粒数 40 粒,籽粒黄色、半马齿形,籽粒顶端黄色,百粒重 35.4 克,出籽率 84.4%。

抗病鉴定:2014—2015 年山西农业大学抗病性接种鉴定,中抗丝黑穗病,中抗大斑病,感穗腐病,高感茎腐病。

品质分析:2016 年农业部谷物及制品质量监督检验测试中心(哈尔滨)检测,容重 752 克/

升,粗蛋白质含量 8.70％,粗脂肪含量 4.08％,粗淀粉含量 75.40％。

产量表现:2014—2015 年参加山西春播早熟玉米区区域试验,2014 年亩产 858.9 千克,比对照"大丰 30"增产 8.0％;2015 年亩产 806.6 千克,比对照"大丰 30"增产 10.0％,2 年平均亩产 832.8 千克,比对照增产 9.0％;2016 年生产试验,平均亩产 875.5 千克,比对照增产 4.0％。

栽培要点:适宜播期 4 月末至 5 月初;亩留苗 4 000 株左右;亩施底肥磷酸二铵 15～20 千克,拔节期亩追施尿素 10～15 千克;注意防治穗腐病、茎腐病。

审定意见:该品种符合山西省玉米品种审定标准,通过审定。

适宜区域:适宜在山西省春播早熟玉米区种植。

四十六、优迪 339

审定编号:晋审玉 20170010。

申请单位:北京市农林科学院玉米研究中心。

选育单位:北京市农林科学院玉米研究中心、吉林省鸿翔农业集团鸿翔种业有限公司。

品种来源:L6207×京 92CV,试验名称为"JK803"。

特征特性:生育期 130 天左右,与对照"大丰 30"相当。幼苗第一叶叶鞘紫色,叶尖端匙形,叶缘紫色。株型半紧凑,总叶片数 19～20 片,株高 304 厘米,穗位高 116 厘米,雄穗主轴与分枝角度中,侧枝姿态轻度下弯,一级分枝 4～6 个,最高位侧枝以上的主轴长 15 厘米,花药淡紫色,颖壳绿色,花丝浅红色。果穗筒形,穗轴红色,穗长 19.6 厘米,穗行 16～18 行,行粒数 39 粒,籽粒黄色、半马齿形,籽粒顶端黄色,百粒重 34.6 克,出籽率 83.7％。

抗病鉴定:2014—2015 年山西农业大学抗病性接种鉴定,感丝黑穗病,中抗大斑病,中抗穗腐病,感茎腐病。

品质分析:2016 年农业部谷物及制品质量监督检验测试中心(哈尔滨)检测,容重 746 克/升,粗蛋白质含量 9.55％,粗脂肪含量 3.42％,粗淀粉含量 76.08％。

产量表现:2014—2015 年参加山西省春播早熟玉米区区域试验,2014 年亩产 902.2 千克,比对照"大丰 30"增产 12.0％;2015 年亩产 797.0 千克,比对照"大丰 30"增产 8.7％,2 年平均亩产 849.6 千克,比对照增产 10.4％;2016 年生产试验,平均亩产 904.3 千克,比对照增产 7.4％。

栽培要点:适宜播期 4 月底至 5 月初;亩留苗 4 000～4 500 株;亩底施复合肥 50 千克、农家肥 2 000～3 000 千克,大喇叭口期结合浇水追施尿素 30 千克;注意防治丝黑穗病、茎腐病。

审定意见:该品种符合山西省玉米品种审定标准,通过审定。

适宜区域:适宜在山西省春播早熟玉米区种植。

四十七、大德 216

审定编号:晋审玉 20170011。

申请单位:北京大德长丰农业生物技术有限公司。

选育单位:北京大德长丰农业生物技术有限公司。

品种来源:1024×H340。

审定情况:2014 年内蒙古自治区审定(蒙审玉 2014030)。

特征特性:生育期 127 天左右,比对照"大丰 30"早 3 天。幼苗第一叶叶鞘紫色,叶尖端圆到匙形,叶缘紫色。株型半紧凑,总叶片数 19 片,株高 278 厘米,穗位高 95 厘米,雄穗主轴与分枝角度小,侧枝姿态直,一级分枝 5 个,最高位侧枝以上的主轴长 15 厘米,花药浅紫色,颖壳绿色,花丝绿色。果穗筒形,穗轴红色,穗长 19.7 厘米,穗行 14～16 行,行粒数 40 粒,籽粒黄色、半马齿形,籽粒顶端黄色,百粒重 37.4 克,出籽率 85%。

抗病鉴定:2015—2016 年山西农业大学抗病性接种鉴定,感丝黑穗病,中抗大斑病,中抗穗腐病,中抗茎腐病。

品质分析:2016 年农业部谷物及制品质量监督检验测试中心(哈尔滨)检测,容重 740 克/升,粗蛋白质含量 8.70%,粗脂肪含量 3.82%,粗淀粉含量 74.78%。

产量表现:2015—2016 年参加山西省春播早熟玉米区区域试验,2015 年亩产 856.5 千克,比对照"大丰 30"增产 10.7%;2016 年亩产 856.9 千克,比对照"大丰 30"增产 5.4%,2 年平均亩产 856.7 千克,比对照增产 8%;2016 年生产试验,平均亩产 873.6 千克,比对照增产 3.6%。

栽培要点:适宜播期 4 月下旬至 5 月上旬;亩留苗 4 000～4 500 株;施足底肥,大喇叭口期亩追施氮肥 15～20 千克,适当增施磷钾肥;注意防治丝黑穗病和玉米螟。

审定意见:该品种符合山西省玉米品种审定标准,通过审定。

适宜区域:适宜在山西省春播早熟玉米区种植。

四十八、强盛 377

审定编号:晋审玉 20170012。

申请单位:山西省农业科学院作物科学研究所。

选育单位:山西省农业科学院作物科学研究所。

品种来源:N577×N133,试验名称为"太选 1126"。

特征特性:生育期 130 天左右,与对照"大丰 30"相当。幼苗第一叶叶鞘紫色,叶尖端圆形,叶缘黄色。株型半紧凑,总叶片数 19～20 片,株高 299 厘米,穗位高 110 厘米,雄穗主轴与分枝角度中,侧枝姿态轻度下弯,一级分枝 5 个左右,最高位侧枝以上的主轴长 31 厘米,花药浅紫色,颖壳绿色,花丝淡绿色。果穗筒形,穗轴深红色,穗长 19.7 厘米,穗行 16～18 行,行粒数 38 粒,籽粒黄色、马齿形,籽粒顶端黄色,百粒重 36.7 克,出籽率 85.2%。

抗病鉴定:2013—2014 年山西农业大学抗病性接种鉴定,感丝黑穗病,中抗大斑病,抗穗腐病,中抗茎腐病。

品质分析:2015 年农业部谷物及制品质量监督检验测试中心(哈尔滨)检测,容重 767 克/升,粗蛋白质含量 8.68%,粗脂肪含量 4.30%,粗淀粉含量 75.58%。

产量表现:2013—2014 年参加山西省春播早熟玉米区区域试验,2013 年亩产 827.6 千克,比对照"大丰 30"增产 6.7%;2014 年亩产 878.9 千克,比对照"大丰 30"增产 9.1%,2 年平均亩产 853.3 千克,比对照增产 7.9%;2015 年生产试验,平均亩产 784.5 千克,比对照增产 10.0%。

栽培要点:选择中等以上肥力地种植;适宜播期 4 月下旬至 5 月上旬;亩留苗 3 800～4 200 株;亩底施农家肥 2 000～3 000 千克、复合肥 50 千克,大喇叭口期亩追施尿素 30～35 千克;注意防治丝黑穗病及地下虫害。

审定意见：该品种符合山西省玉米品种审定标准，通过审定。

适宜区域：适宜在山西省春播早熟玉米区种植。

四十九、章玉 10 号

审定编号：晋审玉 2016005。

申请单位：晋中市科丰种业有限公司。

选育单位：晋中市科丰种业有限公司。

品种来源：Y5×Y63。

特征特性：生育期 130 天左右，比对照"大丰 30"略晚熟。幼苗第一叶叶鞘紫色，叶尖端圆到匙形，叶缘绿色。株型半紧凑，总叶片数 19～21 片，株高 290 厘米，穗位高 110 厘米，雄穗主轴与分枝角度大，侧枝姿态直，一级分枝 3～5 个，最高位侧枝以上的主轴长 29 厘米。花药红色，颖壳绿色，花丝红色，果穗筒形，穗轴红色，穗长 19.7 厘米，穗行 16～18 行，行粒数 38 粒，籽粒黄色、马齿形，籽粒顶端黄色，百粒重 33.1 克，出籽率 86.6%。

抗病鉴定：2013—2014 年山西农业大学抗病性接种鉴定，中抗大斑病、茎腐病、穗腐病，感丝黑穗病。

品质分析：2015 年农业部谷物及制品质量监督检验测试中心检测，容重 765 克/升，粗蛋白质含量 8.31%，粗脂肪含量 3.18%，粗淀粉含量 77.13%。

产量表现：2013—2014 年参加山西省春播早熟玉米区域试验，2013 年亩产 831.4 千克，比对照"大丰 30"增产 7.2%；2014 年亩产 894.3 千克，比对照"大丰 30"增产 11.0%；2 年平均亩产 862.8 千克，比对照增产 9.1%，增产点 88%；2015 年生产试验，平均亩产 776.2 千克，比对照增产 8.2%，增产点 100%。

栽培要点：适宜播期 4 月下旬至 5 月上旬；亩留苗 4 000 株左右；亩施肥纯氮 18～20 千克，五氧化二磷 10～14 千克，氧化钾 10～14 千克；中、后期适时追肥浇水。

适宜区域：山西省春播早熟玉米区地膜覆盖。

五十、威卡 979

审定编号：晋审玉 2016006。

申请单位：山西中农容玉种业有限责任公司。

选育单位：山西中农容玉种业有限责任公司。

品种来源：RYX005×RYL96，试验名称为"育实 909"。

特征特性：生育期 129 天左右，与对照"大丰 30"相当。幼苗第一叶鞘紫色，叶尖端尖到圆形，叶缘绿色。株型紧凑，总叶片数 20 片，株高 301 厘米，穗位高 106 厘米，雄穗主轴与分枝角度小，侧枝姿态直，一级分枝 3～5 个，最高位侧枝以上的主轴长 30 厘米。花药浅紫色，颖壳浅紫色，花丝浅紫色，果穗筒形，穗轴红色，穗长 19.6 厘米，穗粗 5.2 厘米，穗行 16 行左右，行粒数 39 粒，籽粒桔黄色、半马齿形，籽粒顶端黄色，百粒重 33.7 克，出籽率 85.3%。

抗病鉴定：2013—2014 年山西农业大学抗病性接种鉴定，中抗茎腐病、大斑病，感丝黑穗病、穗腐病。

品质分析：2015 年农业部谷物及制品质量监督检验测试中心（哈尔滨）检测，容重 723 克/升，粗蛋白质含量 10.20%，粗脂肪含量 3.77%，粗淀粉含量 75.27%。

产量表现:2013—2014 年参加山西省春播早熟玉米区域试验,2013 年亩产 834.1 千克,比对照"大丰 30"增产 8.9%;2014 年亩产 887.2 千克,比对照"大丰 30"增产 10.1%;2 年平均亩产 860.6 千克,比对照增产 9.5%,增产点 94%;2015 年生产试验,平均亩产 792.8 千克,比对照增产 11.5%,增产点 100%。

栽培要点:适宜播期 4 月下旬;亩留苗 4 000 株左右;亩施农家肥 3 000 千克、复合肥或硝酸磷肥 40 千克,追施尿素 30 千克;注意防治苗期病虫害。

适宜区域:山西省春播早熟玉米区。

五十一、龙生 5 号

审定编号:晋审玉 2016007。

申请单位:晋中龙生种业有限公司。

选育单位:晋中龙生种业有限公司。

品种来源:LS05×LS515。

特征特性:生育期 130 天左右,比对照"大丰 30"略晚熟。幼苗第一叶叶鞘紫色,叶尖端圆到匙形,叶缘绿色。株型半紧凑,总叶片数 19~21 片,株高 285 厘米,穗位高 100 厘米,雄穗主轴与分枝角度大,侧枝姿态直,一级分枝 3~5 个,最高位侧枝以上的主轴长 28 厘米。花药红色,颖壳绿色,花丝绿色、果穗锥形,穗轴红色,穗长 20.3 厘米,穗行 16~18 行,行粒数 41 粒,籽粒黄色、马齿形,籽粒顶端黄色,百粒重 40 克,出籽率 89%。

抗病鉴定:2013—2014 年山西农业大学抗病性接种鉴定,中抗丝黑穗病、大斑病、茎腐病、穗腐病。

品质分析:2015 年农业部谷物及制品质量监督检验测试中心检测,容重 747 克/升,粗蛋白质含量 8.53%,粗脂肪含量 3.59%,粗淀粉含量 76.68%。

产量表现:2013—2014 年参加山西省春播早熟玉米区域试验,2013 年亩产 846.6 千克,比对照"大丰 30"增产 10.6%;2014 年亩产 883.5 千克,比对照"大丰 30"增产 11.1%;2 年平均亩产 865.1 千克,比对照增产 10.9%,增产点 100%;2015 年生产试验,平均亩产 800.6 千克,比对照增产 10.0%,增产点 100%。

栽培要点:适宜播期 4 月下旬至 5 月上旬;亩留苗 4 000 株左右;中、后期适时追肥浇水。

适宜区域:山西省春播早熟玉米区地膜覆盖。

五十二、赛博 159

审定编号:晋审玉 2016008。

申请单位:山西省农业科学院现代农业研究中心。

选育单位:山西省农业科学院现代农业研究中心、山西省农业科学院作物科学研究所、山西中农赛博种业有限公司。

品种来源:太 9576×太 724,试验名称为"科早单 4 号"。

特征特性:生育期 129 天左右,与对照"大丰 30"相当。幼苗第一叶叶鞘紫色,叶尖端圆到匙形,叶缘紫色。株型半紧凑,总叶片数 20 片,株高 310 厘米,穗位高 120 厘米,雄穗主轴与分枝角度小,侧枝姿态直,一级分枝 3~4 个,最高位侧枝以上的主轴长 17 厘米。花药浅紫色,颖壳绿色,花丝浅褐色。果穗筒形,穗轴红色,穗长 20.9 厘米,穗行 14~16 行,行粒数 41 粒,籽粒橘黄色、半马齿形,籽粒顶端黄色,百粒重 39.8 克,出籽率 89.0%。

抗病鉴定:2013—2014 年山西农业大学抗病性接种鉴定,中抗大斑、穗腐病,感茎腐病、丝黑穗病。

品质分析:2015 年农业部谷物及制品质量监督检验测试中心(哈尔滨)检测,容重 764 克/升,粗蛋白质含量 8.83%,粗脂肪含量 3.91%,粗淀粉含量 75.73%。

产量表现:2013—2014 年参加山西省春播早熟玉米区域试验,2013 年亩产 867.3 千克,比对照"大丰 30"增产 13.3%;2014 年亩产 873.5 千克,比对照"大丰 30"增产 9.8%;2 年平均亩产 870.4 千克,比对照增产 11.5%,增产点 100%;2015 年生产试验,平均亩产 791.2 千克,比对照增产 8.5%,增产点 100%。

栽培要点:适宜播期 4 月下旬;亩留苗 4 000～4 500 株;播前亩施复合肥 50 千克,农家肥 2 000～3 000 千克作为底肥,喇叭口期结合浇水亩追施尿素 25 千克;注意防治丝黑穗病。

适宜区域:山西省春播早熟玉米区。

五十三、强盛 288

审定编号:晋审玉 2016009。

申请单位:山西强盛种业有限公司。

选育单位:山西强盛种业有限公司。

品种来源:233×C2,试验名称为"QS1202"。

特征特性:生育期 129 天左右,与"大丰 30"相当。幼苗第一叶叶鞘紫色,叶尖端尖到圆形,叶缘绿色。株型紧凑,总叶片数 20 片,株高 305 厘米,穗位高 115 厘米,雄穗主轴与分枝角度中,侧枝姿态直,一级分枝 2～6 个,最高位侧枝以上的主轴长 30～37 厘米。花药紫色,颖壳绿色,花丝紫红色。果穗锥形,穗轴红色,穗长 20 厘米,穗行 16 行左右,行粒数 38 粒,籽粒黄色、半马齿形,籽粒顶端橙色,百粒重 35.7 克,出籽率 88.2%。

抗病鉴定:2013—2014 年山西农业大学抗病性接种鉴定,抗穗腐病,中抗茎腐病、大斑病,感丝黑穗病。

品质分析:2015 年农业部谷物及制品质量监督检验测试中心(哈尔滨)检测,容重 768 克/升,粗蛋白质含量 8.59%,粗脂肪含量 3.69%,粗淀粉含量 75.52%。

产量表现:2013—2014 年参加山西春播早熟玉米区域试验,2013 年亩产 832.1 千克,比对照"大丰 30"增产 7.3%;2014 年亩产 875.9 千克,比对照"大丰 30"增产 8.7%;2 年平均亩产 854 千克,比对照增产 8.0%,增产点 88%;2015 年生产试验,平均亩产 761.0 千克,比对照增产 7.0%,增产点率 94%。

栽培要点:适宜播期 4 月末至 5 月初;亩留苗 4 000 株;一般亩施底肥磷酸二铵 15～20 千克,硫酸锌 1 千克,氯化钾 2～3 千克;追施尿素 10～15 千克。

适宜区域:山西省春播早熟玉米区。

五十四、利禾 1

审定编号:晋审玉 2016010。

申请单位:内蒙古利禾农业科技发展有限公司。

选育单位:内蒙古利禾农业科技发展有限公司。

审定情况:2014 年通过内蒙古审定(蒙审玉 2014002 号)。

品种来源:M1001×F2001,试验名称为"M202"。

特征特性:生育期 129 天左右,与对照"大丰 30"相当。幼苗第一叶叶鞘紫色,叶尖端圆到匙形,叶缘紫色。株型半紧凑,总叶片数 20 片,株高 321 厘米,穗位高 115 厘米,雄穗主轴与分枝角度中,侧枝姿态直,一级分枝 3～7 个,最高位侧枝以上的主轴长 30～35 厘米。花药紫色,颖壳绿色,花丝橙色。果穗筒形,穗轴粉红色,穗长 19.5 厘米,穗行 16～18 行,行粒数 36 粒,籽粒橘黄色、偏马齿形,籽粒顶端黄色,百粒重 35.2 克,出籽率 84.5%。

抗病鉴定:2013—2014 年山西农业大学抗病性接种鉴定,中抗大斑病、穗腐病,感茎腐病、丝黑穗病。

品质分析:2015 年农业部谷物及制品质量监督检测中心(哈尔滨)检测,容重 757 克/升,粗蛋白质含量 8.31%,粗脂肪含量 4.11%,粗淀粉含量 76.36%。

产量表现:2013—2014 年参加山西春播早熟玉米区域试验,2013 年亩产 839.9 千克,比对照"大丰 30"增产 9.7%;2014 年亩产 851.7 千克,比对照"大丰 30"增产 7.1%;2 年平均亩产 845.8 千克,比对照增产 8.4%,增产点 94%;2015 年生产试验,平均亩产 785.2 千克,比对照增产 8.5%,增产点 88%。

栽培要点:适宜播期 4 月 25 日左右;亩留苗 4 500 株左右;亩施种肥磷酸二铵 10～15 千克,拔节期亩追施尿素 20 千克左右;生育期间根据降水情况灌水 2～3 次。

适宜区域:山西省春播早熟玉米区。

五十五、华美 1 号

审定编号:晋审玉 2016011。

申请单位:甘肃恒基种业有限责任公司。

选育单位:甘肃恒基种业有限责任公司。

品种来源:HF12202×HM12111。

特征特性:生育期 124 天左右,比对照"利民 33"早 2 天。幼苗第一叶叶鞘紫色,叶尖端圆到匙形,叶缘绿色。株型半紧凑,总叶片数 19 片,株高 257 厘米,穗位高 91 厘米,雄穗主轴与分枝角度中,侧枝姿态直,一级分枝 3～5 个,最高位侧枝以上的主轴长 30～35 厘米。花药紫色,颖壳紫色,花丝黄绿色。果穗筒形,穗轴红色,穗长 18.7 厘米,穗行 16 行左右,行粒数 42 粒,籽粒黄色、马齿形,籽粒顶端白色,百粒重 32.3 克,出籽率 88%。

抗病鉴定:2013—2014 年山西农业大学、山西省农业科学院植物保护研究所抗病性接种鉴定,中抗大斑病、茎腐病、穗腐病、粗缩病,感矮花叶病、丝黑穗病。

品质分析:2015 年农业部谷物及制品质量监督检验测试中心检测,容重 699 克/升,粗蛋白质含量 7.51%,粗脂肪含量 3.39%,粗淀粉含量 76.05%。

产量表现:2013—2014 年参加山西春播玉米区高密组区域试验,2013 年亩产 999 千克,比对照"利民 33"增产 5.9%;2014 年亩产 1 068.6 千克,比对照"利民 33"增产 10%;2 年平均亩产 1 033.8 千克,比对照增产 8.0%,增产点 100%;2015 年生产试验,平均亩产 1 093 千克,比对照增产 9.3%,增产点 100%。

栽培要点:选择中、高肥力地块;适宜播期 4 月下旬至 5 月上旬,亩留苗 5 000～6 000 株,增施磷钾肥;适时晚收。

适宜区域:山西太原以北春播早熟及中、晚熟玉米区。

五十六、利民 33

引种编号:晋引玉 2014005。

申请单位:吉林省松原市利民种业有限责任公司。

选育单位:吉林省松原市利民种业有限责任公司。

审定情况:2008 年内蒙古自治区审定(蒙审玉 2008009 号)、2013 年吉林省(吉审玉 2013030)。

特征特性:中北部春播平均生育期 123 天左右,比"郑单 958"早熟 5 天左右。幼苗第一叶叶鞘紫色,叶尖端圆形,叶缘紫色。株型紧凑,总叶片数 18 片,株高 275 厘米,穗位高 95 厘米。雄穗主轴与分枝角度中,侧枝姿态直,一级分枝 6~9 个,最高位侧枝以上的主轴长 16 厘米,花药紫色,颖壳黄色。花丝淡紫色。果穗锥形,穗轴红色,穗长 18.2 厘米,穗行 16~18 行,行粒数 38 粒,籽粒金黄色、马齿形,籽粒顶端淡黄色,百粒重 33.1 克,出籽率 88.5%。

抗病鉴定:2012—2013 年经山西农业大学农学院、山西省农业科学院植物保护研究所鉴定,中抗大斑病、穗腐病、茎腐病,感丝黑穗病、粗缩病,高感矮花叶病。

品质分析:籽粒容重 762 克/升,粗蛋白质含量 11.19%,粗脂肪含量 4.63%,粗淀粉含量 72.48%。

产量表现:2013 年参加山西中熟玉米高密组区域试验,平均亩产 1 025.7 千克,比对照"郑单 958"增产 8.8%,5 点试验,增产点率 100%;2013 年进行生产试验,平均亩产 948.2 千克,比对照"郑单 958"增产 7.3%,4 点试验,增产点率 100%。

栽培要点:适宜播期 4 月下旬至 5 月上旬;亩留苗 5 000 株;亩施农家肥 3 000 千克、复合肥或硝酸磷肥 50 千克作底肥,追施尿素 25~30 千克;注意防治丝黑穗。

适宜区域:山西省春播中、晚熟玉米区高水肥地块,矮花叶病高发区禁用。

五十七、正成 018

审定编号:晋审玉 2014005。

申请单位:北京奥瑞金种业股份有限公司。

选育单位:北京奥瑞金种业股份有限公司。

品种来源:OSL371×OSL372。

特征特性:生育期 129 天左右,比对照"先玉 335"略晚。幼苗第一叶叶鞘紫色,叶尖端尖到圆形,叶缘紫色。株型半紧凑,总叶片数 19 片,株高 321 厘米,穗位高 121 厘米。雄穗主轴与分枝角度中,侧枝姿态直,一级分枝 1~2 个,最高位侧枝以上的主轴长 29 厘米,花药红色,颖壳紫色。花丝日光红色。果穗筒形,穗轴红色,穗长 21.5 厘米,穗行 16~18 行,行粒数 40 粒,籽粒黄色、半马齿形,籽粒顶端黄色,百粒重 36 克,出籽率 88.7%。

抗病鉴定:2012—2013 年经山西农业大学农学院、山西省农业科学院植物保护研究所鉴定,中抗大斑病、茎腐病、粗缩病,感丝黑穗病、穗腐病,高感矮花叶病。

品质分析:2013 年农业部谷物及制品质量监督检验测试中心(哈尔滨)检测:容重 772 克/升,粗蛋白质含量 10.26%,粗脂肪含量 3.35%,粗淀粉含量 74.92%。

产量表现:2012—2013 年参加山西春播中、晚熟玉米区耐密组区域试验,2012 年亩产

920.6 千克,比对照"先玉 335"增产 5.8%;2013 年亩产 886.4 千克,比对照"先玉 335"增产 6.4%;2 年平均亩产 903.5 千克,比对照增产 6.1%,18 点试验,增产点率 83%;2013 年生产试验,平均亩产 865.7 千克,比当地对照增产 9.8%,8 点试验,增产点率 100%。

栽培要点:亩留苗 4 200 株左右;亩施农家肥 2 000~3 000 千克或氮磷钾三元复合肥 30 千克作基肥,大喇叭口期每亩追施尿素 30 千克左右;及时防治病虫害。

适宜区域:山西省春播中、晚熟玉米区,矮花叶病高发区禁用。

五十八、福盛园 57

审定编号:晋审玉 2014012。

申请单位:山西福盛园科技发展有限公司。

选育单位:山西福盛园科技发展有限公司。

品种来源:甘 3×C237,试验名称为"园 113"。

特征特性:生育期 123 天左右,比对照"先玉 335"略早。幼苗第一叶叶鞘紫色,叶尖端尖到圆形,叶缘红色。株型紧凑,总叶片数 23 片,株高 305 厘米,穗位高 100 厘米。雄穗主轴与分枝角度中,侧枝姿态直,一级分枝 5~6 个,最高位侧枝以上的主轴长 12 厘米,花药黄色,颖壳红色。花丝淡红色。果穗长筒形,穗轴红色,穗长 20 厘米,穗行 16~18 行,行粒数 39 粒,籽粒黄色、半马齿形,籽粒顶端淡黄色,百粒重 37.9 克,出籽率 87.3%。

抗病鉴定:2012—2013 年经山西农业大学农学院、山西省农业科学院植物保护研究所鉴定,中抗大斑病、茎腐病、穗腐病、矮花叶病,感丝黑穗病、粗缩病。

品质分析:2013 年农业部谷物及制品质量监督检验测试中心(哈尔滨)检测,容重 777 克/升,粗蛋白质含量 10.99%,粗脂肪含量 3.79%,粗淀粉含量 73.01%。

产量表现:2012—2013 年参加山西春播中、晚熟玉米区普密组区域试验,2012 年亩产 842.5 千克,比对照"大丰 26 号"增产 7%;2013 年亩产 820.8 千克,比对照"先玉 335"增产 7.0%,2 年平均亩产 831.7 千克,比对照增产 7.0%,18 点试验,增产点率 89%;2013 年生产试验,平均亩产 823.3 千克,比当地对照增产 5.7%,8 点试验,增产点率 88%。

栽培要点:适宜播期 5 月上旬播种;亩留苗 4 000~4 500 株;亩施农家肥 3 000 千克、复合肥或硝酸磷肥 50 千克作底肥,追施尿素 25~30 千克;注意防治丝黑穗等病害。

适宜区域:山西省春播中、晚熟玉米区。

五十九、龙生 16

审定编号:晋审玉 2014013。

申请单位:晋中龙生种业有限公司。

选育单位:晋中龙生种业有限公司。

品种来源:LS16×H701。

特征特性:生育期 123 天左右,比对照"先玉 335"略早。幼苗第一叶叶鞘紫色,叶尖端圆到匙形,叶缘绿色。株型半紧凑,总叶片数 20 片,株高 300 厘米,穗位高 100 厘米。雄穗主轴与分枝角度小,侧枝姿态直,一级分枝 3~5 个,最高位侧枝以上的主轴长 27 厘米,花药紫色,颖壳绿色。花丝粉红色。果穗筒形,穗轴红色,穗长 20.6 厘米,穗行 16~18 行,行粒数 41 粒,籽粒黄色、半马齿形，籽粒顶端黄色，百粒重 40.5 克，出籽率 89.5％。

抗病鉴定：2012—2013 年经山西农业大学农学院、山西省农业科学院植物保护研究所鉴定，高抗茎腐病，抗大斑病，中抗穗腐病，感丝黑穗病、粗缩病，高感矮花叶病。

品质分析：2013 年农业部谷物及制品质量监督检验测试中心（哈尔滨）检测，容重 787 克/升，粗蛋白质含量 11.14％，粗脂肪含量 4.87％，粗淀粉含量 71.06％。

产量表现：2012—2013 年参加山西春播中晚熟玉米区普密组区域试验，2012 年亩产 839.8 千克，比对照"大丰 26"亩产 787.6 千克增产 6.6％；2013 年亩产 829.8 千克，比对照"先玉 335"增产 8.2％；2 年平均亩产 834.8 千克，比对照增产 7.4％，18 点试验，增产点率 89％；2013 年生产试验，平均亩产 840.6 千克，比当地对照增产 7.9％，8 点试验，增产点率 100％。

栽培要点：一般 4 月下旬至 5 月上旬为适宜播种期；选择中等以上肥力地种植，亩留苗密度为 3 500～4 200 株；亩施农家肥 2 000 千克，拔节期追施尿素 15～20 千克；注意防治丝黑穗病。

适宜区域：山西省春播中、晚熟玉米区，矮花叶病高发区禁用。

六十、赛德 5 号

审定编号：晋审玉 20170001。

申请单位：山西省农业科学院作物科学研究所。

选育单位：山西省农业科学院作物科学研究所、山西中农赛博种业有限公司。

品种来源：K5481×K1057，试验名称为"太特早 5 号"。

特征特性：生育期 120 天左右，比"德美亚 1 号"晚 1 天。幼苗第一叶叶鞘紫色，叶尖端圆到匙形，叶缘紫色。株型半紧凑，总叶片数 16～17 片，株高 223 厘米，穗位高 77 厘米，雄穗主轴与分枝角度中，侧枝姿态直，一级分枝 7～10 个，最高位侧枝以上的主轴长 15 厘米，花药紫色，颖壳绿色，花丝浅褐色。果穗筒形，穗轴红色，穗长 19.1 厘米，穗行 14～16 行，行粒数 37 粒，籽粒黄色、半硬粒形，籽粒顶端黄色，百粒重 31.2 克，出籽率 85.0％。

抗病鉴定：2014—2015 年山西农业大学抗病性接种鉴定，感丝黑穗病，中抗大斑病，抗穗腐病。

品质分析：2016 年农业部谷物及制品质量监督检验测试中心（哈尔滨）检测，容重 746 克/升，粗蛋白质含量 8.76％，粗脂肪含量 5.22％，粗淀粉含量 73.32％。

产量表现：2014—2015 年参加山西春播特早熟玉米Ⅰ区区域试验，2014 年亩产 603.8 千克，比对照"并单 6 号"增产 13.7％；2015 年亩产 565.9 千克，比对照"德美亚 1 号"增产 13.3％；2 年平均亩产 584.9 千克，比对照增产 13.5％；2016 年生产试验，平均亩产 559.8 千克，比对照增产 11.4％。

栽培要点：适宜播期 4 月底至 5 月初；亩留苗 4 000～4 500 株；一般亩施复合肥 50 千克，农家肥 2 000～3 000 千克作底肥；大喇叭口期结合浇水亩追施尿素 25 千克；注意防治丝黑穗病。

审定意见：该品种符合山西省玉米品种审定标准，通过审定。

适宜区域：适宜在山西省春播特早熟玉米Ⅰ区种植。

六十一、利合 228

审定编号:晋审玉 20170002。

申请单位:山西利马格兰特种谷物研发有限公司。

选育单位:山西利马格兰特种谷物研发有限公司。

品种来源:NP01153×NP01154。

特征特性:生育期 121 天左右,比对照"德美亚 1 号"晚 2 天。幼苗第一叶叶鞘浅紫色,叶尖端尖到圆形,叶缘绿色。株型半紧凑,总叶片数 18 片,株高 243 厘米,穗位高 79 厘米,雄穗主轴与分枝角度中,侧枝姿态直,一级分枝 6～9 个,最高位侧枝以上的主轴长 30.5 厘米,花药浅紫色,颖壳绿色,花丝淡紫色。果穗锥形,穗轴粉红色,穗长 19 厘米,穗行 16 行左右,行粒数 38 粒,籽粒黄色、偏硬粒形,籽粒顶端黄色,百粒重 30.1 克,出籽率 85%。

抗病鉴定:2014—2015 年山西农业大学抗病性接种鉴定,感丝黑穗病,中抗大斑病,抗穗腐病。

品质分析:2016 年农业部谷物及制品质量监督检验测试中心(哈尔滨)检测,容重 741 克/升,粗蛋白质含量 9.2%,粗脂肪含量 4.8%,粗淀粉含量 74.7%。

产量表现:2014—2015 年参加山西春播特早熟Ⅰ区域试验,2014 年亩产 613.9 千克,比对照"并单 6 号"增产 15.6%;2015 年亩产 563.9 千克,比对照"德美亚 1 号"增产 12.9%;2 年平均亩产 588.9 千克,比对照增产 14.3%;2016 年生产试验,平均亩产 578.1 千克,比对照增产 15.0%。

栽培要点:选择中等以上肥力地种植;适宜播期 5 月上、中旬;亩留苗 4 500～5 000 株;亩底施复合肥或硝酸磷肥 40 千克,追施尿素 20 千克;注意防治苗期病虫害及丝黑穗病。

审定意见:该品种符合山西省玉米品种审定标准,通过审定。

适宜区域:适宜在山西省春播特早熟玉米Ⅰ区种植。

六十二、晋阳 5 号

审定编号:晋审玉 20170003。

申请单位:山西省农业科学院作物科学研究所。

选育单位:山西省农业科学院作物科学研究所。

品种来源:N107×H240,试验名称为"太选 2528"。

特征特性:生育期 119 天左右,与对照"德美亚 1 号"相当。幼苗第一叶叶鞘紫色,叶尖端尖到圆形,叶缘黄色。株型半紧凑,总叶片数 16～17 片,株高 194 厘米,穗位高 60 厘米,雄穗主轴与分枝角度中等,侧枝姿态强烈下弯,一级分枝 7～8 个,最高位侧枝以上的主轴长 29.4 厘米,花药红色,颖壳绿色,花丝紫色。果穗筒形,穗轴粉红色,穗长 19.2 厘米,穗行 14～16 行,行粒数 38 粒,籽粒黄色、半马齿形,籽粒顶端黄色,百粒重 29.1 克,出籽率 84.8%。

抗病鉴定:2014—2015 年山西农业大学抗病性接种鉴定,感丝黑穗病,感大斑病,抗穗腐病。

品质分析:2016 年农业部谷物及制品质量监督检验测试中心(哈尔滨)检测,容重 751 克/升,粗蛋白质含量 8.02%,粗脂肪含量 3.85%,粗淀粉含量 75.16%。

产量表现:2014—2015 年参加山西春播特早熟玉米Ⅰ区区域试验,2014 年亩产 595.4 千克,比对照"并单6号"增产12.2%;2015年亩产563.2千克,比对照"德美亚1号"增产12.7%;2年平均亩产579.3千克,比对照增产12.4%;2016年生产试验,平均亩产553.6千克,比对照增产10.1%。

栽培要点:选择中等以上肥力地种植;适宜播期4月下旬至5月上旬;亩留苗4 200~4 500株;亩施农家肥3 000~4 000千克、复合肥50千克作底肥,大喇叭口期追施尿素35~40千克;注意防治丝黑穗病、大斑病。

审定意见:该品种符合山西省玉米品种审定标准,通过审定。

适宜区域:适宜在山西省春播特早熟玉米Ⅰ区种植。

六十三、兆早1号

审定编号:晋审玉20170004。

申请单位:张建跃。

选育单位:四川兆和种业有限公司。

品种来源:早48×M119,试验名称为"2Y4819"。

特征特性:生育期121天左右,比对照"德美亚1号"晚2天。幼苗第一叶叶鞘浅紫色,叶尖端尖到圆形,叶缘紫色。株型半紧凑,总叶片数15片,株高224厘米,穗位高67厘米,雄穗主轴与分枝角度大,侧枝姿态轻度下弯,一级分枝7个,最高位侧枝以上的主轴长15厘米,花药浅紫色,颖壳绿色,花丝浅紫色。果穗筒形,穗轴白色,穗长18.4厘米,穗行14~16行,行粒数36粒,籽粒黄色、硬粒型,籽粒顶端黄色,百粒重30.7克,出籽率84.8%。

抗病鉴定:2014—2015年山西农业大学抗病性接种鉴定,感丝黑穗病,中抗大斑病,抗穗腐病。

品质分析:2016年农业部谷物及制品质量监督检验测试中心(哈尔滨)检测,容重771克/升,粗蛋白质含量8.82%,粗脂肪含量4.53%,粗淀粉含量74.05%。

产量表现:2014—2015年参加山西春播特早熟玉米Ⅰ区区域试验,2014年亩产589.1千克,比对照"并单6号"增产11.0%;2015年亩产552.9千克,比对照"德美亚1号"增产10.7%;2年平均亩产591.0千克,比对照增产10.9%;2016年生产试验,平均亩产560.3千克,比对照增产11.5%。

栽培要点:适宜播期4月下旬至5月上旬;亩留苗4 500~5 000株;亩底施复合肥40千克、农家肥2 000千克、追施尿素15~20千克;注意防治苗期病虫害及丝黑穗病。

审定意见:该品种符合山西省玉米品种审定标准,通过审定。

适宜区域:适宜在山西省春播特早熟玉米Ⅰ区种植。

六十四、沃锋88

审定编号:晋审玉2016001。

申请单位:山西省农业科学院生物技术研究中心。

选育单位:山西省农业科学院生物技术研究中心、山西沃达丰农业科技股份有限公司。

品种来源:H024×M-63,试验名称为"极早8号"。

特征特性:生育期119天左右,比对照"德美亚1号"略晚熟。幼苗第一叶叶鞘紫色,叶尖端匙形,叶缘绿色。株型半紧凑,总叶片数17~18片,株高220厘米,穗位高99厘米,雄穗主轴与分枝角度小,侧枝姿态轻度下弯,一级分枝 6~8 个,最高位侧枝以上的主轴长 20 厘米。花药绿色,颖壳绿色,花丝绿色。果穗筒形,穗轴红色,穗长 17.4 厘米,穗行 16~18 行,行粒数 34 粒,籽粒黄色、半马齿形,籽粒顶端淡黄色,百粒重 31.3 克,出籽率 81.8%。

抗病鉴定:2013—2014 年山西农业大学抗病性接种鉴定,抗穗腐病,中抗茎腐病,感丝黑穗病、大斑病。

品质分析:2015 年农业部谷物及制品质量监督检验测试中心(哈尔滨)检测,容重 664 克/升,粗蛋白质含量 9.37%,粗脂肪含量 3.68%,粗淀粉含量 74.31%。

产量表现:2013—2014 年参加山西春播特早熟玉米Ⅰ区区域试验,2013 年亩产 556.2 千克,比对照"并单 6 号"增产 9.3%;2014 年亩产 625.7 千克,比对照"并单 6 号"增产 17.9%;2 年平均亩产 591.0 千克,比对照增产 13.6%,增产点率 90%;2015 年生产试验,平均亩产 559.0 千克,比对照增产 12.9%,增产点率 100%。

栽培要点:选择中等以上肥力地块;适宜播期 5 月中旬左右;亩留苗 3 800~4 000 株;亩施农家肥 3 000 千克,复合肥或硝酸磷肥 50 千克,追施尿素 30 千克;注意防治苗期病虫害。

适宜区域:山西省春播特早熟玉米Ⅰ区。

六十五、德朗 118

审定编号:晋审玉 2016002。

申请单位:山西省农业科学院谷子研究所。

选育单位:山西省农业科学院谷子研究所、山西中农容玉种业有限责任公司。

品种来源:KY150×C238,试验名称为"科早玉 9 号"。

特征特性:生育期 121 天左右,比对照"德美亚 1 号"晚熟 3 天左右。幼苗第一叶叶鞘紫色,叶尖端圆到匙形,叶缘绿色。株型平展偏紧凑,总叶片数 17 片,株高 212 厘米,穗位高 79 厘米,雄穗主轴与分枝角度中,侧枝姿态轻度下弯,一级分枝 3~6 个,最高位侧枝以上的主轴长 10 厘米。花药黄色,颖壳浅粉色,花丝青绿色。果穗筒形,穗轴白色,穗长 18.4 厘米,穗行 14~16 行,行粒数 35 粒,籽粒黄色、半硬粒型,籽粒顶端黄色,百粒重 31.2 克,出籽率 82.3%。

抗病鉴定:2013—2014 年山西农业大学抗病性接种鉴定,中抗茎腐病、穗腐病,感丝黑穗病、大斑病。

品质分析:2015 年农业部谷物及制品质量监督检验测试中心(哈尔滨)检测,容重 676 克/升,粗蛋白质含量 9.53%,粗脂肪含量 4.52%,粗淀粉含量 74.37%。

产量表现:2013—2014 年参加山西春播特早熟玉米Ⅰ区区域试验,2013 年亩产 588.3 千克,比对照"并单 6 号"增产 15.6%;2014 年亩产 581.9 千克,比对照"并单 6 号"增产 9.6%;2 年平均亩产 585.1 千克,比对照增产 12.6%,增产点率 100%;2015 年生产试验,平均亩产 559.9 千克,比对照增产 11.2%,增产点率 100%。

栽培要点:适宜播期 5 月上旬;亩留苗 4 500 株;在施优质农肥的基础上亩施硝酸磷肥 25 千克,尿素 20 千克;注意防治地下害虫及玉米丝黑穗病。

适宜区域:山西省春播特早熟玉米Ⅰ区。

六十六、38P05

引种编号:晋引玉 2009001。

申报单位:铁岭先锋种子研究有限公司。

选育单位:铁岭先锋种子研究有限公司。

品种来源:PH1W2×PHTD5。

审定情况:2004 年吉林省审定(吉审玉 2004025)。

特征特性:芽鞘无色,幼苗生长健壮,早发性好。株型半紧凑,株高 215 厘米,穗位高 65 厘米,全株叶片数 20 片,花丝浅紫色,花药紫色,护颖绿色,雄穗分枝数 5～7 个,穗长 19 厘米,穗行数 14～16 行,穗轴红色,籽粒黄色,马齿形,百粒重 35.4 克,出籽率 83%。

抗病鉴定:2008 年山西省农业科学院植物保护研究所鉴定,高抗粗缩病,抗丝黑穗病,中抗穗腐病,感大斑病,高感矮花叶病、青枯病。

品质分析:2003 年农业部谷物品质监督检验测试中心(黑龙江)检测,粗蛋白质含量 10.14%,粗脂肪含量 4.08%,淀粉含量 70.82%。

产量表现:2008 年参加山西省特早熟区玉米引种试验,平均亩产 536.9 千克,比对照增产 11.7%。

栽培要点:4 月下旬至 5 月上旬播种;亩留苗 3 500～4 000 株;亩施磷酸二铵 15 千克和硫酸钾 5 千克作种肥,追施尿素 30 千克。

适宜区域:山西省春播特早熟玉米区。

六十七、德美亚 1 号

引种编号:晋引玉 2013001。

申请单位:黑龙江垦丰种业有限公司。

选育单位:黑龙江垦丰种业有限公司引入。

审定情况:2004 年黑龙江省审定(黑审玉 2004014)、2012 年吉林省审定(吉审玉 2012048)、2012 年内蒙古自治区认定(蒙认玉 2012013)。

特征特性:生育期 115 天左右,比对照"并单 6 号"早 3～5 天。幼苗第一叶叶鞘紫色,叶尖端圆到匙形,叶缘绿色。株型半紧凑,总叶片 16 片,株高 218 厘米,穗位高 70 厘米。雄穗主轴与分枝角度中,侧枝姿态直,一级分枝 12 个,最高位侧枝以上的主轴长 23 厘米,花药黄色,颖壳绿色。花丝绿色,果穗锥形,穗轴白色,穗长 19.6 厘米,穗行数 14～16 行,行粒数平均 40 粒,籽粒黄色、硬粒型,籽粒顶端黄色,百粒重 30 克,出籽率 81.5%。

抗病鉴定:2011—2012 年山西省农业科学院植物保护研究所、山西农业大学农学院鉴定,高感丝黑穗病,感大斑病,中抗穗腐病。

产量表现:2011 年参加山西省玉米特早熟区域试验,平均亩产 480.3 千克,比对照"并单 6 号"增产 12.4%;2012 年生产试验,平均亩产 478.2 千克,比当地对照增产 11.8%。

栽培要点:适宜播期 4 月下旬至 5 月上旬;亩留苗 5 000 株;注意防治丝黑穗病。

适宜区域:山西省春播特早熟玉米区,丝黑穗病易发区禁用。

六十八、龙源 3 号

引种编号:晋引玉 2013002。

申请单位:北京垦丰龙源种业科技有限公司。

选育单位:曹丕元等。

审定情况：2007 年内蒙古自治区认定（蒙审玉 2007014 号）。

特征特性：生育期 116 天左右，比对照"并单 6 号"早 3 天。幼苗第一叶叶鞘深紫色，叶尖端圆到匙形，叶缘绿色。株型紧凑，总叶片 17～18 片，株高平均 245 厘米，穗位平均 80 厘米。雄穗主轴与分枝角度中，侧枝姿态中度下弯，一级分枝 20 个，最高位侧枝以上的主轴长 15 厘米，花药黄色，颖壳紫色，花丝紫红色。果穗锥形，穗轴红色，穗长平均 20 厘米，穗行数 16 行左右，行粒数平均 41 粒，籽粒黄色、半硬粒型，籽粒顶端桔黄色，百粒重 31.3 克，出籽率 76.2％。

抗病鉴定：2011—2012 年山西省农业科学院植物保护研究所、山西农业大学农学院鉴定，高感丝黑穗病，感大斑病，中抗穗腐病。

产量表现：2011 年参加山西省玉米特早熟区域试验，平均亩产 483.9 千克，比对照"并单 6 号"增产 13.3％；2012 年生产试验，平均亩产 427.8 千克，比当地对照增产 15.2％。

栽培要点：选择中等以上肥力地种植；亩留苗 4 000～4 500 株；注意防治丝黑穗病。

适宜区域：山西省春播特早熟玉米区，丝黑穗病易发区禁用。

六十九、利合 16

引种编号：晋引玉 2014001。

申请单位：山西利马格兰特种谷物研发有限公司。

选育单位：山西利马格兰特种谷物研发有限公司。

审定情况：2007 年国家审定（国审玉 2007002），2013 年内蒙古自治区认定（蒙认玉 2013009 号）。

特征特性：山西春播特早熟区生育期 115 天左右，比对照"并单 6 号"早熟 5 天左右。幼苗第一叶叶鞘紫色，叶尖端匙形，叶缘绿色。株型半紧凑，总叶片数 16 片，株高 220 厘米，穗位高 65 厘米。雄穗主轴与分枝角度中，侧枝姿态直，一级分枝 10～14 个，最高位侧枝以上的主轴长 26 厘米，花药黄色，颖壳绿色，花丝绿色。果穗长锥形，穗轴白色，穗长 18 厘米，穗行 14 行左右，行粒数 38 粒，籽粒黄色、硬粒型，籽粒顶端黄色，百粒重 32.5 克，出籽率 82.5％。

抗病鉴定：2012—2013 年经山西农业大学农学院鉴定，抗穗腐病，中抗大斑病、茎腐病，感丝黑穗病。

产量表现：2012 年参加山西春播特早熟玉米区域试验，平均亩产 448.9 千克，比对照"并单 6 号"增产 12.6％，4 点试验，增产点率 75％；2013 年生产试验，平均亩产 567.6 千克，比当地对照增产 10.4％，4 点试验，增产点率 100％。

栽培要点：适时早播，适宜播期 4 月中下旬至 5 月初；亩留苗 4 500～5 000 株；施足底肥，大喇叭口期追施氮肥尿素每亩 15 千克，适当增施磷、钾肥；注意防治丝黑穗病和玉米螟。

适宜区域：山西省春播特早熟玉米区。

七十、并单 16 号

审定编号：晋审玉 2010003。

申报单位：山西省农业科学院作物遗传研究所。

选育单位：山西省农业科学院作物遗传研究所。

品种来源：206-305×太系 50，试验名称为"神州 106"。

特征特性：生育期比对照"极早单 2 号"早 1 天。幼苗第一片叶呈椭圆形，叶鞘紫色，叶色深绿。株型紧凑,株高 200 厘米,穗位高 60 厘米,花丝浅紫色,花药浅紫色,雄穗分枝较多。果穗锥形,穗轴红色。穗长 18 厘米,穗行数 14～16 行,行粒数 32 粒,籽粒橘黄色、半硬粒型,百粒重 31.0 克,出籽率 85.3%。

抗病鉴定:2008—2009 年经山西省农业科学院植物保护研究所鉴定,抗丝黑穗病、穗腐病,中抗大斑病,感青枯病、矮花叶病、粗缩病。

品质分析:2009 年农业部谷物及制品质量监督检验测试中心检测,容重 762 克/升,粗蛋白质含量 9.6%,粗脂肪含量 4.03%,粗淀粉含量 71.76%。

产量表现:2008—2009 年参加山西省特早熟区玉米品种区域试验,2008 年亩产 588.0 千克,比对照"极早单 2 号"(下同)增产 8.6%;2009 年亩产 615.1 千克,比对照增产 15.3%;2 年平均亩产 601.6 千克,比对照增产 11.9%;2009 年生产试验,平均亩产 661.2 千克,比对照增产 13.8%。

栽培要点:亩留苗 3 800～4 000 株;制种时父母本同期播种,父母本种植比例为 1∶4 或 1∶5。

适宜区域:山西省春播特早熟玉米区。

七十一、特早 2 号

审定编号:晋审玉 2011001。

申报单位:山西省现代农业研究中心。

选育单位:山西省农业科学院现代农业研究中心、山西省农业科学院作物科学研究所。

品种来源:太早 1001×R 综 57-3,试验名称为"科特早 2 号"。

特征特性:生育期 123 天,比对照"并单 6 号"早 2 天。幼苗第一叶叶鞘紫色,尖端匙形,叶缘绿色。株型半紧凑,总叶片数 15～16 片,株高 220 厘米,穗位高 80 厘米,雄穗主轴与分枝角度小,侧枝姿态直,一级分枝 4～5 个,最高位侧枝以上的主轴长 15～20 厘米,花药黄色,颖壳绿色,花丝绿色。果穗筒形,穗轴红色,穗长 18.0 厘米,穗行数 16～18 行,行粒数 39 粒,籽粒黄色、半硬粒型,籽粒顶端黄色,百粒重 33 克,出籽率 87%。

抗病鉴定:2009—2010 年经山西省农业科学院植物保护研究所鉴定,抗粗缩病、矮花叶病,中抗穗腐病、大斑病、青枯病,感丝黑穗病。

品质分析:2010 年农业部谷物及制品质量监督检验测试中心检测,容重 774.0 克/升,粗蛋白质含量 9.63%,粗脂肪含量 4.71%,粗淀粉含量 74.37%。

产量表现:2009—2010 年参加山西省特早熟区玉米品种区域试验,2009 年亩产 594.9 千克,比对照"极早单 2 号"增产 11.5%;2010 年亩产 601.9 千克,比对照"并单 6 号"增产 7.1%;2 年平均亩产 598.4 千克,比对照增产 9.3%;2010 年生产试验,平均亩产 624.4 千克,比对照增产 10.4%。

栽培要点:种子包衣,防治丝黑穗病和地下害虫;亩留苗 4 000～4 500 株。

适宜区域:山西省春播特早熟玉米区。

七十二、晋单 69 号

审定编号:晋审玉 2010001。

申报单位:山西省现代农业研究中心。

选育单位:山西省现代农业研究中心、山西省农业科学院作物遗传研究所。

品种来源:D993×太早 126-1,试验名称为"科特早 1 号"。

特征特性:生育期比对照"极早单 2 号"早 1 天。幼苗叶色深绿,叶鞘浅紫色,第一叶长圆,第二、三叶细长。株型平展,株高 219 厘米,穗位高 68 厘米,雄穗分枝 4～5 个,花药黄色,护颖绿色,花丝浅紫色。果穗筒形,穗轴红色。穗长 19.7 厘米,穗行数 14～16 行,行粒数 42.4 粒,籽粒半马齿形,百粒重 31.5 克,出籽率 83.4%。

抗病鉴定:2008—2009 年经山西省农业科学院植物保护研究所鉴定,抗穗腐病,中抗粗缩病,感丝黑穗病、大斑病,高感矮花叶病、青枯病。

品质分析:2009 年农业部谷物及制品质量监督检验测试中心检测,容重 789.0 克/升,粗蛋白质含量 9.86%,粗脂肪含量 4.5%,粗淀粉含量 71.91%。

产量表现:2008—2009 年参加山西省特早熟区玉米品种区域试验,2008 年亩产 619.2 千克,比对照"极早单 2 号"(下同)增产 14.4%;2009 年亩产 610.9 千克,比对照增产 14.5%;2 年平均亩产 615.0 千克,比对照增产 14.5%;2009 年生产试验,平均亩产 659.4 千克,比对照增产 13.5%。

栽培要点:种子包衣,防治丝黑穗和地下害虫;亩留苗 4 000 左右。

适宜区域:山西省春播特早熟玉米区。

七十三、屯玉 188

审定编号:晋审玉 2013001。

申请单位:曹冬梅、徐英华、曹丕元。

选育单位:曹冬梅、徐英华、曹丕元。

品种来源:WFC2611×WFC96113,试验名称为"庆试 162"。

特征特性:生育期 117 天左右,比对照"并单 6 号"早 2 天左右。幼苗第一叶叶鞘紫色,叶尖端圆形,叶缘绿色。株型半紧凑,总叶片数 16～17 片,平均株高 221 厘米,平均穗位高 72 厘米。雄穗主轴与分枝角度大,侧枝姿态轻度下弯,一级分枝 4～7 个,最高位侧枝以上的主轴长 25～31 厘米,花药浅紫色,颖壳绿色,花丝浅紫色。果穗筒锥形,穗轴红色,平均穗长 18.3 厘米,穗行数 12～16 行,平均行粒数 39.3 粒,籽粒橘黄色、偏硬粒型,籽粒顶端黄色,百粒重 29克,出籽率 83%。

抗病鉴定:2011—2012 年山西省农业科学院植物保护研究所、山西农业大学农学院鉴定,感丝黑穗病、大斑病,中抗穗腐病。

品质分析:2012 年农业部谷物及制品质量监督检验测试中心检测,容重 718 克/升,粗蛋白质含量 10.59%,粗脂肪含量 4.28%,粗淀粉含量 71.31%。

产量表现:2011—2012 年参加山西省特早熟区玉米品种区域试验,2011 年亩产 493.6 千克,比对照"并单 6 号"增产 10.1%;2012 年亩产 445.3 千克,比对照增产 11.8%;2 年平均亩产 469.5 千克,比对照增产 11.0%。2012 年生产试验,平均亩产 482.5 千克,比当地对照增产 12.9%。

栽培要点:适宜播期 4 月下旬;亩留苗 4 500～5 000 株;亩施农家肥 3 000 千克、复合肥 50千克作底肥,追施尿素 30 千克;注意防治丝黑穗病和苗期病虫害。

适宜区域:山西省春播特早熟玉米区。

七十四、郑单 958

审定编号：国审玉 20000009。

选育单位：河南省农业科学院粮食作物研究所。

品种来源：1996 年郑 58×昌 7-2（选）。

特征特性：夏播生育期 105 天左右，活秆成熟。苗期发育较慢，第一子叶椭圆形，幼苗叶鞘紫色，叶片浅绿色。株型紧凑，株高 241 厘米左右，穗位高 104 厘米左右。雄穗分枝 11 个，花药黄色。果穗筒形，穗轴白色，花丝粉红色，穗长 16.2 厘米左右，穗粗 4.8 厘米左右，穗行数 14～16 行，千粒重 302 克左右，籽粒黄色、半马齿形，出籽率 87.8％左右。

产量表现：大田生产，一般亩产 530 千克左右，高产可达 600 千克。

抗病鉴定：河北省植保所抗病鉴定结果，抗大斑病、小斑病、黑粉病、粗缩病，高抗矮花叶病，轻感茎腐病。

品质分析：粗蛋白质质含量 9.33％，赖氨酸含量 0.25％，脂肪含量 3.98％，淀粉含量 73.02％。

栽培要点：足墒早播，种植密度 3 500～4 000 株/亩。注意增施磷钾提苗肥，重施拔节肥，大喇叭口期注意防治玉米螟。

七十五、京科 968

审定编号：国审玉 2011007。

选育单位：北京市农林科学院玉米研究中心。

品种来源：京 724×京 92。

特征特性：在东华北地区出苗至成熟 128 天，与"郑单 958"相当。幼苗叶鞘淡紫色，叶片绿色，叶缘淡紫色，花药淡紫色，颖壳淡紫色。株型半紧凑，株高 296 厘米，穗位高 120 厘米，成株叶片数 19 片。花丝红色，果穗筒形，穗长 18.6 厘米，穗行数 16～18 行，穗轴白色，籽粒黄色、半马齿形，百粒重 39.5 克。

抗病鉴定：经丹东农业科学院、吉林省农业科学院植物保护研究所 2 年接种鉴定，高抗玉米螟，中抗大斑病、灰斑病、丝黑穗病、茎腐病和弯孢菌叶斑病。

品质分析：经农业部谷物及制品质量监督检验测试中心（哈尔滨）测定，容重 767 克/升，粗蛋白质含量 10.54％，粗脂肪含量 3.41％，粗淀粉含量 75.42％，赖氨酸含量 0.30％。

产量表现：2009—2010 年参加东华北春玉米品种区域试验，2 年平均亩产 771.1 千克，比对照增产 7.1％；2010 年生产试验，平均亩产 716.3 千克，比对照"郑单 958"增产 10.5％。

栽培要点：在中等肥力以上地块种植。适宜播种期 4 月下旬至 5 月上旬。4～5 叶期及时间、定苗，每亩适宜密度 4 000～4 500 株。注意防治病虫害，玉米籽粒乳线消失或籽粒尖端出现黑层时收获。施农家肥或使用复合肥 40～50 千克，磷酸钾 10 千克，锌肥 1 千克作底肥。一般施肥在播种后 35～37 天进行，每亩使用尿素 35 千克左右。

适宜区域：适宜在黄淮海夏播地区、北京、天津、山西中晚熟区、内蒙古赤峰和通辽、辽宁中晚熟区（丹东除外）、吉林中晚熟区、陕西延安和河北承德、张家口、唐山地区春播种植。

七十六、富尔 116

审定编号:国审玉 2015604。

申请单位:齐齐哈尔市富尔农艺有限公司。

选育单位:齐齐哈尔市富尔农艺有限公司。

品种来源:TH45R×TH21A。

特征特性:东华北中早熟春玉米区出苗至成熟 115 天,与对照品种吉单 27 相近,需≥10℃活动积温 2 450℃左右。幼苗叶鞘紫色,叶片绿色,叶缘绿色,花药浅紫色,颖壳浅紫色。株型半紧凑,株高 261 厘米,穗位高 86 厘米,成株叶片数 19 片,花丝绿色。果穗筒形,穗长 19.9 厘米,穗行数 15.7 行,穗轴红色,籽粒橘黄色、半马齿形,百粒重 42 克。

抗病鉴定:接种鉴定,高抗茎腐病,中抗大斑病和灰斑病,感丝黑穗病。

品质分析:容重 720 克/升,粗蛋白质含量 9.24%,粗脂肪含量 4.08%,粗淀粉含量 72.90%。

产量表现:2012—2013 年参加中玉科企东华北中早熟春玉米组品种区域试验,2 年平均亩产 776.3 千克,比对照"吉单 519"增产 5.49%;2013—2014 年生产试验,平均亩产 740.8 千克;2013 年比对照"吉单 519"增产 6.82%,2014 年比对照"吉单 27"增产 4.47%。

栽培要点:中等以上肥力地块种植,亩种植密度 4 500 株。

审定意见:该品种符合国家玉米品种审定标准,通过审定。

适宜区域:适宜河北北部、山西北部、内蒙古中早熟区,黑龙江省第二积温带下限、第三积温带上限,且与"吉单 27"熟期相当的春玉米区种植。注意防治丝黑穗病。

七十七、晋糯 10 号

审定编号:晋审玉 2014020。

申请单位:山西省农业科学院玉米研究所。

选育单位:山西省农业科学院玉米研究所。

品种来源:N2-1×HN1。

特征特性:出苗至采收 88 天左右,与对照"晋单(糯)41 号"相当。幼苗第一叶叶鞘浅紫色,叶尖端匙形,叶缘浅紫色。株型半紧凑,总叶片数 16 片,株高 240 厘米,穗位高 102 厘米。雄穗主轴与分枝角度中,侧枝姿态轻度下弯,一级分枝 13~15 个,最高位侧枝以上的主轴长 13 厘米,花药浅紫色,颖壳绿色,花丝绿色。果穗筒形,穗轴紫红色,穗长 18.9 厘米,穗行 14~16 行,行粒数 38 粒,籽粒紫红。

抗病鉴定:2012—2013 年经山西农业大学农学院鉴定,抗大斑病,感丝黑穗病。

品质分析:鲜穗品质评分 92 分。2012 年农业部谷物及制品质量监督检验测试中心(哈尔滨)检测,粗淀粉含量 73.50%,支链淀粉占总淀粉含量的 99.46%。

产量表现:2012—2013 年参加山西糯玉米品种区域试验,2012 年亩产 1 019.6 千克,比对照"晋单(糯)41 号"增产 7.3%;2013 年亩产 1 049.3 千克,比对照"晋单(糯)41 号"增产 9.9%;2 年平均亩产 1 034.5 千克,比对照增产 8.6%,12 点试验,增产点率 92%。

栽培要点:隔离种植;选择保浇水地;亩留苗 3 500~4 000 株;施足底肥,追施氮肥;授粉后 23~27 天适期采收。

适宜区域：山西省糯玉米主产区。

七十八、京科糯 569

审定编号：国审玉 2014024。

申请单位：北京市农林科学院玉米研究中心、北京华奥农科玉育种开发有限责任公司。

选育单位：北京市农林科学院玉米研究中心、北京华奥农科玉育种开发有限责任公司。

品种来源：N39×白糯 6。

特征特性：东华北春玉米区出苗至鲜穗采收期 93 天。幼苗叶鞘紫色，叶片浅绿色，叶缘绿色，花药粉色，颖壳浅紫色。株型半紧凑，株高 266.2 厘米，穗位高 119.9 厘米，成株叶片数 18 片，花丝浅红色。果穗筒形，穗长 19.6 厘米，穗行数 14～16 行，穗轴白色，籽粒白色、马齿形，百粒重（鲜籽粒）36.2 克，平均倒伏（折）率 5.3%。

抗病鉴定：接种鉴定，感大斑病和丝黑穗病。

品质分析：品尝鉴定 87.8 分。粗淀粉含量 64.5%，直链淀粉占粗淀粉含量的 1.8%，皮渣率 5.4%。

产量表现：2011—2012 年参加东华北鲜食糯玉米品种区域试验，2 年平均亩产鲜穗 1 090 千克，比对照"垦黏 1 号"增产 17.4%；2013 年生产试验，平均亩产鲜穗 1 062 千克，比"垦黏 1 号"增产 19.9%。

栽培要点：中等肥力以上地块栽培，4 月底至 5 月初播种，亩种植密度 3 500 株左右。隔离种植，授粉后 22～25 天为最佳采收期。注意防治大斑病和丝黑穗病。

审定意见：该品种符合国家玉米品种审定标准，通过审定。

适宜区域：适宜北京、河北、山西、内蒙古、黑龙江、吉林、辽宁、新疆作鲜食糯玉米春播种植。

七十九、万糯 2000

审定编号：国审玉 2015032。

申请单位：河北省万全县华穗特用玉米种业有限责任公司。

选育单位：河北省万全县华穗特用玉米种业有限责任公司。

品种来源：W67×W68。

(一)东、华北青玉米区

特征特性：东、华北春玉米区出苗至鲜穗采摘期 90 天，比"垦黏 1 号"晚 6 天。幼苗叶鞘浅紫色，叶片深绿色，叶缘白色，花药浅紫色，颖壳绿色。株型半紧凑，株高 243.8 厘米，穗位高 100.3 厘米，成株叶片数 20 片，花丝绿色。果穗长筒形，穗长 21.7 厘米，穗行数 14～16 行，穗轴白色，籽粒白色、硬粒型，百粒重（鲜籽粒）44.1 克。

抗病鉴定：接种鉴定，抗丝黑穗病，感大斑病。

品质分析：专家品尝鉴定 87.1 分，达到鲜食糯玉米二级标准。支链淀粉占总淀粉含量的 98.72%，皮渣率 3.86%。

(二)黄淮海夏玉米区

特征特性：黄淮海夏玉米区出苗至鲜穗采摘期 77 天，比"苏玉糯 2 号"晚 3 天。株高

226.8厘米,穗位高85.9厘米,成株叶片数20片。果穗长锥形,穗长20.3厘米,穗行数14～16行,百粒重(鲜籽粒)41.3克。

抗病鉴定:接种鉴定,高抗茎腐病,感小斑病、瘤黑粉病,高感矮花叶病。

品质分析:品尝鉴定88.35分,达到鲜食糯玉米二级标准。粗淀粉含量63.86%,支链淀粉占总淀粉含量的99.01%,皮渣率9.09%。

产量表现:2013—2014年参加东、华北鲜食糯玉米品种区域试验,2年平均亩产鲜穗1 160千克,比对照"垦黏1号"增产16.3%;2014年生产试验,平均亩产鲜穗1 201千克,比"垦黏1号"增产9.0%;2013—2014年参加黄淮海鲜食糯玉米品种区域试验,2年平均亩产鲜穗861.1千克,比对照"苏玉糯2号"增产10.9%;2014年生产试验,平均亩产鲜穗928.1千克,比"苏玉糯2号"增产8.1%。

栽培要点:中等肥力以上地块栽培,亩种植密度3 500株,隔离种植。及时防治苗期地下害虫。

审定意见:该品种符合国家玉米品种审定标准,通过审定。

适宜区域:适宜北京、河北、山西、内蒙古、辽宁、吉林、黑龙江、新疆作鲜食糯玉米品种春播种植。注意防治玉米螟、大斑病。该品种还适宜北京、天津、河北、山东、河南、江苏淮北、安徽淮北、陕西关中灌区作鲜食糯玉米品种夏播种植。注意及时防治玉米螟、小斑病、矮花叶病、瘤黑粉病。

八十、佳糯668

审定编号:国审玉2015033。

申请单位:万全县万佳种业有限公司。

选育单位:万全县万佳种业有限公司。

品种来源:糯49×糯69。

(一)东、华北青玉米区

特征特性:东、华北春玉米区出苗至鲜穗采收90天。幼苗叶鞘紫色,叶片绿色,叶缘紫色,花药黄色,颖壳紫色。株型半紧凑,株高260.0厘米,穗位高118.6厘米,成株叶片数20片,花丝绿色。果穗筒形,穗长20.9厘米,穗行数12～14行,穗轴白色,籽粒白色,马齿形,百粒重(鲜籽粒)39.6克。平均倒伏(折)率4.9%。

抗病鉴定:接种鉴定,高抗丝黑穗病,感大斑病。

品质分析:品尝鉴定85.9分;支链淀粉占粗淀粉的99.04%,皮渣率5.4%。

(二)黄淮海夏玉米区

特征特性:黄淮海夏玉米区出苗至鲜穗采收75天。株高233.0厘米,穗位高102厘米,成株叶片数20片。果穗长锥形,穗长19.6厘米,穗行数12～14行,籽粒白色、硬粒型,百粒重(鲜籽粒)37.8克。平均倒伏(折)率3.4%。

抗病鉴定:接种鉴定,抗茎腐病,感小斑病和感瘤黑粉病,高感矮花叶病。品尝鉴定86.1分,达到部颁鲜食糯玉米二级标准。

品质分析:品质检测,支链淀粉占总淀粉含量的98.0%,皮渣率8.99%。

产量表现:2013—2014年参加东、华北鲜食糯玉米品种区域试验,2年平均亩产鲜穗1 148

千克,比对照"垦黏1号"增产10.1%;2014年生产试验,平均亩产鲜穗1 122千克,比"垦黏1号"增产1.8%;2013—2014年参加黄淮海鲜食糯玉米品种区域试验,2年平均亩产鲜穗925.0千克,比对照"苏玉糯2号"增产18.7%;2014年生产试验,平均亩产鲜穗993.0千克,比"苏玉糯2号"增产15.6%。

栽培要点:中等肥力以上地块栽培。亩种植密度,东、华北区3 500株,黄淮海区3 500~4 000株。隔离种植,适时采收。

审定意见:该品种符合国家玉米品种审定标准,通过审定。

适宜区域:适宜北京、河北、山西、内蒙古、辽宁、吉林、黑龙江、新疆作鲜食糯玉米品种春播种植。注意防治大斑病。该品种还适宜北京、天津、河北、河南、山东、江苏淮北、安徽淮北、陕西关中灌区作鲜食糯玉米夏播种植。注意防治小斑病、矮花叶病、瘤黑粒病。

八十一、京科青贮516

审定编号:国审玉2007029。

选育单位:北京市农林科学院玉米研究中心。

品种来源:母本MC0303,父本MC30。

特征特性:在东、华北地区出苗至青贮收获期115天,比对照"农大108"晚4天,需有效积温2 900℃左右。幼苗叶鞘紫色,叶片深绿色,叶缘紫色,花药黄色,颖壳紫色。株型半紧凑,株高310厘米,成株叶片数19片。

抗病鉴定:经中国农业科学院作物科学研究所2年接种鉴定,抗矮花叶病,中抗小斑病、丝黑穗病和纹枯病,感大斑病。

品质分析:经北京农学院植物科学技术系2年品质测定,中性洗涤纤维含量47.58%~49.03%,酸性洗涤纤维含量20.36%~21.76%,粗蛋白含量8.08%~10.03%。

产量表现:2005—2006年参加青贮玉米品种区域试验(东华北组),2年平均亩生物产量(干重)1 247.5千克,比对照"农大108"增产11.5%。

栽培要点:在中等肥力以上地块栽培,每亩适宜密度4 000株左右。

审定意见:该品种符合国家玉米品种审定标准,通过审定。

适宜区域:适宜在北京、天津、河北北部、辽宁东部、吉林中南部、黑龙江第一积温带、内蒙古呼和浩特、山西北部春播区作专用青贮玉米品种种植。

八十二、雅玉青贮8号

审定编号:国审玉2005034。

选育单位:四川雅玉科技开发有限公司。

品种来源:母本为YA3237,来源为豫32×S37;父本为交51,来源为贵州省农业管理干部学院。

抗病鉴定:经中国农业科学院品资所接种鉴定,高抗矮花叶病,抗大斑病、小斑病和丝黑穗病,中抗纹枯病。

品质分析:经北京农学院测定,全株中性洗涤纤维含量45.07%,酸性洗涤纤维含量22.54%,粗蛋白含量8.79%。

产量表现:2002—2003年参加青贮玉米品种区域试验,31点次增产,5点次减产;2002年亩生物产量(鲜重)4 619.21 千克,比对照"农大 108"增产 18.47%;2003 年亩生物产量(干重)1 346.55 千克,比对照"农大 108"增产 8.96%。

栽培要点:每亩适宜密度 4 000 株,注意适时收获。

审定意见:经审核该品种符合国家玉米品种审定标准,通过审定。

适宜区域:适宜在北京、天津、山西北部、吉林、上海、福建中北部、广东中部春播区和山东泰安、安徽、陕西关中、江苏北部夏播区作青贮玉米品种种植。

八十三、中北青贮 410

审定编号:国审玉 2004025。

选育单位:山西北方种业股份有限公司。

品种来源:母本为 SN915,来源为美国杂交种 78599 中选育;父本为 YH-1,来源为 CIM-MYT 的墨黄 9 热带血缘种群选育。

审定情况:2003 年山西省农作物品种审定委员会审定。

特征特性:在东北华北春玉米地区出苗至青贮收获 111 天,比对照"农大 108"晚 3～5 天。幼苗叶鞘紫色,叶片绿色,叶缘青色。株型半紧凑,株高 309 厘米,穗位高 143 厘米,成株叶片数 17～19 片。花药紫色,颖壳紫色,花丝红色。果穗筒形,穗长 21.2 厘米,穗行数 14～16 行,穗轴白色,籽粒黄色、硬粒型。

抗病鉴定:经中国农业科学院品资所接种鉴定,抗大斑病、小斑病和丝黑穗病,中抗纹枯病,感矮花叶病。

品质分析:经北京农学院测定,全株中性洗涤纤维含量 42.74%,酸性洗涤纤维含量 20.93%,粗蛋白质含量 8.32%。

产量表现:2002—2003 年参加青贮玉米品种区域试验。2002 年 14 点增产,3 点减产,平均亩生物产量鲜重 4 370.89 千克,比对照"农大 108"增产 12.1%;2003 年 16 点增产,3 点减产,平均亩生物产量干重 1 349.03 千克,比对照"农大 108"增产 9.16%。

栽培要点:在东、华北春玉米区中等以上肥力土壤上栽培,适宜密度为 4 500～5 500 株/亩,注意北纬 40°以上地区应地膜覆盖,注意防治丝黑穗病、矮花叶病。

审定意见:经审核该品种符合国家玉米品种审定标准,通过审定。

适宜区域:适宜在北京、天津、河北北部、山西北部春玉米区及河北中南部夏播玉米区、福建中北部用作专用青贮玉米种植,矮花叶病高发病区慎用。

八十四、豫青贮 23

审定编号:国审玉 2008022。

品种来源:母本 9383,来源于丹 340×U8112;父本 115,来源于 78599。

产量表现:2006—2007 年参加青贮玉米品种区域试验,在东、华北区 2 年平均亩生物产量(干重)1 401 千克,比对照平均增产 9.4%。

栽培要点:中等肥力以上地块栽培,每亩适宜密度 4 500 株左右。注意防治丝黑穗病和小斑病。

审定意见:该品种符合国家玉米品种审定标准,通过审定。

适宜区域:适宜在北京、天津武清、河北北部(张家口除外)、辽宁东部、吉林中南部和黑龙江第一积温带春播区作专用青贮玉米品种种植。注意防治丝黑穗病和防止倒伏。

第二节　栽培技术

玉米是大同市种植面积最大的农作物,种植面积常年稳定在 200 万亩以上。各县、区地理和气候条件各不相同,地形复杂,有丘陵山区、有平原,有旱地、有水田,玉米种植品种各异。每个玉米品种都有各自的品种特性,这就需要有与之相适应的科学合理的栽培技术。良种和良法配套才能发挥出最大的增产效应。

一、玉米的一般栽培技术

(一)选择优良品种

"国以农为本,农以种为先。"种子既是生产资料,又是体现现代科学技术的载体。选用具有优良生产性能和加工品质的作物品种是实现高产、高效农业的重要前提。目前,大同市各县、区种子市场销售的玉米品种很多,同一地区同时销售的玉米品种往往多达几十个,甚至上百个。因此,在选择种植品种时,就需要多了解优良品种的特点、当地生产条件、选购要点和目前适宜当地推广种植的主要优良品种等因素。

1. 优良品种的特点

(1)高产　优良品种应比往年主要种植品种增产 5%～10% 以上。

(2)稳产　应高抗当地的主要病、虫害,抗旱、耐涝,对土壤条件差的地块还要求耐贫瘠、耐盐碱等,不能因为病、虫害、旱涝等自然灾害的发生造成严重减产。

(3)优质　应根据饲用、食用、加工或深加工等不同的用途标准,来选择相应的优质品种。

市场上正规销售的种子,在包装袋、标签或说明书中会标有品种的品质指标,可作为选种时的参考。

2. 因地制宜选择适宜品种

(1)根据市场行情选择种植品种　当前,大田玉米除小部分食用外,70% 以上被用作饲料或工业深加工原料。根据用途的不同,可以把品种分为饲用玉米、糯玉米、甜玉米、爆裂玉米、笋玉米、高淀粉玉米、高油玉米等不同类型。市场用途与价格行情已成为农民朋友选择玉米品种类型时考虑的重要因素。

普通粮饲兼用玉米品种主要以籽粒做饲料用,对品质指标的要求不高,因此,要选择高产品种;青贮玉米应选择植株高大、分蘖力强、生物产量高、营养丰富、秸秆成熟的品种;优质蛋白玉米品种是以籽粒作为饲料加工原料,应选择抗性强、赖氨酸含量高、产量接近一般玉米水平的品种;以生产鲜食、冷藏等餐桌食品为目的品种可选糯玉米、甜玉米、爆裂玉米及笋玉米等食用玉米品种。作工业加工原料的品种应选择产量高的高淀粉和高油玉米品种。

(2)根据当地生态条件和耕作习惯选择种植品种　玉米品种的生育期有长有短。如果选择的品种生育期太小,会造成光、热和土地资源的浪费;生育期过大,又容易受低温伤害造成减产,两者都达不到高产高效的目的。因此,要根据所处生态区和耕作习惯来选择熟期适宜的品种。

(3)根据当地病虫害的特点针对性地选择有抗性的品种　玉米的抗性表现为抗病、抗虫、抗倒伏、抗旱、抗涝、抗寒、抗高温、耐瘠、耐盐碱等。产量高、各种抗性都很好的品种是没有的,生产上要根据当地的病虫害种类、土壤条件、气候等选择综合抗性较强的品种。

（4）根据当地的生产条件选择种植品种　高产是大田生产要达到的最终目的。品种的产量不但与自身的产量潜力有关，也和光照、温度、土壤、肥水等自然条件及管理水平有密切的关系。一般来说，产量潜力较高的品种需要较好的生产条件，而潜力低的品种需要的生产条件也相应较低。要综合考虑当地的生产条件来选择种植适宜的品种。一般在光、温充足，土壤肥沃、管理条件好的地区，应选择耐密植、耐肥水、增产潜力大的品种；肥水条件差、管理粗放的地区适宜选择稀植、中大穗、耐贫瘠的品种。

（5）选择适宜本地推广种植的国审、省审或认定品种　一个品种育成后，还要经过国家或省级多年区域试验与生产试验的严格筛选，只有高产、稳产、适应性广、抗性强的品种才能通过审定。

一般来说，审定品种要比未审定的品种风险小、稳产性好。对于个别未经审定，但在多年大田生产实践中表现特别突出的品种，可以经省级品种审定部门认定后，作为优良品种进一步推广。但要注意，通过审定或认定后的品种不一定就是适应当地种植的优良品种，因为审定品种都有一定的适用年限和区域，多年前审定或在外省审定的品种，可能赶不上当地现在的大田产量水平，甚至可能不适应当地目前的生产条件而导致严重的减产。因此，最好从最近3年内在当地所在省份或区域审定（认定）的品种中选择最适宜的优良品种。

（6）选择正规经营部门经销的品种　正规经营部门执照齐全，一般很注重维护自己的品牌和信誉，一旦经销的种子出现质量问题，能够支付起一定的经济赔偿款。购种的同时，要记得索取购种发票，以备将来发生质量问题时投诉。

（7）了解品种的相关说明　正规经营部门对所经销的每个玉米品种设有展示牌、宣传画或说明书，一般会标明品种的审定情况、产量水平、抗病性、特征特性、适宜密度、适宜区域和栽培要求等内容。购种时可以参照这些说明来确定是不是自己需要的品种类型。

（8）参考政府和专家推荐的品种　在生产季节来临之前，国家和部分省、市农业主管部门会发布本年度重点推广的农业主导品种和主推技术，可作为选择品种的重要参考。另外，农民朋友还可以通过咨询技术专家来了解有关品种的生产表现和市场前景。

（9）注意种子质量指标　品种是遗传性状相对稳定的植物群体，优良品种具备高产的潜力，但种子的质量情况也会影响到品种产量潜力的发挥。一般说的种子质量包括种子纯度、净度、芽率、水分4项指标。同一个优良品种，由于产地、水肥投入或技术操作等方面的差异，在种子生产过程中会造成质量指标上的优劣。质量不达标的种子会影响到播种后的出苗率、苗势和植株整齐度，最终造成减产。所以，在挑选种子时，除了要注重品种的特征特性，同时，还必须注意该种子是否达标。种子包装袋内都有标签，上面标明了种子产地、质量指标等情况。玉米单交种国标二级的质量指标为纯度96%以上，净度98%以上，发芽率85%以上，水分13%以下；包装为单粒播种的发芽率均在92%以上。

（二）提高玉米播种质量

播种意味着一个栽培季节的开始，播种质量直接影响着玉米的苗全、苗齐、苗壮，好的播种是玉米获得丰产的前提和基础，因此，应引起高度重视。

1. 选择适宜播种期

确定玉米的适宜播期，必须考虑温度、土壤墒情和品种特性以及市场行情等因素，除此以外,还应考虑当地地势、土质、栽培制度等条件,使高产品种充分发挥其增产潜力并创造出最大的价值。大同市各县、区大田玉米一般在4月下旬至5月上旬播种。

2.确定播量和播深

播种量因种子大小、种子生活力、种植密度、种植方法和栽培目的而不同。凡是种子大、种子生活力低和种植密度大时,播种量应适当增大,反之应适当减少。一般点播每亩2～3千克;单粒播种每亩1.5千克左右。播种深度要适宜,深浅要一致。一般播种深度以5～6厘米为宜。如果土壤黏重,墒情好时,应适当浅些,可4～5厘米;土壤质地疏松、属易于干燥的沙质土壤,应播种深一些,可增加到6～8厘米,但最深不宜超过10厘米。

3.合理密植

由于玉米籽粒产量是由穗数、穗粒数和籽粒重3个因素构成的,这些性状均受种植密度的影响。种植密度大时,穗数指标增加了,但穗粒数和籽粒重2项指标却要下降,反之亦然。因此,生产中应根据品种和栽培条件确定适宜种植密度,使群体与个体矛盾趋向统一,较好地协调穗数、穗粒数和粒重三者之间的关系,从而达到提高产量的目的。一般来说,株型紧凑和抗倒性好的品种宜密,株型平展和抗倒性差的品种宜稀;肥地宜密,瘦地宜稀;阳坡地和沙壤地宜密,低洼地和黏重地宜稀;日照时数长、昼夜温差大的地区宜密,反之宜稀;精细管理的宜密,粗放管理的宜稀。

合理密植的技术主要有以下几种:①采用合理的行距种植。研究表明,密度不变,行距由100厘米缩小到76厘米时,可增产5%～10%。紧凑型品种的行距以55厘米为好,而平展形以60～70厘米为好。有时为了便于管理可采用大、小行种植,大行距60～70厘米,小行距45～50厘米。②选用高质量的优良杂交种。③不适宜单粒种植的区域应增加播种量,播种粒数应掌握为计划密度的2～3倍。④严格定苗,并多留5%左右的预备苗以备缺苗补栽时使用。

(三)加强玉米水肥管理

1.玉米的需肥规律与施肥技术要点

玉米是高产作物,也是需肥较多的作物,需要的营养元素种类也很多。一般土壤中硫、钙、镁以及各种微量元素并不十分缺乏,而氮、磷、钾因需要量大,土壤中的自然供给量往往不能满足玉米生长的需要,因此,玉米的产量与氮、磷、钾的吸收关系很大。一般来讲,随着产量的提高,玉米对氮、磷、钾的吸收量也相应地增加,其吸收总量随着土壤肥力、品种特性、播种季节的不同而有差异。在多数情况下,玉米吸收的养分,以氮最多,钾次之、磷较少。据测算,每生产100千克玉米籽粒,吸收氮素2.55千克,五氧化二磷0.98千克,氧化钾2.49千克,氮:磷:钾=2.6:1:2.5。玉米平均每生产100千克籽粒,吸收氮、磷、钾的数量和比例,可作为计划产量推算需肥量的依据,并按当地生产条件和产量水平适当调整,以制定施肥方案。

生产实践证明,玉米由低产变高产,走高投入、高产出、高效益的路子是行之有效的。当然,这并不意味着施肥越多越好。玉米合理的施肥量,应当根据玉米吸肥规律、产量水平、土壤供肥能力、肥料养分含量和利用率等多种因素全面考虑。

就整株玉米来说,从播种出苗直至最后成熟,各个生育阶段吸收养分的数量和强度是不一样的。从出苗到蜡熟期,随着生育期的推迟和植株干重的增加,氮、磷、钾含量均是逐渐增加的。氮、磷、钾在小喇叭口期以前增长速度均较慢,而后均加快。其中,氮素增加速度最快,几乎呈直线上升;磷增长的速度比较平稳;钾在拔节期至抽雄期急剧增长,抽雄期到籽粒形成期增长速度缓慢,籽粒形成至蜡熟期又迅速增加而达顶点,蜡熟至完熟期又缓慢下降,氮和磷吸收量虽有所增加,但速度缓慢。玉米抽雄期以后吸收的氮、磷、钾的数量占总量的 40%～50%,特别是氮、磷更是如此,生产上除重施穗肥外,还要重视粒肥的作用。

充分利用玉米的需肥规律,就可做到平衡施肥。玉米基肥一般施有机肥 1 000～2 000 千克/亩,种肥一般施尿素 2～3 千克/亩,并做到种、肥隔离,以免烧种。氮素化肥追施的原则是前期要适当早追和多追,中期和后期要适量配合、分期施用。一般有 3 种追肥方案可供选择使用。高产田的地力基础好,追肥数量多,最好采用轻追苗肥、重施穗肥和补追粒肥的三攻追肥法,即苗肥用量约占总追肥的 30%,穗肥约占 50%,粒肥约占 20%。中产田的地力基础较好,追肥数量较多,宜采用施足苗肥和重施穗肥的二次施肥法,即苗肥约占 40%,穗肥约占 60%。低产田的地力基础差,追肥数量较少,采用重施苗肥、轻追穗肥的效果好,即苗肥约占 60%,穗肥约占 40%。氮素化肥必须深施入土,才能充分发挥肥效,提高氮肥利用率。

2. 应用测土配方施肥技术

合理施肥是实现农作物高产优质的一项重要措施。测土配方施肥是国际上普遍采用的科学施肥技术之一,是提高肥料利用率,降低农业生产成本,提高经济效益,增加农民收入的现实需要;是培肥土壤,改善土壤理化性状,培植农业潜在生产能力,恢复发展粮食生产的关键技术;也是减少化肥流失,减轻水环境和地下水污染,提高农产品安全性,实现农业可持续发展的重要措施。

测土配方施肥是依照配方施肥技术原理,通过开展土壤测试和肥料田间试验,摸清土壤供肥能力、作物需肥规律和肥料效应状况,获得、校正配方施肥参数,建立不同作物、不同土壤类型的配方施肥模型。采取"测土—配方—配肥—供肥—施肥技术指导"一体化的综合服务技术路线,根据土壤测试结果和相关条件,应用配方施肥模型,结合专家经验,提出配方施肥推荐方案,由配肥站按照配方生产配方肥,直接供应农民施用,并提供施肥技术指导。同时通过肥料质量检测手段,保证各种肥料的质量。

测土配方施肥主要有划定施肥分区,取土化验、制定底肥方案,开展植株营养诊断、调控追肥用量和矫正施肥等几个技术环节。

3. 科学合理灌水

玉米是需水较多的作物,从种子发芽、出苗到成熟的整个生育期间,除了苗期应适当控制土壤水分进行蹲苗外,自拔节至成熟,都必须适当地满足玉米对水分的要求,才能使其正常地生长发育。

一般产量水平下,玉米耗水量为 200～266.7 米³/亩,高产水平下,玉米耗水量为 333.3～466.7 米³/亩。玉米需水多受地区、气候、土壤及栽培条件影响。玉米各生育时期的耗水量各不相同,有着较大的差异。

(1)播种到出苗期 玉米在出苗过程中,消耗水分很少。整个出苗阶段的耗水量占总需水量的 3.1%～6.1%。玉米播种后,需要吸收本身绝对干重的 48%～50% 的水分,才能吸胀发芽。播种时,土壤田间最大持水量保持在 70% 左右对玉米发芽出苗最为有利。

(2)出苗至拔节期 出苗至拔节期需水增加,但由于植株矮小,生长缓慢,叶面蒸腾量小,耗水量不大,占总需水量的 15.6%～17.8%。一般土壤水分控制在土壤相对持水量 60% 左右才能为玉米苗期促根生长创造良好的条件。

（3）拔节至抽雄期　此时期茎叶增长迅速，干物质积累增加，耗水量增大，占总需水量的23.4%～29.6%。这一时期若水分不足，会引起雌穗小花的大量退化，造成雄穗"卡脖旱"，影响授粉，降低结实率，影响产量。一般要求土壤保持相对持水量80%左右为宜。

（4）抽雄至籽粒形成期　玉米进入开花、受精和籽粒体积建成期，这是决定穗粒数的关键时期。植株代谢旺盛对水分要求达一生中的最高峰，是玉米需水的临界期。因此，这一阶段土壤水分以保持相对持水量的80%左右为好。

（5）籽粒形成至完熟期　这一生育时期中灌浆至乳熟期是决定籽粒产量的重要阶段，仍耗水较多，以土壤相对持水量70%～75%为宜；乳熟期以后需水量逐渐减少，仅需少量水分来维持植株生命活动，土壤相对持水量保持在60%为宜。

玉米一生需要灌几次水以及在哪个时期灌水，要根据各地的产量水平、品种的需水特性、自然条件和土壤持水性能等来确定。常用的灌水技术有以下几种。

①沟灌。沟灌就是在玉米行间开沟，使水在沿沟流动过程中渗透到两旁和下面的土壤中。目前这种方法广为采用，其特点是能够调节土壤中水、气、肥三者间的关系，而且可节约用水。

②畦灌。畦灌法多在玉米播种前造墒时采用。一般在起垄造畦后，由畦面较高的一端引水入田，逐渐湿润全田。此法需水量较大，容易破坏土壤结构，造成土壤板结，水分损失较多，一般不提倡采用。

③喷灌。喷灌技术主要是利用水泵、管道和喷头，先把水喷向空中，然后使其以小水滴的形式均匀地洒落。此法用水少，无渗漏损失，喷洒均匀，水分利用率高，还能结合喷施化肥和农药。缺点是设备投资较大，且由于受玉米植株高大的影响，大多局限在玉米生育前期采用。

④滴灌。滴灌是将水加压过滤，送入管道，通过连在上面的许多滴头，把水滴在玉米植株基部，使根系附近经常保持适宜的含水量，而行、株间仍保持干燥。滴灌技术节水省力，增产效果明显，便于自动控制，但设备成本较高，而且滴头易堵塞。

⑤浸灌。在地下铺设带孔的管道，然后引入灌溉水，使其浸润土壤并上升到玉米根系分布层。管道埋深一般在40～60厘米，直径5～25厘米，管长不超过100米。此法省地，便于其他机械活动，效率较高，雨水多时也可用来排水。缺点是管道的检修困难，同时，由于玉米苗期根系较浅，吸收水分较困难。

（四）玉米的主要病、虫、草害及其防治

1. 玉米的主要病害及其防治

玉米病害种类多，分布广，危害重。大同市玉米上发生的病害有10余种。不同时期发生且危害严重的有大斑病、小斑病、丝黑穗病、茎腐病（青枯病）、穗粒腐病、矮花叶病、粗缩病、瘤黑粉病和弯孢菌叶斑病等。实践证明，种植抗病品种是防治玉米病害的经济有效措施。

（1）玉米小斑病

①危害症状：主要危害玉米的叶片，也危害叶鞘和苞叶，在玉米抽雄以后发病较重。病斑一般先从下部的叶片出现，逐渐向上蔓延。病斑的大小为（10～15）毫米×（3～4）毫米。

②防治方法：在播种前施用的底肥中加施磷肥，在玉米喇叭口期重施尿素等肥料。用农药防治，可在玉米开始出现病斑时，到灌浆结束之前，摘除下部的感病叶片，用50%多菌灵可湿性粉剂以500～800倍液喷雾，每亩地用药液50～70千克，每隔7～10天喷药1次，共喷药2～3次。

(2)玉米大斑病

①危害症状:主要危害玉米的叶片,严重时也危害叶鞘与苞叶。病斑先在植株下部的叶片出现,开始为水浸状青灰色的斑点,以后变成中心黄褐色、边缘褐色的长梭形大病斑,大的病斑可达(15~20)毫米×(1~3)毫米,有时几个病斑相互连接,成为形状不规则的病斑,遇到多雨潮湿的天气,病斑上常出现灰黑色的霉层。

②防治方法:在玉米的苗期和抽雄期要增施氮肥,以保证苗期健壮成长,防止后期脱肥,提高玉米的抗病能力。用农药防治,可在玉米抽雄前后,用50%多菌灵可湿性粉剂800倍的液喷雾,每亩用药液50~75千克,每隔7~10天喷药1次,共喷药2~3次。

(3)玉米弯孢菌叶斑病(又称螺霉病或黑霉病)

①危害症状:主要为害玉米的叶片,也为害叶鞘和苞叶。病斑刚出现时为水浸状圆形或随圆形的褪绿淡黄色小斑点,大、小为1~2毫米,后来逐渐扩大成卵圆形、椭圆形或梭形的大病斑,病斑的中心为乳白色,病斑的边缘有深褐色的环,并带有褪绿的晕圈,大、小为2~7毫米。在潮湿的条件下,病斑的正反面会产生黑色的霉状物,发病严重时玉米全株的叶片都有大量的病斑,病斑相互连接后叶片枯死。

②防治方法:用农药防治,可在田间发病植株的比例达到10%时,用25%敌力脱乳油2 000倍液、75%百菌清600倍液、50%多菌灵500倍液或80%炭疽福美600倍液喷雾防治。

(4)玉米矮花叶病

①危害症状:在玉米的整个生育期都可以危害。在玉米苗期开始发病时,会在心叶的下部叶脉之间出现随圆形的褪绿斑点,并沿着叶脉逐渐扩展到整个叶片,形成黄、绿相间的条纹,感病重的叶片会颜色发黄、变脆、容易折断;发病比较早的植株严重矮化,不能抽出雌穗或虽然能够抽出雌穗,但果穗的长度变短,籽粒的品质下降。在玉米生长中后期开始发病的植株,一般只在开始感病部位以上的叶片出现症状。

②防治方法:适当早播,使玉米的幼苗期避开蚜虫迁飞的高峰期,春玉米早播,发病一般较轻,晚播则发病较重。在玉米苗期,尤其是长出3~5片叶时,用农药防治玉米上和田地周围杂草上的蚜虫。

(5)玉米粗缩病

①危害症状:在玉米的整个生育期都可以感病。在幼苗开始发病时,幼叶上会出现褪绿的条状小点,叶片背面的叶脉、叶鞘及苞叶的叶脉上出现突起的小点或短条纹,颜色开始为灰绿色,后变成灰褐色。在玉米生长的后期发病,会使植株上部的节间缩短,叶片丛生成君子兰的形状,叶肉变厚而且僵硬,植株变矮,一般比正常株矮1/4~1/2,有时植株还发生弯曲;感病植株的根少而且短,容易从土中拔出。感病轻的植株雄穗发育不好,果穗变短,籽粒少,感病重的植株不能正常结实。

②防治方法:用种衣剂给玉米种子包衣。用农药防治,可用1.8%菌克毒克水剂250倍液或3.6%克毒灵水剂500倍液喷雾,防治蚜虫和灰飞虱。对刚开始感病的玉米田,可以用病毒灵加液肥、生长素喷雾防治,促使玉米恢复生长。

(6)玉米青枯病(又称玉米茎腐病)

①危害症状:玉米的乳熟末期到蜡熟期是出现青枯病症状的高峰时期,感病的玉米突然成片地死亡,但叶片和茎秆仍为青绿色。玉米发病时,一般是茎秆的基部先发黄变成褐色,后变软,造成根少而且短,发育不良,茎秆的基部成水渍状腐烂,果穗下垂。

②防治方法:当茎秆的基部开始发病时,可将四周的土扒开,降低湿度,减少病菌的侵染,等发病的高峰期过后再培好土。用农药防治,可用 70% 甲基托布津可湿性粉剂或 25% 粉锈宁可湿性粉剂 0.2% 拌种。在玉米生长的中、后期,如发现零星的感病植株,可用甲霜灵 400 倍液或多菌灵 500 倍液浇根,每株用药液 500 毫升。

(7)玉米丝黑穗病

①危害症状:玉米在苗期被病菌侵染,在抽雄后的果穗和雄穗上表现出发病症状。感病的植株雌穗短小,不吐花丝,除苞叶外整个果穗变成一个大灰包,有时果穗的苞叶变得狭小,簇生成畸形。当雄穗被危害后,全部或部分的雄花变成黑粉,黑粉一般黏结成块,不易飞散。感病的植株比正常的植株矮小。

②防治方法:每 100 千克种子可用 15% 粉锈宁或羟锈宁 0.4～1.5 千克或 40% 粉锈宁 0.2～0.5 千克拌种。生物防治,可用 5406 菌肥,加上甲基托布津覆盖种子。

(8)玉米瘤黑粉病(又称疖黑粉病或普通黑粉病)

①危害症状:植株地上幼嫩的部分都可以感病,发病部位常出现肿瘤。病瘤开始形成时为银白色,有光泽,内部为白色,多汁,然后迅速地膨大,常能冲破苞叶而露到外面,瘤的表面变暗,稍带点浅紫红色,瘤的内部变成灰色到黑色,当瘤的外膜破裂时,就会散出大量的黑粉。感病果穗的部分或全部变成较大的肿瘤,感病的叶片上会形成成串的小瘤。

②防治方法:在病瘤成熟之前及时摘除并深埋。播种前可用 50% 福美双可湿性粉剂、0.5% 可菌丹可湿性粉剂或 12.5% 速保利可湿性粉剂,按种子重量的 0.2% 拌种。生物防治可用 0.3% 公主岭霉素(农抗 109)拌种。

(9)玉米镰刀菌穗粒腐病(穗腐病)

①危害症状:为害玉米可引起苗枯、穗腐、粒腐。感病果穗表面散生蛛网状菌丝,有时出现淡粉红色菌苔。病重果穗所有籽粒都受损。当病穗脱粒时,大量感病籽粒破碎。

②防治方法:选用抗病品种。适时早播,施足基肥,适时追肥,防止生育后期脱肥,合理密植,加强田间中耕除草,促使植株生长健旺,可减轻发病。秋季及时早收,充分晾晒,使籽粒含水量降到 18% 以下再入库贮存,防止贮藏期间病害继续发展蔓延。

(10)玉米赤霉菌穗粒腐病

①危害症状:被害果穗的端部有一层紫红色霉层是本病的特征。有的籽粒表面或粒间有砖红色或灰白色菌丝,病粒无光泽,不饱满,发芽率很低,播种后常腐死于土中。严重时整个果穗变紫红色;为害轻时果穗表面色泽正常,但脱粒后,可见穗轴和籽粒基部呈紫红色。

②防治方法:选用抗病品种;适当调节播种期,尽可能使该病发生的高峰期,即玉米孕穗至抽穗期,不要与雨季相遇;发病后注意开沟排水,防止湿气滞留,可减轻受害程度;必要时往穗部喷洒 5% 井冈霉素水剂,每亩用药 50～75 毫升,对水 75～100 升或用 50% 甲基硫菌灵可湿性粉剂 600 倍液视病情防治 1 次或 2 次;在干旱缺水地区每亩用 20% 井冈霉素可湿性粉剂或 40% 多菌灵可湿性粉剂 200 克制成药土在玉米大喇叭口期点心叶,防效 80% 左右。

2.玉米的主要虫害及其防治

(1)玉米苗期虫害

①玉米瑞典秆蝇

A. 危害症状:成虫喜在刚出土的玉米幼苗芽鞘上产卵,卵散产。幼虫孵化后,即蛀入幼苗为害。如生长锥被害即呈枯心;心叶被害,一般不能正常展开,形成环形株或歪头株;幼虫仅为害心叶的一边,未蛀入心叶内部,随着叶片的生长,被害处形成皱缩、破裂。玉米被害与播期呈正相关,播期越早,被害越重。

B. 防治办法:农业防治,适当晚播,使玉米幼苗期和成虫盛发期不吻合,可减轻危害。药剂防治,在玉米齐苗后5天内,百株累计达20粒左右时,喷40%毒死蜱乳油1 000倍液。

②玉米黄呆蓟马(玉米蓟马)

A. 危害症状:玉米黄呆蓟马喜在已伸展的叶片表面为害,猖獗为害期多集中在玉米上部2~6片叶上,很少向新伸展的叶片转移。受害叶片反面呈现断续的银白色条斑,叶正面为黄条斑。被害时,心叶卷曲,呈牛尾状,甚至死亡,一般减产5%~15%,重者减产35%以上。

5月下旬至6月上旬气候干旱发生量大,为害重,反之则轻,早播玉米被害重于晚播玉米,土壤墒情差的玉米重于墒情好的玉米。

B. 防治方法:加强苗期管理,及时间苗、定苗,并拔除被害苗,集中处理。加强施肥、灌水等田间管理,促进玉米苗生长、及早封行,增加田间湿度,造成不利于玉米黄呆蓟马发生的环境。药剂防治,可喷洒40%毒死蜱乳油1 000倍液、10%吡虫啉可湿性粉剂4 000~5 000倍液或3%莫比郎2 000倍液。

(2)食叶害虫

①玉米蚜

A. 危害症状:玉米蚜,又名玉米缢管蚜。寄主较广,既危害玉米,也危害高粱、水稻、甜菜等作物以及多种禾本科杂草,苗期在心叶内为害,抽穗后为害穗部,吸食汁液,影响生长,还能传播病毒,引发病毒病。

B. 防治方法:玉米心叶期,蚜株率达50%,百株蚜量达2 000头以上时,喷洒25%辟蚜雾水分散粒剂1 000~1 500倍液、10%吡虫啉可湿性粉剂4 000~5 000倍液或25%阿克泰水分散粒剂4 000~5 000倍液。益、害虫比在1∶(100~150)时,不需喷药,可充分利用天敌进行自然控制。

②玉米叶螨

A. 危害症状:玉米叶螨又名玉米红蜘蛛,常见的有截形叶螨、朱砂叶螨和二斑叶螨3种。为害玉米等多种作物和杂草,主要在叶片背面刺食寄主汁液,严重时可造成叶片干枯,籽粒干瘪,造成减产。

B. 防治方法:农业防治,采取冬耕、冬灌、清除杂草,可减少叶螨越冬虫量。药剂防治,在叶螨发生初期喷洒1.8%阿维菌乳油4 000~5 000倍液、15%扫螨净或5%尼索朗乳油2 000倍液、73%克螨特乳油2 500倍液或10%浏阳霉素乳油1 000倍液。

③黏虫

A. 危害症状:幼虫食性很杂,可取食100余种植物,尤其喜食小麦、玉米等禾本科植物和杂草。黏虫大发生时常将叶片全部吃光,并能咬断麦穗,稻穗和啃食玉米雌穗花丝和籽粒,对产量和品质影响很大。

B. 防治方法:诱杀成虫,可利用成虫喜选择枯叶产卵的习性,用小谷草把诱杀成虫,每3根谷草或10余根稻草扎成一把,每亩插60~100把,3天更换1次,带出田外烧毁。亦可用糖酸液诱杀成虫。药剂防治,可喷施25%灭幼脲3号悬浮剂、40%毒死蜱乳油、90%晶体敌百虫或50%辛硫磷乳油1 000~1 500倍液、亦可用90%万灵可湿性粉剂3 000~4 000倍液或喷2.5%敌百虫粉,每亩2~2.5千克。

④红腹灯蛾

A. 危害症状：红腹灯蛾，又名人字纹灯蛾，属杂食性害虫，主要为害玉米、高粱、谷子、甘薯等作物。在玉米上取食叶片、雌穗花丝及果穗，一般年份发生量不大，严重时可引起减产。

B. 防治方法：可利用成虫的趋光性，用黑光灯或频振式杀虫剂诱杀。玉米生长期防治同黏虫。

⑤双斑萤叶甲

A. 危害症状：双斑萤叶甲是为害玉米田的一种新型害虫，成虫能飞善跳，具有突发性、群聚性、较强的迁飞习性和趋嫩叶危害的习性。主要为害棉花、高粱、谷子、豆类、马铃薯、蔬菜及向日葵等多种作物。以成虫群集危害，主要危害玉米叶片，成虫取食叶肉，残留不规则白色网状斑和孔洞，严重影响光合作用，8月份咬食玉米雌穗花丝，影响授粉。也可取食灌浆期的籽粒，引起穗腐。危害严重时可造成大面积减产，甚至绝收。

B. 防治方法：百株虫口达到 50 头时进行防治。选用 20％速灭杀丁乳油 2 000 倍液、25％快杀灵 1 000～1 500 倍液或 2.5％高效氯氟氰菊酯乳油、20％的杀灭菊酯乳油 1 500 倍液喷雾，重点喷在雌穗周围。

（3）地下害虫

①蛴螬

A. 危害症状：蛴螬主要有华北大黑鳃金龟、暗黑鳃金龟、铜绿丽金龟 3 种，成虫和幼虫都可以为害玉米，对产量的影响较大。蛴螬喜欢咬食刚播下的种子、幼苗、根茎等，常造成玉米缺苗断垄甚至大面积毁种。

B. 防治方法：精耕细耙，加强灌溉，可以杀死部分幼虫。进行水旱轮作或和其他作物轮作。成虫有很强的趋光性，可在田间地头设置黑光灯诱杀成虫；使用包衣种子。

②金针虫

A. 危害症状：金针虫主要有沟金针虫、细胸金针虫和褐纹金针虫 3 种。幼虫常咬食种子的胚乳，或者危害幼苗的根和茎，使幼苗枯死，造成缺苗断垄。

B. 防治方法：同蛴螬的防治。

③蝼蛄

A. 危害症状：蝼蛄有非洲蝼蛄和华北蝼蛄 2 种。非洲蝼蛄在全国都有分布，华北蝼蛄主要分布在北方地区。蝼蛄的成虫和幼虫都喜欢取食刚播下的种子，特别是发芽的种子，也咬食幼苗的幼根和嫩茎，使幼苗萎蔫死亡。

B. 防治方法：毒饵诱杀，可用 40％乐果乳油或 90％晶体敌百虫 0.7％千克，加适量的水，拌到 50～70 千克的米糠、豆饼、谷子中制成毒饵，每亩土地用毒饵 1.5～2.5 千克，在傍晚撒到玉米田间和周围。利用蝼蛄的趋光性，可用灯光诱杀；使用包衣种子。

④地老虎

A. 危害症状：地老虎主要有小地老虎和黄地老虎 2 种。主要在玉米的苗期危害，幼虫会咬断幼苗。

B. 防治方法：可以采用农田管理措施，如清除田间地头的杂草，消灭部分虫卵和害虫，还可以在早晨到田间被害植株的周围或田埂边捕捉幼虫，也可利用成虫对黑光灯、糖醋酒液的喜好，诱杀成虫。可用 50％甲胺磷乳油或 50％敌敌畏乳油与细土按 1：（100～200）的比例搅拌均匀制成毒土，每亩土地撒 30～50 千克毒土来杀灭地老虎；使用包衣种子。

(4)蛀茎和穗期害虫

①玉米螟

A. 危害症状:玉米螟主要以幼虫危害玉米的茎秆,影响植株养分和水分的传输,导致果穗发育不完整,籽粒灌浆不足,同时茎秆受到虫蛀,若遇风倒折,就会造成严重减产。

B. 防治方法:清除越冬玉米螟虫卵寄生的秸秆,消灭虫源,减轻危害。生物防治,在各代螟卵的始发期、盛发初期、盛发期,各在田间放松毛虫赤眼蜂1次,每亩放1.5万～2万头或每亩用Bt乳剂150～200毫升掺细沙5千克,撒到玉米心叶内(要注意为保护利用螟虫长距茧蜂,要避免在玉米心叶期喷洒化学药剂)。农药防治可在玉米的心叶和心叶末期用1.5%辛硫磷颗粒剂0.75～1.5千克,加细沙6～8千克,每株洒1克左右或用90%晶体敌百虫稀释1 500倍灌到心叶内;当幼虫集中到玉米雌穗的顶部时,可在花丝授粉后,用80%敌敌畏乳油500～600倍液或2.5%敌杀死乳油400～500倍液,每千克药液灌2 000～3 000个雌穗。

②玉米穗虫

A. 危害症状:玉米穗虫是在玉米穗期危害的害虫总称,主要有玉米螟、棉铃虫、高粱条螟、桃蛀螟、黏虫等。

B. 防治方法:实行秋耕冬灌,早春清除田间的秸秆。适时早播,使玉米雌穗的吐丝期避开穗虫的产卵盛期。利用成虫的趋光性,设置频振式杀虫灯或高压汞灯诱捕成虫。用农药防治方法同玉米螟的防治。

3. 玉米主要草害及其防治

(1)主要杂草 在我国危害玉米的主要杂草有一年生的野稗、牛筋草、绿狗尾草、画眉草、苍耳、藜、律草、马齿苋;越年生的黄蒿;多年生的车前草、刺儿菜、苣荬菜、小旋花和莎草等。大同市春播玉米田以多年生杂草为主。

(2)草害的防治方法

①人工锄草和机械防除。可采取播种前机械耕地、玉米苗期机械中耕、人工拔锄草等方法灭草。

②农业防治。通过轮作、种子精选、施用腐熟有机肥料、合理密植、加强动植物检疫等措施来防治草害。

③生物防治。利用杂草的生物天敌,如植物病原物、线虫、昆虫及以草克草等来控制杂草的危害。但这种方法只能对特定种类的杂草有效,防治的费用也较高。

④化学防治。利用广谱性化学除草剂或几种除草剂混合施用灭草,是常用的方法。化学除草剂的防治效果一般能达到90%以上,并且能做到防治一次,保持玉米生长期间田地里很少长草。一般化学除草是在玉米播种后到出苗之前喷药,对幼苗没有损伤。

在玉米不同的生长阶段,应采用不用的化学除草方法。一般在玉米播种后到出苗前的时间内,可用72%的2,4-D丁酯150～200克、50%的西码津可湿粉剂或50%的阿特拉津粉剂,喷施到土壤的表面,每亩地喷施0.4千克,如用绿麦隆,每亩地用量0.2千克或用25%的敌草隆0.2～0.3千克。在玉米进入拔节期后,可用72%的2,4-D丁酯每亩地50～70克。

土壤湿润的时候使用化学除草剂的效果最好,所以,当土壤的湿度不够时,可以在玉米出苗后,等下雨或灌溉后再喷药。

化学除草剂一般都有毒性,在喷药过程中要尽量避免除草剂与身体接触。喷完药后,要及时用清水洗手,洗脸和更换衣服。

（五）适期收获

收获是玉米栽培的最后一个环节，生产中人们常常为了赶农时而过早收获，玉米未能完全成熟，从而造成减产。

如果将玉米的整个生长期分为开花前和开花后两大阶段，开花前的光合产物只是为了后期的籽粒生产奠定基础，很少能够直接用于籽粒生产。从开花到成熟的时间虽短，但对产量形成却十分重要。因为玉米到开花期营养生长已经停止，完全转入生殖生长阶段。此期叶片光合产物大部分被输送到籽粒中去形成产量。灌浆期间不但干物质生产的数量大，而且主要用于籽粒建成。玉米 80%～90% 的籽粒产量来自于灌浆期间的光合产物，只有 10%～20% 是开花前贮藏在茎、叶鞘等器官内，到灌浆期再转运到籽粒中来的。因此，灌浆期延长，灌浆强度越大，玉米产量就越高。收获过早造成的减产往往可达 10% 以上。

玉米适当晚收不仅能增加籽粒中淀粉产量，其他营养物质也随之增加。玉米籽粒营养品质主要取决于蛋白质及氨基酸的含量。籽粒营养物质的积累是一个连续过程，随着籽粒的充实增重，蛋白质及氨基酸等营养物质也逐渐积累，至完熟期达最大值。据山东农业大学研究，玉米籽粒中蛋白质及氨基酸的相对含量随淀粉量的快速增加呈下降趋势，但绝对含量却随粒重增加呈明显上升趋势，完熟期达到最高值，表明延期艘货也能增加蛋白质和氨基酸数量。

此外，适期收获的玉米籽粒饱满充实，籽粒比较均匀，小粒、秕粒明显减少，籽粒含水量比较低，便于脱粒和储放，商品质量会有明显提高。

每一个玉米品种在同一地区都有一个相对固定的生育期，只有满足其生育期要求，使玉米正常成熟，才能实现高产优质。判断玉米是否正常成熟不能仅看外表，而是要着重考察籽粒灌浆是否停止，以生理成熟作为收获标准。

玉米籽粒生理成熟的主要标志有 2 个：一是籽粒基部黑色层形成，二是籽粒乳线消失。玉米成熟时，是否形成黑色层，不同品种之间差别很大。玉米果穗下部籽粒乳线消失，籽粒含水量 30% 左右，果穗苞叶变白而松散时，收获粒重最高，玉米的产量最高，因此，可以作为玉米适期收获的重要参考指标。

玉米收获适期因品种、播期及生产目的而异。以籽粒为收获目标的玉米收获适期，应按成熟标志确定，大同市一般在 9 月底至 10 月上旬收获。

青贮饲用玉米，为兼顾产量和品质，宜在乳熟末期至蜡熟期收获为宜，这时茎叶青绿，籽粒充实适度，植株含水量 70% 左右，不仅青贮产量高，而且营养价值好。既要收获籽粒，又要青贮秸秆的兼用玉米，为兼顾籽粒产量和获得较多的优质青贮饲料，宜在蜡熟末期收获。甜玉米、糯玉米等特殊用途的玉米，应根据需要确定最佳收获时间。

二、春玉米栽培技术要点

春玉米主要分布在我国东北、华北北部和西北的部分地区，属于中温带半湿润、半干旱气候区，5—9 月日平均气温 15～25℃，适于玉米生长发育。总的特点是玉米生产周期较长，产量较高。大同市地理位置及气候特点属于春玉米种植区。

（一）主要栽培技术措施

1. 精细播种

（1）适期早播　春播玉米适当早播可以充分利用生育期内的光、热资源，因此，适期早播是玉米增产的关键措施之一。一般华北地区在土壤表层 5～10 厘米深处,温度稳定在 10～12℃时,播种为宜,一般来说,大同市春玉米在 4 月下旬至 5 月上旬播种。

(2)播深　一般播深掌握在 5～6 厘米为宜。如果土壤黏重,墒情好时,应适当浅些,可为 4～5 厘米;土壤质地疏松,属易于干燥的沙质土壤,应播种深一些,可增加到 6～8 厘米,但最深不宜超过 10 厘米。

(3)密度与播量　应根据不同品种对种植密度的不同要求和地力水平决定。一般叶片平展的品种密度宜小,叶片上冲的紧凑型品种密度宜大;地力水平低密度宜小,地力水平高密度宜大。一般条播每亩播量 4～4.6 千克,机械播种或耕播每亩播量 3～4 千克,点播每亩播量 2～3 千克,单粒播每亩播量 1.33～3 千克。

2. 苗期管理要点

玉米从播种到拔节阶段为苗期。早熟品种一般为 20 天左右,中熟品种一般为 25 天左右,晚熟品种一般为 30 天左右。虽然生玉米苗期长发育缓慢,但却处于旺盛生长的前期,其生长发育好坏不仅决定营养器官的数量,而且对后期营养生长、生殖生长、成熟期早晚以及产量高低都有直接影响。因此,对需肥水不多的苗期,应适量供给所需养分与水分,加强苗期田间管理,粗根壮苗,通过合理的栽培措施实现苗全、苗齐、苗壮和早发的目的。

(1)及时间、定苗　适时间苗、定苗,可避免幼苗间争夺养分、水分,有利于促壮苗。生产上常在 3 叶期开始间苗,5 叶期开始定苗,也有在 5 叶期一次完成间、定苗。结合间、定苗拔除病株。

(2)适当蹲苗　玉米苗期耐旱,在底墒好的情况下,要尽量控制浇水,促进幼苗根系的生长发育和防止植株徒长。

(3)中耕除草　这是苗期管理的一项重要工作,也是促下控上增根壮苗的主要措施。中耕可以疏松土壤,不但能促进玉米根系的发育,而且有益于土壤微生物的活动;同时,还可以消灭杂草,减少地力消耗;并可促进有机物的分解,改善玉米的营养条件;中耕还可提高地温,对幼苗的健壮生长有重要意义。玉米苗期一般可浅中耕 2～3 次。

3. 搞好穗期管理

玉米拔节到抽雄阶段称为穗期,一般早熟品种 25～30 天,中熟品种 30～35 天,晚熟品种 35～40 天。

玉米拔节以后从单纯的营养生长进入营养生长和生殖生长并重阶段。营养生长速度显著加快,根系迅速生长,植株迅速长高,叶面积迅速扩大。雄穗、雌穗先后开始分化,为籽粒生产准备了条件。穗期是玉米一生中生长最迅速、器官形成最旺盛的阶段,需要的养分、水分也比较多,必须加强肥水管理,特别是要重视大喇叭口期的管理。一般来说,追肥总量的 80% 都应施用在这个时期,追肥后浇水。

(1)中耕培土　在苗期中耕的基础上,在拔节期要深中耕一次。耕深 10～15 厘米,去掉杂草,疏松土壤,并进行培土,促进根系下扎。底肥不足时,应适度追肥,追肥量为总追肥量的 30%,追肥后浇水。

(2)重施大喇叭口肥,及时浇水　当玉米生长至上部两叶片伸展,形成喇叭口状时,即俗称为的大喇叭口期。这时是玉米需水肥的高峰期,一定程度上决定着果穗的大小,要及时中耕,追肥量应占到总量的 50%,追肥后浇水。

4. 注意花粒期管理

玉米从抽雄到完熟阶段被称为花粒期。中熟品种60天左右，晚熟品种65～70天。

一般玉米植株雄穗抽出2～4天后，雌穗开始吐出花丝，雄穗扬花即完成授粉过程，进入灌浆期。这时，植株的全部生物学特征已形成，进入生殖生长阶段。这时的肥水管理影响着籽粒的饱满度，追肥量应占到总量的20%，追肥后浇水。

实践证明，隔行去雄和人工辅助授粉是行之有效的增产措施。去雄的目的是为了节省玉米的能量和养分，使之最多地运转到雌穗上，关键是时机的把握，一定要在雄穗还未抽出前摸苞带1～2叶将其人工抽出，扬花后的去雄是无效的。人工辅助授粉也是一项很好的增产措施，可减少秃尖和果穗缺粒。雌穗花丝抽出后，每隔2～3天在田间轻击雄穗植株，促进雄穗散粉。在晴天上午9:00～11:00进行，2～3次即可。还要注意中耕除草和病虫害防治。

5. 适期收获

收获过早会造成玉米减产。应在玉米完全成熟后再开始收获，一般以玉米籽粒乳线消失黑层形成作为完全成熟的标准。

（二）采用地膜覆盖栽培技术增加春玉米产量

采用玉米地膜覆盖栽培技术，增加了有效积温，延长了玉米的生育时间，一定程度上打破了本地区有效积温对种植品种选择的制约，扩大了玉米的种植区域，同时也可大幅提高玉米的产量。这种充分利用地膜覆盖玉米增产潜力大的特点，解决粮食短缺问题的做法，被誉为"白色革命""温饱工程"。地膜覆盖玉米增产的主要原因如下。

1. 地膜的保水作用

地膜玉米地的整地要求上虚下实，保持毛细管上下畅通，土壤深层水可以源源上升到地表。盖膜后，土壤与大气隔开，土壤水分不能蒸发散失到空气中去，而是在膜内以"液—气—液"的方式循环往复，使土壤表层保持湿润。土壤含水量增加，表层0～5厘米一般比露地多3%～5%。自然降水，少量从苗孔渗入土壤，大量的水分流向垄沟，以横向形式渗入覆膜区，由地膜保护起来。

2. 地膜的增温作用

土壤耕作层的热量来源，主要是吸收太阳辐射能。地膜阻隔土壤热能与大气交换。晴天，阳光中的辐射波透过地膜，地温升高，并通过土壤自身的传导作用，使深层的温度逐渐升高并保存在土壤中。地温增高的原因是由于地膜阻隔作用，使膜内的二氧化碳增多和水蒸气不易散失。因为二氧化碳浓度每增加1倍，温度升高3℃；每蒸发1毫米水分，温度下降1℃，汽化热损失极少，温度下降缓慢。可使全生育期提高积温250～350℃。

3. 改善土壤的物理性状

衡量土壤耕性和生产能力的主要因素包括土壤容重、孔隙度和土壤固、液、气三相比。地膜覆盖后，地表不会受到降雨或灌水的冲刷和渗水的压力，保持土壤疏松状态，透气性良好，孔隙度增加，容重降低，有利于根系的生长发育。地膜还有抑制返盐的作用，有效提高出苗率。

4. 促进土壤有机养分的分解转化

覆盖地膜后，增温保墒，有利于土壤微生物的活动，加快有机质和速效养分的分解，增加土壤养分的含量。经测定，盖膜后0～30厘米土壤中好氧、厌氧性细菌数增加1.43倍；好氧自生固氮菌增加 2.46 倍;有机磷菌多 1.17 倍;真菌多 21.6%,钾细菌多 13.18%。土壤中二氧化碳浓度增加 2～3 倍。全氮增加 70 毫克/千克,速效氮增加 4.58 毫克/千克,速效磷增加 13.79 毫克/千克,速效钾减少 33.65 毫克/千克。盖膜以后,阻止雨水和灌水对土壤的冲刷和淋溶,保护养分不受损失。但是由于植株生长旺盛,根系发达,吸收量加强,消耗养分量增大,土壤有效养分减少,容易形成早衰或倒伏,影响产量,故一定要施足底肥,并分次追肥,满足生长的需要。

5. 改善光照条件,提高光能利用率

通常由于植株叶片互相遮荫,下部叶片比上部叶片光照条件差。覆盖以后,由于地膜和膜下的水珠反射作用,使漏射到地面上的阳光反射到近地的空间,增加基部叶片的光合作用,提高光合强度和光能利用率。

综上所述,在北方春玉米区采用地膜覆盖栽培技术,覆膜后各种生育条件优越,促进早出苗,早吐丝,早成熟,根系亦发达。试验资料表明,根条数增加 26.4%,根长度增加 8.34%,有效穗数增加 16%,穗粒数增加 110 粒,千粒重增加 41.1 克,穗长增加 2.3 厘米。采用地膜覆盖栽培技术既加速了玉米生长发育进程,又提高了玉米产量,增产效果显著。

三、旱作玉米栽培措施

大同市旱地玉米播种面积占玉米总播种面积的比例很大,大同县、灵丘县、天镇县、浑源县、新荣区等县区均有相当大的面积。旱地玉米栽培的关键是选用抗旱优良品种,重要任务是蓄水保墒,经济有效地提高水分利用率。由于各地无霜期长短不一,雨量多少不均,发生旱情的时间各异,在运用抗旱栽培措施时,应因地制宜,灵活掌握。

(一)选用抗旱品种是关键

优良抗旱品种是旱地玉米获得高产的关键。要依据当地水、肥和气象条件,尽量选用高产抗旱品种,以使生产潜力得到最大发挥。在水、肥条件好的地区应选用耐水耐肥的高产品种;在水、肥条件较差的地区应选用耐瘠薄、抗性强的品种。

抗旱品种具有适应干旱环境的形态特征。例如,种子大,根茎伸长力强,能适当深播;根系发达,生长快,入土深,根冠比值大,能利用土壤深层的水分;叶片狭长,叶细胞体积小,叶脉致密,表面茸毛多,角质深厚。玉米抗旱品种叶片细胞原生质的黏性大,遇旱时失水分少,在干旱情况下,气孔也能继续开放,维持一定水平的光合作用。

(二)应用旱作玉米栽培新技术

推广运用旱作玉米栽培新技术对促进粮食稳定发展、农民持续增收具有极其重要的现实意义。

1. 积极推广应用玉米旱地保护性耕作措施

大同市春玉米区属半温润、半干旱气候区,年降雨 350～480 毫米,而且主要集中在夏季,冬、春季多风,秋季易秋吊。首先,这一气候特点加上传统的秋翻、春耙的耕作习惯,致使土壤失墒严重和降雨补给不足,导致春旱难播种,夏旱愁成活,秋吊不成熟的严重后果,造成巨大的经济损失;其次,由于土壤暴露,风蚀剧烈,土壤水分无效蒸发和水土流失严重,土壤肥力日趋下降。因此,推广应用保护性耕作技术,可促进这些地区的农业发展,保护生态环境。

近年来,保护性耕作技术是农业农村部在全国重点推广的一项旱作农业实用技术。该技

术是对农田实行免耕、少耕,尽可能减少土壤耕作,并用作物秸秆、残茬覆盖地表,用化学药物来控制杂草和病虫害。该技术在蓄水保墒、培肥地力、防止扬尘、减少侵蚀、保护环境、节本增效、增加农民收入等方面表现出了其他耕作方式不可替代的作用,产生了良好的社会、经济和生态效益。

保护性耕作技术主要包括免耕或少耕播种施肥、秸秆及残茬覆盖、杂草及病虫害控制与防治、深松等 4 项内容。与传统耕作技术相比,该技术具有以下好处:一是保水、保肥、保土。由于彻底取消了铧式犁翻耕作业,采用秸秆覆盖地表,从而减少了土壤水蚀、风蚀和土壤水分的蒸发,增加了土壤入渗能力,提高了雨水利用率,由于地表秸秆腐烂后形成大量有机肥料,明显提高土壤表层有机质含量。试验表明,保护性耕作地表径流比传统耕作减少 81.8%,土壤贮水量平均增加 15%,水分利用率提高 23%,土壤有机质含量平均增加 0.06%;二是增加粮食产量,平均可使玉米亩产提高 5%;三是减少作业工序,节约生产成本。平均减少 2~4 道耕作程序,每亩减少耕作投入 20~40 元,节约人、畜用工 50%~70%,亩增收节支 40~60 元;四是保护生态环境。由于采用免耕秸秆覆盖和根茬固土,土壤不再翻耕裸露,减少了风尘的扬起,保护了生态环境。

机械免耕播种技术是保护性耕作的关键技术,其核心内容是在尽量减少翻耕土壤的前提下,机械免耕播种或破茬播种施肥,保持尽可能多的茎叶、残茬覆盖地表,用化学药剂除草防治病虫害;其技术工艺路线是收获留高茬(根茬高度>20 厘米)—全方位深松(间隔年限为 2~3年)—机械免耕播种或破茬播种—化学除草或中耕锄草—病虫害防治及其他田间管理措施。

2. 运用化学抗旱制剂,提高生产能力

旱作农业应用化学抗旱制剂,可抑制土壤蒸发和叶片蒸腾,有显著的增温保墒效果。

(1)保水剂 保水剂又名吸水剂是一种新型的功能高分子材料,能够吸收和保持自身重量400~1 000 倍、最高达 5 000 倍的水分。保水剂有均匀缓慢释放水分的能力,可调节土壤含水量,起到"土壤水库"作用。保水剂可以用于种子涂层、包衣、蘸根等处理方法,据试验,用保水剂(浓度 1%~1.5%)给玉米涂层或包衣,可提前 2~3 天出苗,出苗率比对照高 6.1%,玉米产量增加 8.5%。玉米播种时,在穴内每亩施 500 克保水剂,对玉米出苗和后期生长均有良好作用。

(2)抗旱剂 抗旱剂是从风化煤中提取的一种天然腐殖酸,含有碳、氧、氢、氮、硫等元素,也是一种调节植物生长型的抗蒸腾抑制剂。主要作用是:①减少植物气孔开张度,减缓蒸发。一般喷洒一次引起气孔微闭所持续的时间可达 12 天左右,降低蒸腾强度,土壤含水量则提高。②改善植株体内水分状况,促进玉米穗分化进程。③增加叶片叶绿素含量,有利于光合作用的正常进行和干物质积累。④提高根系活力,防止早衰。每亩用抗旱剂 50 克加水 10 千克,在玉米孕穗期均匀喷洒叶片,可使叶色浓绿,叶面舒展,粒重提高,每亩增产 7.1%~14.8%。

(3)增温剂 增温剂属于农用化学覆盖物,为高分子长碳键成膜物质。喷施在土壤表面,干后即形成一层连续均匀的膜,用以封闭土壤。主要作用是:①提高土壤温度,抑制水分蒸发,减少热耗,相对提高地温。②保持土壤水分。在大田的抑制蒸发率可达 60%~80%,土壤 0~15 厘米土层水分比对照田高 19.3%。③促使土壤形成团粒结构。④减轻水土流失。增温剂喷施于土表后,增加了土层稳固性,可防风固土,减少冲刷,有明显的保持水分、抑制盐分上升的作用。

四、特用玉米主要栽培技术

特用玉米一般指普通玉米以外的各种类型的玉米,包括糯玉米、甜玉米、高油玉米、优质蛋白玉米、高直链淀粉玉米、爆裂玉米、笋玉米以及青贮玉米等。这些类型的特用玉米都有各自内在的遗传基因,表现出不同的籽粒构造、营养成分、加工品质以及食品风味等特点。和普通玉米相比,特用玉米具有更高的技术含量、更大的经济价值和更高的市场附加值。因此,在栽培技术上也和普通玉米品种有较大的不同。

(一)糯玉米栽培技术要点

糯玉米在栽培上应着重掌握以下技术要点。

1. 选择适宜品种

选用糯玉米品种要根据当地环境条件和生产目的以及市场需求等因素综合考虑。一般应选用糯性好,质地柔嫩、香味纯正、果穗大小一致、结实饱满、籽粒排列整齐、种皮较薄的品种。目前,糯玉米有白、黄、紫、黑以及五彩等不同粒色的品种类型,还应根据市场需求选用相应籽粒颜色的品种。在生产用于出口的糯玉米时,应特别注意到日本及欧洲国家一般要求白色籽粒的品种,美国则要求黄色籽粒的品种。

2. 合理安排生产季节

生产季节的安排应根据用途综合考虑。以采摘鲜嫩果穗食用或加工食品为目的,必须根据市场需求规律,本着效益最大化的原则,科学安排种植时间和面积。鲜嫩糯玉米的采收期很短,一般在授粉后的 22～28 天。因此,必须在这时期采收上市或加工。过早或过晚采收都会影响其商品质量。为延长上市和加工时间,就应实行分期播种和早、中、晚熟品种搭配种植。如以收获籽粒为目的,基本同普通玉米同期进行。

3. 注意隔离,精细播种

种植糯玉米必须与其他类型玉米隔离。如果糯玉米在接受了其他类型玉米的花粉后,当期所结籽粒就变成了普通玉米,所以,在其种植区 400 米以内的其他田块,不能种植有与糯玉米同期开花的其他类型玉米。如采取时间隔离,一般需使糯玉米的花期与其他玉米的花期相差 30 天以上。

种植糯玉米应该选择肥力较高的沙壤土和壤土地块。精细整地,做到上虚、下实。种子选用发育健全、发芽率高的并精选出大、小二级,按级分区播种,最好用包衣种子,以防治地下害虫。采用地膜覆盖或育苗移栽技术,可以提早上市,提高经济效益。

4. 加强田间管理

(1)肥水管理 由于糯玉米苗期长势不及普通玉米强,基肥要足。基肥中应多施磷、钾肥和有机肥,并混合在一起施入。氮肥 30％用作基肥,70％用作追肥,拔节前施足 2 次提苗肥,以促平衡。追肥重点是拔节孕穗肥,一般在展开叶 8～9 片时,开穴集中施在株旁 10～15 厘米处,以保证第一、第二果穗都能长成大穗,提高千粒重。同时,结合追肥进行中耕除草、培土并浇水,做到以水调肥。由于糯玉米灌浆期较短,不必再施粒肥。糯玉米的需水特性与普通玉米相似,苗期注意防涝防渍,中、后期防干旱。

（2）去蘖　糯玉米比普通玉米容易产生分蘖，分蘖一般不能或极少结实，若发现分蘖，要及时去蘖，而且要进行多次去蘖。

（3）人工辅助授粉　糯玉米在吐丝、散粉期间，如遇高温、刮风、下雨等不良气候条件，会出现秃顶或缺粒现象，通过人工授粉，可解决因自然授粉不足产生的秃顶缺粒。一般在上午9:00～11:00进行人工辅助授粉，每隔1～2天进行1次，3～4次便可达到目的。授粉后花丝迅速萎缩。

（4）病、虫、草害的防治　糯玉米发生草荒时，通常是结合追肥进行中耕除草。糯玉米的虫害主要是地下害虫和穗期的玉米螟，可根据采摘对象不同，采取不同的防治方法。以采摘鲜穗为目的时，应以生物防治为宜，这样可生产出无公害的糯玉米产品；以采收籽粒为目的时，在大喇叭口期，每亩用1千克1％的呋喃丹颗粒剂撒入玉米心叶内即可。

5. 适期采收

糯玉米的采收适期，主要是由"食味"决定的。如果主要是食用青嫩果穗，以授粉后25～28天采收最佳，即玉米的乳熟期。采收过早，干物质和各种营养成分不足，产量低、糯性差、效益低；采收过晚，风味差。如做整粒糯玉米罐头，应在乳熟期采收；做乳酪状罐头，应在蜡熟期采收。采收一般以清晨低温时进行为宜。如用于加工罐头的，采收后保存时间不宜过长，应当天采收当天加工；数量过多时，可放在低温冷库中冷藏保存。

（二）甜玉米栽培技术要点

甜玉米在栽培上应着重掌握以下技术要点。

1. 选用适宜品种

由于甜玉米用途广泛，种植时必须根据用途选用品种和安排种植计划。一般情况下，以幼嫩果穗作水果、蔬菜上市为主的，应选用超甜玉米品种；以制作罐头为主的，则应选用普通甜玉米品种。同时，应注意早、中、晚熟品种的搭配种植。

2. 合理安排播种时期

一般栽培季节最早的，播期在当地5厘米地温稳定通过12℃时开始播种，采用地膜覆盖可提早7～10天播种；采取薄膜育苗移栽可提早10～15天播种，但最迟播期也要保证采收期气温在18℃以上。

3. 注意隔离种植

甜玉米要与与己不同类型的玉米严格隔离种植，一般隔离范围要求在400米以上；如果采用时间隔离，要求花期至少相差30天以上。因为甜玉米属于胚乳性状的单隐性基因突变体，一旦接受了普通玉米或其他类型的甜玉米花粉，当代所结籽粒的品质会出现严重下降，不再是甜玉米。因此，在种植甜玉米时，一定要严防混入其他类型玉米种子，以防串粉。

4. 科学搭配，分期播种

甜玉米的种植特点是季节性强，果穗的适宜采摘期短。为了有效地延长采收期和加工时间，在生产上可采取分期播种或早熟种、中熟种、晚熟种科学搭配种植的方式，以便分期收获。分期播种，一般每隔5天或10天播种1期。

5. 加强田间管理

(1)合理密植和去蘖

①密植。我市推广应用的甜玉米品种,高产的适宜密度为每亩 4 500～5 500 株;早播品种密度稍高,每亩 5 000～6 000 株;晚熟品种每亩 3 500～4 500 株。

②去蘖。很多甜玉米具有分蘖的特点,发现分蘖应及时彻底地打杈去分蘖,以促壮苗。同时,由于甜玉米出苗率低,苗势弱,苗期生长整齐度差,应剔除弱株和空秆,以提高群体的整齐度。

(2)合理施用肥水

①施肥。在幼苗 3～4 叶时结合定苗施肥,一般用量占总施肥量的 20%～30%。7～8 叶时,甜玉米开始拔节,此时应重施穗肥,一般每亩追施尿素 20～25 千克。追肥时应掌握在株旁 10～15 厘米处开沟或开穴深施,并结合中耕除草。

②用水。甜玉米的需水标准基本上与普通玉米相似,播种至出苗,土壤持水量以 60%～70% 为宜;幼苗期持水量保持在 60% 左右,有利于发根蹲苗;拔节至抽穗灌浆期,土壤持水量以 75%～80% 为宜。水分不足时要及时浇水。

(3)中耕除草　中耕不仅能除去各种杂草,而且具有增温保墒的作用。中耕宜早,一般定苗前中耕 1 次,深度为 3～5 厘米;定苗至拔节前中耕 1～2 次,深度为 10～13 厘米,拔节至小喇叭口期,结合施拔节肥进行 1 次深中耕;封行前结合施穗肥在行间进行 1 次深中耕。

(4)防治病虫害　甜玉米最容易受玉米螟、金龟子等害虫为害,因此,应十分重视对害虫的防治。为防止农药残毒影响品质,第一次防治,可用苏云金杆菌 HD-1 菌药,在大喇叭口期拌细土撒入芯叶,第二次防治可对水喷在授粉后的果穗位上。

6. 适期采收

普通甜玉米的适宜采收期,一般在甜玉米吐丝后 17～23 天;超甜玉米的采收期在吐丝后 20～28 天;加甜玉米在吐丝后 18～30 天。用于加工罐头的甜玉米可早收 1～2 天;出售青嫩玉米,则可晚收 1～2 天。采收一般在清晨带苞叶进行,随采随上市或运到加工厂。一般超甜玉米从采收到上市不能超过 6 小时,普通甜玉米不能超过 3 小时。

(三)高油玉米栽培技术要点

高油玉米和普通玉米一样,是喜温耐旱作物。但耐旱仅是相对的。因此,在栽培上应掌握以下几个重要环节。

1. 选用适宜品种

生产中选用高油玉米品种,除了要求高油玉米的籽粒含油量在 8% 以上外,其他农艺性状和抗病性也应与生产上推广的普通玉米品种保持同一水平。

2. 注意适期播种

高油玉米的含油量是由其偏母遗传性基因控制的,可以与普通玉米相邻种植,不必进行隔离。若与普通玉米串粉,所结籽粒的含油量降低很少。高油玉米的生育期长,籽粒脱水较慢,高油玉米在后期灌浆结实中如遇低温,不利于正常成熟。因此,适期早播是关键措施之一。

3. 加强田间管理

（1）合理密植 高油玉米植株都比较大，每亩适宜密度为 4 000～5 000 株。如果采取化控栽培时，密度可稍密一些。为减少空秆，提高群体整齐度，定苗时，要拔除晚苗，去小留大，去弱留强，去掉伤残、虫咬苗，留苗保持均匀一致。

（2）肥水管理 高油玉米对肥水比较敏感。一般施肥原则是"1 底 2 追"。底肥每亩施足有机肥 1 000～2 000 千克，氮肥 8～10 千克，磷肥 30～40 千克，钾肥 15 千克，硫酸锌 1 千克。苗期玉米长出 4 叶左右时，每亩追施尿素 4～5 千克，磷酸二铵对水淋施 10 升；长到 7～8 叶时，每亩追施农家肥 2 000 千克或尿素 8～10 千克加氯化钾 10 千克。在距植株 12～15 厘米处开沟深施，深度以 10～15 厘米为宜。每次施肥可结合中耕、除草、培土和水分管理进行，做到以水调肥。如遇干旱时，要及时进行浇水。

（3）病虫害防治 播种时用呋喃丹或甲胺磷稀释液拌种，随拌随播，以防治地下害虫。在高油玉米喇叭口期，每亩用杀螟粒 3～5 千克或乙敌粉 3 千克丢心防治玉米螟虫；在高油玉米吐丝期再用 1 次药，施在雌花上，能有效地减少损失，确保高产丰收。其他病虫害的防治同普通玉米。

4. 收获贮藏

在果穗苞叶发黄后 10 天左右，即可采收高油玉米果穗。刚收获的高油玉米成熟度不匀，一般含水量为 20％～30％，应及时进行晾晒，直至水分降至 13％以下，然后脱粒。也有的地区采用"田间站秆扒皮降水"的方法，可使玉米提早 7～8 天成熟，水分比未站秆扒皮的低 5％～6％。由于高油玉米籽粒中含油分较高，易霉变，易受害虫的为害，贮藏保管过程中，要勤检查，注意防霉防虫。

（四）其他类型特用玉米栽培技术要点

特用玉米种类多、用途广。不同种类和不同用途的特用玉米又有不同的栽培方法，如有的需要隔离，有的需要及时采摘等，因此，应根据特用玉米种类和用途的不同科学运用栽培技术。

1. 选用适宜品种，合理安排栽培时期

特用玉米品种的选用除注意选择品种的丰产性状和品质性状外，还应根据用途选择品种籽粒的颜色。然后根据种植品种的要求，确定种植时间以及是否需要隔离种植。栽培季节的安排应根据用途考虑。如只是为了收获籽粒或以青贮为目的，基本与普通玉米同期进行栽培；如以采摘鲜嫩果穗食用或加工食品为目的，必须根据市场需求规律，科学合理地安排种植时间和面积。

2. 选择适合的地块

一般特用玉米种子籽粒小，发芽和幼苗生长比普通玉米慢。一般选择土壤结构好、肥沃疏松、水分适宜或排灌方便的沙壤土和壤土田块上种植。

3. 合理密植

目前，大同市特用玉米高产栽培的种植适宜密度是：中晚熟平展型中秆杂交种，每亩 3 500～4 000 株；早熟平展型矮秆种，每亩 4 000～4 500 株；中早熟紧凑型种，每亩 4 500～5 500 株。种植其他特种玉米，可根据品种特性确定适宜的种植密度。

4. 科学施肥,去除分蘖

特用玉米施肥,应采取前重、中轻、后补的原则。即重施基肥,足墒下种,确保全苗;轻追苗肥,培育壮苗,提高抗倒能力;补施穗肥,防止早衰,每亩施氮磷钾复合基肥 35～45 千克;3～4 叶时,每亩追施氮肥 5～7.5 千克;7～8 叶时施穗肥,每亩施氮肥 10～12 千克。对部分具有分蘖的玉米品种,要及时去除分蘖,以减少养分消耗。

5. 防治病、虫、草害

普通玉米上发生的病、虫害,特用玉米同样会发生,其防治方法也与普通玉米一致。但对草害的防治,一般是结合中耕培土进行,有时也采取玉米专用化学药剂来抑制杂草的发生。

6. 收获与贮藏

特用玉米一般以苞叶干枯松散时收获为宜。此时籽粒成熟充分,产量高,品质好。收获的果穗要及时晾晒风干,使果穗上籽粒的含水量降低至 14% 左右时脱粒,待籽粒含水量降到 12.5%～13.5% 时,即可进行贮藏。贮藏中要经常检查,以防霉烂变质。

第二章 马 铃 薯

第一节 优良品种介绍

一、晋薯 19 号

审定编号:晋审薯 2010001。

申报单位:山西省农业科学院高寒区作物研究所。

选育单位:山西省农业科学院高寒区作物研究所。

品种来源:9665-7/晋薯 7 号,试验名称为"同 018"。

特征特性:中、晚熟种,出苗至成熟 110 天左右。株型直立,生长势较强,株高 70 厘米左右,单株主茎数 3~6 个,分枝中等,茎绿色带有紫斑,叶绿色。花白色,天然结实性强。薯形扁圆,淡黄皮淡黄肉,表皮中等光滑,芽眼较浅,结薯集中。薯块大而整齐,商品薯率 90%以上。

品质分析:2009 年经农业部蔬菜品质监督测试中心(北京)检测,干物质含量 19.0%,淀粉含量 11.0%,还原糖含量 0.29%,维生素 C 含量 19.0 毫克/100 克鲜薯。

产量表现:2007—2008 年参加山西省中晚熟马铃薯品种区域试验,2 年平均亩产 1 416.8 千克,比对照"晋薯 14 号"(下同)增产 15.9%,试验点数 12 个,增产点 12 个,增产点率 100.0%;2007 年平均亩产 1 409.9 千克,比对照增产 8.5%;2008 年平均亩产 1 416.1 千克,比对照增产 15.9%;2008 年生产试验,平均亩产 1 192.3 千克,比对照"晋薯 14 号"增产 12.8%。

栽培要点:5 月上、中旬播种为宜,9 月底至 10 月初收获。播前催芽,亩留苗 3 500~4 000 株。该品种对肥力要求较高,播前应施足底肥。加强田间管理,适时追肥、灌溉和除草培土。

适宜区域:山西马铃薯一季作区。

二、晋薯 16 号

审定编号:晋审薯 2006002。

选育单位:山西省农业科学院高寒区作物研究所。

品种来源:NL94014×9333-11。

特征特性:晚熟品种,出苗至成熟 120 天左右。该品种株型直立、分枝 3~6 个,生长势强,植株生长整齐,株高 70 厘米左右,茎秆粗壮,叶形细长,叶色深绿,花冠白色,开花少,天然结实少,浆果有种子。薯形长扁圆,黄皮白肉,芽眼深浅中等,匍匐茎短,结薯集中,单株结薯 4~5 块,大中薯率 85%左右。

品质分析:干物质含量 22.3%,维生素 C 含量 12.6 毫克/100 克鲜薯,粗蛋白质含量

2.35%,还原糖含量0.45%。块茎休眠期中等,耐贮藏,高抗晚疫病,抗退化、抗旱性较强,蒸煮食味优。

产量表现:2004—2005年参加山西省马铃薯区域试验,平均亩产1 866.7千克,比对照"晋薯14号"增产17.4%;2005年参加省生产试验,平均亩产1 640.7千克,比对照"晋薯14号"增产10.9%。

栽培要点:春耕时亩施农家肥1 000千克,播种前施足底肥,最好集中窝施。每亩播种密度3 000～3 500株;有灌水条件的地方在现蕾至开花期注意浇水施肥,亩施尿素15～20千克,同时加强田间管理,及时中耕、锄草、高培土。

适宜区域:山西省马铃薯一季作区

三、晋薯21号

审定编号:晋审薯2010003。

申报单位:山西省农业科学院高寒区作物研究所。

选育单位:山西省农业科学院高寒区作物研究所。

品种来源:K299/NSO,试验名称为"03-11-3"。

特征特性:中、晚熟种,出苗至成熟110天左右。株型直立,生长势较强,株高75～85厘米左右,分枝数3～5个,茎绿色,叶片深绿色,叶形细长,复叶较多,花冠紫色,天然结实少,浆果绿色,有种子。薯形圆形,薯皮光滑,黄皮白肉,芽眼深浅中等,结薯集中,单株结薯3～5块。大中薯率达85%。

品质分析:经农业部蔬菜品质监督检验测试中心检测,干物质含量19.2%、淀粉含量10.5%、还原糖含量0.13%、维生素C含量18.0毫克/100克鲜薯。

产量表现:2008—2009年参加山西省中、晚熟马铃薯品种区域试验,2年平均亩产1 394.3千克,比对照"晋薯14号"(下同)增产19.3%,试验点数13个,增产点13个,增产点率100.0%;2008年平均亩产1 477.9千克,比对照增产20.9%;2009年平均亩产1 310.7千克,比对照增产17.7%。2009年生产试验,平均亩产1 441.4千克,比对照增产16.6%。

栽培要点:播种前施足底肥,最好集中窝施,亩留苗3 000～3 500株。有灌水条件的地方,在现蕾开花期浇水并追施氮肥每亩用量为15～20千克,加强田间管理,及时中耕、锄草、分2次高培土以增加结薯层次。

适宜区域:山西省马铃薯一季作区。

四、晋早1号

审定编号:晋审薯2011001。

申报单位:山西省农业科学院高寒区作物研究所。

选育单位:山西省农业科学院高寒区作物研究所。

品种来源:1998年用75-6-6作母本,9333-10作父本杂交,定向选育而成,试验名称为"同早1号"。

特征特性:中、早熟,出苗到收获80天左右。株型直立,生长势强。株高60厘米,茎绿色,叶绿色,花白色。薯形圆,皮黄色且光滑,肉白色,芽眼较浅,结薯集中,单株结薯数3～4个,商品薯率88%。

品质分析:经农业部蔬菜品质监督检验测试中心(北京)检测,块茎干物质含量24.9%,淀粉含量15.6%,维生素C含量24.2毫克/100克鲜薯,还原糖含量0.21%,粗蛋白质含量2.34%。

产量表现:2008—2009年参加山西省马铃薯早熟组区域试验,2年平均亩产1 511.1千克,比对照"津引薯8号"(下同)增产16.8%,2年12个点次全部增产。其中,2008年平均亩产1 379.1千克,比对照增产16.7%;2009年平均亩产1 643.1千克,比对照增产16.9%。2010年参加山西省早熟组生产试验,平均亩产1 831.4千克,比对照增产9.4%,6个试点5点增产。

栽培要点:在播种前20天将种薯出窖,剔除病、烂薯后,在15~20℃的散射光条件下催成短壮芽;种植密度每亩4 000~4 500株;重施有机肥、增施磷、钾肥;田间管理以早为主,早除草、早浇水、早施肥、早中耕、高培土,一促到底;加强蚜虫及早疫病防治。

适宜区域:山西省马铃薯一季作区早熟栽培。

五、希森4号

审定编号:晋审薯2011002。

申报单位:乐陵希森马铃薯产业集团有限公司、山西省薯类脱毒中心。

选育单位:乐陵希森马铃薯产业集团有限公司、山西省薯类脱毒中心。

品种来源:荷兰vorita/父本9304混8。

特征特性:早熟,出苗到收获70天左右。株型直立,生长势较强。株高55厘米左右,茎绿色,叶绿色,花冠白色。薯形椭圆,薯皮黄色且光滑,薯肉黄色,芽眼浅,结薯集中,单株结薯数3~5个,商品薯率80%以上。

抗病鉴定:国家马铃薯工程技术研究中心接种鉴定表明,植株不抗晚疫病,抗马铃薯X病毒与Y病毒;田间表现轻感马铃薯卷叶病毒。

品质分析:块茎干物质含量21.4%,淀粉含量13.4%;还原糖含量0.4%;粗蛋白质含量2.2%;维生素C含量14.2毫克/100克鲜薯。

产量表现:2009—2010年参加山西省马铃薯早熟组区域试验,2年平均亩产1 917.1千克,比对照"津引薯8号"(下同)增产17.4%,2年12个点次全部增产。其中,2009年平均亩产1 752.9千克,比对照增产24.7%;2010年平均亩产2 081.2千克,比对照增产11.9%。2010年参加山西省早熟组生产试验,平均亩产1 892.3千克,比对照增产11.4%,6个试点全部增产。

栽培要点:选择土层深厚、土壤疏松肥沃、排灌良好的沙壤土或壤土;播种前催芽,种薯切块时充分利用顶芽优势,每一个切块重30~40克。适期播种,每亩种植密度5 000~5 500株。施用有机肥做基肥,化肥作种肥,化肥(马铃薯专用肥)每亩用量为50~75千克;及时中耕、培土,根据天气情况,及时防治晚疫病及其他病虫害。

适宜区域:山西省马铃薯一季作区早熟栽培。

六、大同里外黄

审定编号:晋审薯2013001。

选育单位:山西省农业科学院高寒区作物研究所。

品种来源:'9908-5'作母本,'9333-10'作父本,通过有性杂交、系统选育而成。

特征特性:中、晚熟品种,生育期110天左右。株型直立,生长势强。株高82厘米,茎绿色,叶绿色,花冠白色。薯形扁圆形,薯皮光滑,黄皮黄肉,芽眼深浅中等,结薯集中,单株结薯数4.4个,商品薯率80%以上。

抗病鉴定:植株田间抗花叶与卷叶病毒病,抗晚疫病,抗旱性强,蒸煮食味优。

品质分析:经农业部蔬菜品质监督检验测试中心(北京)品质分析检测,块茎干物质含量26%,淀粉含量19.1%,维生素C含量16.9毫克/100克鲜薯,粗蛋白含量2.26%。

亲本来源及选育过程:2004年用'9908-5'作母本,'9333-10'作父本,通过有性杂交、系统选育而成。父母本均是山西省农业科学院高寒区作物研究所杂交选育出的品系中间材料。2005年培育实生苗,选择单株,编号'05-44-1',2006年进入选种圃,2007年参加品系鉴定试验,2008—2010年进行品种比较试验,2011—2012年参加山西省马铃薯中晚熟组区域试验,2012年参加山西省马铃薯中晚熟组生产试验,2013年7月通过了山西省农作物品种审定委员会审定,定名为'大同里外黄'。

适宜区域:山西省马铃薯一季作区

七、同薯 28 号

审定编号:晋审薯2012001。

申报单位:山西省农业科学院高寒区作物研究所。

选育单位:山西省农业科学院高寒区作物研究所。

品种来源:大西洋/8777。

特征特性:中、晚熟,从出苗到收获110天左右。株型直立,生长势较强。株高80厘米左右,茎绿带紫色,茎秆粗壮,叶片较大、深绿色。花冠白色,开花繁茂性中等。薯块椭圆形,白皮白肉,皮较光滑,芽眼深浅中等,结薯集中。单株结薯数3～4个,商品薯率85%以上。

品质分析:农业部蔬菜品质监督检验测试中心(北京)检测,块茎干物质含量20.7%,淀粉含量12.8%,维生素C含量13.8毫克/100克鲜薯,还原糖含量0.38%,粗蛋白质含量2.10%。

产量表现:2008—2009年参加山西省马铃薯中、晚熟区区域试验,2年平均亩产1 342.5千克,比对照"晋薯14号"(下同)增产17.1%,试验点12个,全部增产。其中,2008年平均亩产1 439.6千克,比对照增产17.8%;2009年平均亩产1 245.4千克,比对照增产16.2%。2010年参加山西省中、晚熟区生产试验,平均亩产1 868.7千克,比对照增产23.6%,5个试点全部增产。

栽培要点:4月下旬至5月上旬播种为宜,播种前20天将种薯出窖,剔除病、烂薯后,在16～20℃的散射光条件下催成短壮芽。种植密度每亩3 000～3 500株。重施有机肥,增施磷、钾肥,在现蕾开花期浇水追施尿素每亩用量为10千克,及时中耕除草,加强田间管理,封垄前高培土,增加结薯层次,防止薯块外露变绿。

适宜区域:山西省马铃薯一季作区栽培。

八、晋薯 22 号

审定编号:晋审薯2012002。

申报单位:山西省农业科学院五寨农业试验站。

选育单位：山西省农业科学院五寨农业试验站。

品种来源：五薯1号/底西瑞。五薯1号来源于晋薯9号/燕子。试验名称为"0306-12"。

特征特性：中、晚熟，从出苗到收获110天左右。株型直立，生长势强。株高70～80厘米，茎色绿带褐，叶色深绿，花冠白色。薯块扁圆形，皮黄色，肉淡黄色，薯皮光滑、芽眼较浅，结薯集中，单株结薯3～4个，商品薯率86％。无裂薯和空心。

品质分析：农业部薯类产品质量监督检验测试中心（张家口）检测，干物质含量22.8％，淀粉含量16.7％，维生素C含量13.98毫克/100克鲜薯，还原糖含量0.4％。

产量表现：2010—2011年参加山西省马铃薯中、晚熟区区域试验，2年平均亩产1 989.3千克，比对照增产20.7％，试验点13个，12个点增产。其中，2010年平均亩产1 940.5千克，比对照"晋薯14号"增产32.5％；2011年平均亩产2 038.0千克，比对照"晋薯16号"增产15.2％；2011年参加山西省中晚熟区生产试验，平均亩产1 733.6千克，比对照"晋薯16号"增产20.5％，6个试点全部增产。

栽培要点：选择土层深厚、肥沃沙壤土或壤土；播种前晒种催芽，施足底肥，中、后期追肥培土，适时收获。

适宜区域：山西省马铃薯一季作区栽培。

九、希森3号

审定编号：晋审薯2012003。

申报单位：乐陵希森马铃薯产业集团有限公司。

选育单位：乐陵希森马铃薯产业集团有限公司。

品种来源：Favorita/K9304。

特征特性：早熟，出苗到收获75天左右。株型直立，株高60厘米左右，茎绿色。复叶大，叶缘波状，花冠淡紫色，不能天然结实。薯块长椭圆形，黄皮黄肉，表皮光滑，芽眼浅，结薯集中。

抗病鉴定：国家马铃薯工程技术研究中心抗性鉴定，植株抗马铃薯X病毒，对马铃薯Y病毒具有耐病性，不抗晚疫病。

品质分析：国家马铃薯工程技术研究中心品质分析，块茎干物质含量21.2％，淀粉含量13.1％，还原糖含量0.6％，粗蛋白质含量2.6％，维生素C含量16.6毫克/100克鲜薯。

产量表现：2010年参加山西省马铃薯早熟区区域试验，平均亩产2 281.6千克，比对照"津引薯8号"（下同）增产13.8％，5个试点，全部增产；2011年参加山西省早熟组生产试验，平均亩产1 432.5千克，比对照增产14.4％，5个试点全部增产。

栽培要点：选择土层深厚、土壤疏松肥沃、排灌良好、微酸性沙壤土或壤土。播种前催芽，种薯切块时充分利用顶芽优势，每一个切块重30～40克，切块用甲基托布津掺滑石粉拌种。适期早播，密度每亩4 500～5 000株。施用有机肥作基肥，马铃薯专用复合肥作种肥，参考用量每亩50～75千克。及时中耕、培土，及时防治晚疫病。

适宜区域：山西省马铃薯一季作区早熟栽培。

十、新大坪

审定编号：晋引薯2012001。

引种单位：山西省薯类脱毒中心。

选育单位:甘肃省定西市安定区农业技术推广服务中心等。

审定情况:2005 年甘肃省审定通过,审定编号甘审薯 2005004。

品种来源:该品种系甘肃省定西市安定区青岚乡大坪村农民冉珍 1996 年从他家承包地中种植的全省马铃薯区试中保留的一个参试品种。

特征特性:中、晚熟,出苗至收获生育期 110 天左右。株型半直立,分枝中等。株高 40～50 厘米,茎绿色,叶片肥大、墨绿色,花白色。薯块椭圆形,白皮白肉,表皮光滑,芽眼较浅且少。结薯集中,单株结薯 3～4 个,大中薯率 85％左右。

品质分析:甘肃省公告,鲜薯淀粉含量 20.19％,还原糖含量 0.16％,粗蛋白质含量 2.67％。

产量表现:2010—2011 年参加山西省马铃薯中晚熟区引种试验,2 年平均亩产 1 720.1 千克,比对照"晋薯 16 号"(下同)增产 15.8％,12 个点全部增产。其中,2010 年平均亩产 1 840.0 千克,比对照增产 21.0％;2011 年平均亩产 1 600.2 千克,比对照增产 11.2％。

栽培要点:4 月中、下旬播种。亩施农家肥 3 000～5 000 千克,尿素 17～20 千克,过磷酸钙 50～60 千克,硫酸钾 10～15 千克,其中,2/3 氮肥作底肥,其他肥料结合播种一次性施入。采取宽窄行种植,旱薄地每亩密度 2 500～3 000 株,水浇地每亩密度 4 500～5 000 株。注意防治病毒病、早疫病和晚疫病。当田间 80％茎叶枯黄萎蔫时割去地上茎叶,防止茎叶病害传到薯块,并运出田间,以便晒地促进薯皮老化。收获时轻拿轻放,尽量避免碰伤,6～7 天后收获。

适宜区域:山西省马铃薯一季作区栽培。

十一、青薯 9 号

审定编号:晋引薯 2014001。

申请单位:太原市种子管理站。

选育单位:青海省农林科学院生物技术研究所。

审定情况:2006 年青海省审定(青种合字第 0219 号)、2011 年国家品审会审定,国审薯:2011001。

特征特性:属晚熟品种,从出苗到成熟 120 天以上。株型直立,生长势强。株高 100 厘米左右,茎紫色,横断面三棱形,分枝多,着生部位较高,生长势强。叶较大、深绿色,茸毛较多,叶缘平展。聚伞花序,花冠浅红色,天然结实弱。结薯较集中,块茎椭圆形,表皮红色,有网纹,薯肉黄色,薯块横切面外缘有红色环状花纹。芽眼较浅,较整齐,单株结薯数平均 3～6 个,商品薯率 90％以上。

品质分析:青海省农林科学院分析测试中心品质分析结果,鲜薯淀粉含量 19.76％,干物质 25.72％,维生素 C 含量 23.03 毫克/100 克,还原糖 0.253％。

产量表现:2013 年参加山西省马铃薯中、晚熟组区域试验,平均亩产 2 434.0 千克,比对照"晋薯 16 号"增产 40.1％,6 个试点全部增产;2013 年进行生产试验,平均亩产 2 258.3 千克,比对照"晋薯 16 号"增产 43.8％,6 个试点全部增产。

栽培要点:秋深耕整地,亩施有机肥 2 000 千克,现蕾开花前亩追施氮肥 20 千克。播前选择优质、低代脱毒种薯。适宜播期为 4 月中旬至 5 月上旬,播种量每亩 100 千克左右,每亩种植密度 2 200～2 500 株。苗齐后除草松土,及时培土,在开花前后喷施磷酸二氢钾 2～3 次。在整个生育期发现病株,及时拔除,以防病害蔓延。

适宜区域：山西省马铃薯一季作区。

十二、晋薯 23 号

审定编号：晋审薯 2014001。

申请单位：山西省农业科学院高寒区作物研究所。

选育单位：山西省农业科学院高寒区作物研究所。

品种来源：03-26-5/04-1-20，试验名称为"2007-12-8"。

特征特性：属中、晚熟品种，从出苗至成熟 110 天左右。株型直立，生长势强，株高 60～70 厘米，茎秆较粗，分枝 3～5 个，叶片较小、绿色，花冠蓝紫色。薯形圆形，紫皮白肉，芽眼深浅中等。结薯集中，薯块大而整齐，商品薯率 82.08%。

品质分析：2011 年经农业部蔬菜品质监督检验测试中心品质分析，块茎干物质含量 23.5%，淀粉含量 14.4%，还原糖含量 0.15%，维生素 C 含量 12.7 毫克/100 克鲜薯，粗蛋白质含量 2.26%。

产量表现：2012—2013 年参加山西省马铃薯中、晚熟组区域试验，2 年平均亩产 1 959.7 千克，比对照"晋薯 16 号"（下同）增产 15.2%，试点 12 个，增产点 11 个，增产点率 91.6%。其中，2012 年平均亩产 1 986.6 千克，比对照增产 19.1%；2013 年平均亩产 1 932.9 千克，比对照增产 11.2%；2013 年参加山西省中、晚熟组生产试验，平均亩产 1 775.1 千克，比对照增产 13.0%，6 个试点全部增产。

栽培要点：适宜播期为 4 月下旬至 5 月上中旬，每亩种植密度 3 500 株。播种前施足底肥，亩施有机肥 2 000 千克、种肥 15～20 千克，最好集中窝肥。开花期浇水，亩追施氮肥 15 千克，及时中耕、锄草，加强田间管理。中后期分两次培土，培土高度要求达到 20 厘米以上，增加结薯层次，防止薯块外露变绿影响品质。

适宜区域：山西省马铃薯一季作区。

十三、晋薯 24 号

审定编号：晋审薯 2014002。

申请单位：山西省农业科学院高寒区作物研究所。

选育单位：山西省农业科学院高寒区作物研究所。

品种来源：004-5/G13，试验名称为"2004-4-14"。

特征特性：属晚熟品种，从出苗到成熟 115 天左右。株型直立，生长势强。株高 90 厘米，茎色紫带绿色，叶色深绿，花冠蓝色、花瓣有外重瓣。块茎圆形，黄皮白肉，薯皮光滑、芽眼较浅，单株结薯数 3～6 个，商品薯率 85%。

品质分析：2012 年经农业部蔬菜品质监督检验测试中心（北京）检测，块茎干物质含量 24.4%，淀粉含量 18%，维生素 C 含量 22.4 毫克/100 克，还原糖含量 0.6%，粗蛋白质含量 2.18%。

产量表现：2012—2013 年参加山西省马铃薯中、晚熟组区域试验，2 年平均亩产 2 043.7 千克，比对照"晋薯 16 号"（下同）增产 20.0%，12 个试点全部增产。其中，2012 年平均亩产 2 064.5 千克，比对照增产 23.8%；2013 年平均亩产 2 022.9 千克，比对照增产 16.4%；2013 年参加山西省中、晚熟组生产试验，平均亩产 1 821.5 千克，比对照增产 15.9%，6 个试点全部增产。

栽培要点:播前 20 天种薯出窖,在 16～20℃的散射光条件下催成短壮芽,4 月下旬至 5 月上旬及时播种,利用地膜覆盖可适时早播。每亩种植密度 3 000～3 500 株。施足底肥,增施磷钾肥,现蕾期结合浇水追施氮肥 10～20 千克。及时中耕、除草,培土在封垄前完成,使覆土厚度达到 20 厘米。结薯期间适时浇水,调节土温。

适宜区域:山西省马铃薯一季作区。

十四、晋薯 25 号

审定编号:晋审薯 2015001。

申请单位:山西农业科学院五寨农业试验站。

选育单位:山西农业科学院五寨农业试验站。

品种来源:晋薯 11 号/冀张薯 8 号,试验名称为"0503-18"。

特征特性:从出苗到成熟 105 天左右,中、晚熟品种。株型直立,生长势强,株高 70 厘米,茎浅紫色,叶绿色,花冠白色。薯块圆形,黄皮黄肉,薯皮光滑,芽眼深浅中等。结薯集中,单株结薯 5～6 个,特大薯有唇裂现象,商品薯率 86%,耐贮藏。

品质分析:2015 年农业部蔬菜品质监督检验测试中心(张家口)分析,块茎干物质含量 25.26%,淀粉含量 19.65%,维生素 C 含量 16.94 毫克/100 克鲜薯,还原糖含量 0.84%,粗蛋白质含量 2.05%,适用于淀粉加工、蒸食和鲜食。

产量表现:2012—2013 年参加山西省马铃薯中、晚熟区域试验,2 年平均亩产 1 878.6 千克,比对照"晋薯 16 号"(下同)增产 10.3%,试点 12 个,增产点 11 个,增产点率 91.7%。其中,2012 年平均亩产 1 896.7 千克,比对照增产 13.7%;2013 年平均亩产 1 860.6 千克,比对照增产 7.1%。2013 年生产试验,平均亩产 1 681.5 千克,比对照增产 7.0%,试点 6 个,增产点 5 个,增产点率 83.3%。

栽培要点:5 月上、中旬播种;亩留苗 3 500～4 000 株;现蕾开花期加强水肥管理,注意防止裂薯。

适宜区域:山西省马铃薯一季作区。

十五、紫花白

品种来源:紫花白由黑龙江省农科院马铃薯研究所于 1963 年选育而成,别名克新 1 号,东北白。

特征特性:中熟品种,生育天数 100 天左右。株型直立,分枝数中等,茎粗壮,叶片肥大,株高 70 厘米左右。花冠淡紫色,雄蕊黄绿色,花粉不育,雌蕊败育,不能天然结实和作杂交亲本。块茎椭圆形或圆形,淡黄皮、白肉,表皮光滑,块大而整齐,芽眼深度中等,块茎休眠期长,耐贮藏。

抗病鉴定:植株抗晚疫病,感病块茎,高抗环腐病,抗 PVY、P 升 RV。

品质分析:干物质含量 18.1%,淀粉含量 13%～14%,还原糖含量 0.52%,粗蛋白质含量 0.65%,维生素 C 含量 14.4 毫克/100 克。

产量表现:产量一般为 1 500 千克,高产可达 3 000 千克以上,增产潜力较大,抗旱性较强。

栽培要点:每亩种植适宜密度 3 500 株。生产上应采用脱毒种薯。应施足底肥,如底肥不足,在现蕾期结合培土进行追肥,有显著增产效果。

适宜区域:适应范围广,主要分布于黑龙江、吉林、辽宁、内蒙古、山西等省。

十六、晋薯 20 号

审定编号:晋审薯 2010002。

申报单位:山西省农业科学院高寒区作物研究所。

选育单位:山西省农业科学院高寒区作物研究所。

品种来源:晋薯 11 号/晋薯 7 号,试验名称为"同薯 27 号"。

特征特性:晚熟种,出苗至成熟 115～120 天。株型直立,生长势强,株高 65～80 厘米,茎绿色,较粗,单株主茎数 1～3 个,分枝中等,叶绿色,侧小叶 4 对,小叶椭圆形,顶小叶有齿连。花冠白色,柱头呈头状,雄蕊大、橙黄色,开花少,天然结实性少。薯形扁圆形,淡黄皮黄肉,皮较光滑,芽眼深浅中等,结薯集中,单株结薯数 3～5 个,商品薯率 85%以上。

品质分析:2009 年经农业部蔬菜品质监督检验测试中心(北京)检测,块茎干物质含量 20.2%,淀粉含量 12%,维生素 C 含量 14.4 毫克/100 克,还原糖含量 0.55%,粗蛋白质含量 1.76%。

产量表现:2008—2009 年参加山西省中、晚熟马铃薯品种区域试验,2 年平均亩产 1 666.9 千克,比对照"晋薯 14 号"(下同)增产 42.3%,试验点数 13 个,增产点 13 个,增产点率 100.0%;2008 年平均亩产 1 864.7 千克,比对照增产 52.6%;2009 年平均亩产 1 469.1 千克,比对照晋增产 31.9%;2009 年生产试验,平均亩产 1 452.2 千克,比对照增产 17.5%。

栽培要点:5 月中旬播种,9 月下旬收获。本品种顶端优势较强,播前必须做好催芽晒种工作。亩留苗 3 500 株左右,出苗后注意查苗、补苗。花蕾期加强水肥管理,能更好地发挥品种优势,获得高产。

适宜区域:山西省马铃薯一季作区。

十七、冀张薯 12 号

登记编号:GPD 马铃薯(2018)130004。

申请单位:张家口市农业科学院。

选育单位:张家口市农业科学院。

品种来源:大西洋×99-6-36。

特征特性:鲜食。该品种属中晚熟鲜薯食用型品种,出苗后生育期 96 天;株型直立,株高 66.7 厘米左右;主茎粗壮、主茎数 2.12 个,分枝少;茎、叶浅绿色,花冠浅紫色;天然结实中等,生长势较强;块茎长卵圆形,薯皮光滑,芽眼浅,浅黄皮浅黄肉;结薯浅而集中、单株结薯块数 5.35 个,商品薯率 86.98%;干物质含量 19.21%,粗蛋白质含量 3.25%、淀粉含量 15.52%、还原糖含量 0.25%、维生素 C 含量 18.9 毫克/100 克。

栽培要点:河北北部、内蒙古全部在 4 月底 5 月初播种,其他省(区)按当地晚熟品种的播期播种前 18～20 天将种薯提前出窖,以 10 厘米厚度平铺于暖室,18℃催芽 12 天左右,待芽基催至 0.5～0.7 厘米时转到室外晒种 8 天后开始切种。切刀用 4%的高锰酸钾消毒,切块大小 30～50 克,每个薯块有 1～2 个芽眼。每亩留苗密度 4 000～4 500 株。结合播种施足基肥,亩施优质农家肥 3 000 千克,混施马铃薯专用肥 50 千克。现蕾期追施复合肥 20 千克,盛花期追施硫酸钾 20 千克。50%幼苗顶土时闷锄一次,苗高 20 厘米时中耕一次,现蕾前结合培土中耕一次。主要防治马铃薯黑胫病、早疫病和晚疫病。可以用噻霉酮防治黑胫病。可以选择大生 80%可湿性粉剂、58%甲霜灵锰锌、53%金雷多米尔、50%烯酰吗啉可湿性粉剂、75%银法利等药剂交替使用防治早疫病和晚疫病,生育期共用药 3~5 次。

适宜区域:适宜河北北部、山西北部、陕西北部和内蒙古中部等华北一季作区种植。

注意事项:①优点:生长势强、高产、稳产;商品薯率高、食用品质优良;高抗早疫病、晚疫病及 PVX、PVS 病毒病。②缺点:结薯较浅,块茎易青头。③风险及防范措施:种植不当,容易造成块茎青头、薯块腐烂。应中耕培土,加强病害防治。

十八、中薯 17 号

审定编号:国审薯 2010001。

选育单位:中国农业科学院蔬菜花卉研究所。

审定情况:2010 年通过国家农作物品种审定委员会审定。

品种来源:881-19×中薯 6 号。

特征特性:中、晚熟鲜食品种,生育期 100 天左右。植株直立,株高 60 厘米左右,生长势强,分枝少,枝叶繁茂,茎红褐色,叶绿色,花冠白色,天然结实性差;块茎椭圆形,粉红皮淡黄肉,芽眼较浅;区试平均单株主茎数 2.3 个、结薯数 4 个,平均单薯重 208 克,商品薯率 85%。

抗病鉴定:经人工接种鉴定:植株高抗马铃薯 X 病毒病和 Y 病毒病,轻度感晚疫病。

品质分析:淀粉含量 11.5%,干物质含量 20.9%,还原糖含量 0.45%,粗蛋白质含量 2.3%,维生素 C 含量 15 毫克/100 克鲜薯。

产量表现:2008—2009 年参加中、晚熟华北组品种区域试验,2 年平均块茎亩产 2 231.0 千克,比对照"克新 1 号"增产 22.8%;2009 年生产试验,块茎亩产 2 090.0 千克,比对照"克新 1 号"增产 5.7%。

栽培要点:一般在 4 月下旬至 5 月上旬(10 厘米土层稳定通过 8℃)播种,播前一个月出窖、催芽、切块、晒种;该品种结薯较少,建议每亩种植密度 4 000 株以上,一般旱地采用平播平作、灌溉地块采用垄作方式种植;按当地生产水平适当增施有机肥,合理增施化肥;生育期间及时中耕、培土,有条件灌溉的要及时灌溉。5—7 月中、下旬至 8 月下旬及时防治晚疫病。

适宜区域:适宜在河北承德、山西北部、陕西榆林、内蒙古乌兰察布市及以上地区类似生态区种植。

申报单位:中国农业科学院蔬菜花卉研究所。

十九、中薯 18 号

审定编号:国审薯 2014001。

申报单位:中国农业科学院蔬菜花卉研究所。

选育单位:中国农业科学院蔬菜花卉研究所。

品种来源:C91.628×C93.154。

审定情况:2014 年通过国家农作物品种审定委员会审定。

特征特性：中、晚熟品种，生育期 100 天左右，株型直立，株高 60 厘米左右，生长势强，茎绿带褐色，叶深绿色，花冠紫色，花繁茂，无天然结实。结薯集中，薯块长扁圆形，皮色淡黄、肉色乳白，薯皮略麻，芽眼浅。商品薯率 74.9%。

抗病鉴定：高抗马铃薯 X 病毒病和马铃薯 Y 病毒病，中感晚疫病。

品质分析：淀粉含量 12.5%，干物质含量 20.5%，还原糖含量 0.55%，粗蛋白质含量 2.49%，维生素 C 含量 20.7 毫克/100 克。

产量表现：2008—2009 年参加内蒙古自治区马铃薯区域试验，平均亩产 1 993.4 千克，比对照"克新 1 号"增产 20%；2010 年参加内蒙古自治区马铃薯生产试验，平均亩产 2 248.4 千克，比对照"紫花白"增产 71.4%。

栽培要点：一般在 4 月下旬至 5 月上旬（10 厘米土层稳定通过 8℃）播种，播前一个月出窖、催芽、切块、晒种；每亩种植密度 3 500～4 000 株，一般旱地采用平播平作、灌溉地块采用垄作方式种植；按当地生产水平适当增施有机肥，合理增施化肥；生育期间及时中耕、培土，有条件灌溉的要及时灌溉；7 月中、下旬至 8 月下旬及时防治晚疫病。

适宜区域：适宜在华北、西北作区栽培。

二十、冀张薯 8 号

审定编号：国审薯 2006004。

品种来源：720087×X4.4（引自 CIP 杂交实生种子）。

审定情况：2006 年通过国家农作物品种审定委员会审定。

特征特性：中、晚熟品种，出苗后生育期 100 天左右。株型直立，株高 68.7 厘米，茎、叶绿色，单株主茎数 3.5 个，花冠白色，天然结实性中等，块茎椭圆形，淡黄皮、乳白肉，芽眼浅，薯皮光滑，单株结薯 5.2 个，商品薯率 75.8%。

抗病鉴定：高抗轻花叶病毒病，高抗重花叶病毒病，轻度至中度感晚疫病。

品质分析：维生素 C 含量 16.4 毫克/100 克鲜薯，淀粉含量 14.8%，干物质含量 23.2%，还原糖含量 0.28%，粗蛋白质含量 2.25%；蒸食品质优。

产量表现：2004—2005 年参加国家马铃薯中、晚熟华北组品种区域试验，块茎亩产分别为 1 775 千克和 2 094 千克，分别比对照紫花白增产 40.9% 和 37%，2 年平均亩产 1 935 千克，比对照"紫花白"增产 38.8%；2005 年生产试验，块茎亩产 1 388 千克，比对照"紫花白"增产 21.5%。

审定意见：该品种符合国家马铃薯品种审定标准，通过审定。属中、晚熟鲜食品种，高抗轻花叶病毒病，高抗重花叶病毒病，轻度至中度感晚疫病。

适宜区域：适宜在河北张家口和承德、山西大同和忻州、内蒙古呼和浩特和乌兰察布市、陕西榆林中、晚熟华北一作区种植。

二十一、费乌瑞它

登记编号：GPD 马铃薯（2018）150015。

选育单位：荷兰 ZPC 公司。

品种来源：ZPC50-35×ZPC55-37，系荷兰品种，1981 年农业部种子局从荷兰引入，原名为费乌瑞它（FAVORITA）。山东省农业科学院蔬菜花卉所引入山东栽培，取名"鲁引 1 号"；

1989 年天津市农业科学院蔬菜花卉所引入,取名"津引 8 号",又名"荷兰 15"(在费乌瑞它的基础上经优化筛选所产生的又一优秀品系)。

特征特性:属早熟马铃薯品种,生育期 65 天左右。植株生长势强,株型直立,分枝少,株高 65 厘米左右,茎带紫褐色网状花纹;叶绿色,复叶大、下垂,叶缘有轻微波状;花冠蓝紫色、较大,有浆果;块茎长椭圆形,皮淡黄色,肉鲜黄色,表皮光滑,块茎大而整齐,芽眼少而浅,结薯集中;块茎对光敏感。

抗病鉴定:植株抗 Y 病毒和卷叶病毒,对 A 病毒和癌肿病免疫。植株易感晚疫病。块茎感晚疫病和环腐病。轻感青枯病、退化快。

品质分析:鲜薯干物质含量 17.7%,淀粉含量 12.4%～14%,还原糖含量 0～3%,粗蛋白质含量 1.55%。

产量表现:产量高,亩产 2 000 千克,高产可达 3 000 千克以上。

栽培要点:①选地:选择土质疏松肥沃、排水条件良好、微酸沙壤土,整平粑细、蓄墒待播,与十字花科、茄科作物隔离种植。②播前处理:选优质种薯,于播前 20 天进行晒种催芽,严格剔除病烂薯。③播种:当 10 厘米地温稳定 7～8℃以上时即可播种。④播种密度:亩保苗 4 000～4 500 穴为宜。⑤平衡施肥:一般生产 1 000 千克马铃薯,需从土壤中吸取纯氮 5 千克,纯磷 2 千克,纯钾 11 千克。土壤肥力较高地区一般施肥水平为:马铃薯专用肥 23 千克＋33%硫酸钾 15 千克或磷酸二铵 8 千克＋尿素 4.5 千克＋33%硫酸钾 20.5 千克。⑥病虫害防治:及时防治马铃薯病虫害,加强病情测报,发现中心病株及时拔除,并进行全田喷药,一般用 25%瑞毒霉(甲霜灵)可湿性粉剂 500 倍液、58%瑞毒霉锰锌 500～600 倍液、60%甲霜铝铜(瑞毒铜)700 倍液均可,7～10 天喷一次,连续喷 2～3 次,药物交替使用效果更好。一定要注意晚疫病的防治,并及时培土,以防块茎变绿。适时收获,做到丰产丰收。

适宜区域:适宜在山西北部、河北承德、内蒙古乌兰察布市及以上地区类似生态区种植。

二十二、大西洋

审定编号:晋审薯 2008002。

申报单位:山西省农业种子总站。

引种单位:山西省农业种子总站。

品种来源:B5141-6(Lenape)×(Wauseon)。

大西洋马铃薯是从美国引进的品种,它是加工生产薯薯条等休闲食品的优质原料,1978 年由农业部和中国农科院引入中国,2 000 年引入山西省。在全国范围内,能够种马铃薯地方,都可以种植大西洋马铃薯。普通马铃薯芽眼多而且深,大西洋马铃薯表皮光滑,薯形圆、长势均匀、大小均匀,芽眼浅而少,只分布在它的上、下两端,切出片来形状统一好看,原料利用率高,具有很适合加工的外形特点。它的还原糖含量低,淀粉含量高,炸出薯片来相当白,颜色好,口感也好。

特征特性:中、晚熟品种,生育期 110 天左右。株型直立,植株分枝中等,株高 50 厘米左右,茎基部紫褐色,茎秆粗壮,生长势较强。叶深绿,复叶肥大,叶缘平展。花冠浅紫色,可天然结实。块茎介于圆形和长圆形之间,顶部平,淡黄色薯皮,白色薯肉,表皮有轻微网纹,芽眼浅,块茎大小中等而整齐,结薯集中。块茎休眠期中等,耐贮藏。食用品质优良,适合油炸薯片。

抗病鉴定:植株不抗晚疫病,对马铃薯轻花叶病毒 PVX 免疫,较抗卷叶病毒病和网状坏死病毒,感束顶病、环腐病,在干旱季节薯肉有时会产生褐色斑点。

品质分析:鲜薯淀粉含量15%～17.9%,还原糖含量0.03%～0.15%。

产量表现:2003年在朔州市的右玉、平鲁等地进行大面积示范,平均亩产1 497.4千克。

栽培要点:每亩密度4 500株左右。沙壤土种植,生长期不能缺水缺肥,并做好晚疫病的防治和使用优质脱毒种薯。

适宜区域:山西省北部一季作区高肥水地。

二十三、同薯20号

审定编号:国审薯2005001。

审定情况:2005年通过国家农作物品种审定委员会审定。

品种来源:山西省农科院高寒区作物研究所选育。

特征特性:中、晚熟种,出苗到成熟100～110天。块茎圆形,黄皮黄肉,薯皮光滑,芽眼深浅中等,芽眉弧形、不明显。结薯集中,单株结薯数4.7个。生长势强,抗旱耐瘠。块茎膨大快,产量潜力大;薯块大而整齐,商品薯率60.8%～73.0%,商品性好,耐贮藏,蒸食菜食品质兼优。

抗病鉴定:中抗PVX和PVY,抗环腐病和黑胫病,植株轻感晚疫病。重度感晚疫病。

品质分析:干物质含量24.0%,淀粉含量16.7%,鲜薯还原糖含量0.50%,粗蛋白含量1.9%,维生素C含量18.4毫克/100克鲜薯。

适宜地区:本品种适宜范围广,在华北(山西的大同、各一季作区)均可种植。

二十四、夏波蒂(Shepody)

品种来源:1980年加拿大育成,1987年从美国引进我国。

特征特性:本品种属中熟晚种,从播种到成熟110天左右。茎绿粗壮,多分枝,株型开张,株高60～80厘米叶片卵圆形交替覆盖且密集较大,浅绿色;花浅紫色(有的株系为白花),花瓣尖端伴有白色,开花较早,多花且顶花生长,花期较长;结薯较早且集中,薯块倾斜向上生长;块茎长椭圆形,一般长10厘米以上,大的超过20厘米,白皮白肉,表皮光滑,芽眼极浅。大薯率(超过280克的比率)高。薯块中淀粉含量16.26%,块茎干物质含量19%～23%,还原糖0.2%,商品率80%～85%。

夏波蒂对栽培条件要求严格,不抗旱、不抗涝,对涝特别敏感。喜通透性强的沙壤土,喜肥水。退化快,对早疫病、晚疫病、疮痂病敏感,易感PVX、PVY病毒,块茎感病率高。

产量表现:产量水平随生产条件的差异变幅较大,每亩产1 500～3 000千克。主要用于炸条,在目前国内马铃薯炸片品种不能满足市场需要的情况下,中、小薯块也可作炸片替代品种。

适宜区域:山西省北部一季作区高肥水地。

二十五、同薯23号

登记编号:GPD马铃薯(2018)140063。

申报单位:山西省农业科学院高寒区作物研究所。

选育单位:山西省农业科学院高寒区作物研究所,王春珍、李荫藩、陈云、岳新丽、王娟、张翔宇。

品种来源:{8029-[S2-26-13-(3)]×NS78-4}×HL-7。

特征特性:鲜食。属中晚熟品种,从出苗至成熟 106 天左右。株型直立,株高 60～80 厘米,茎秆粗壮,分枝较少,花冠白色,能天然结实。块茎短卵圆形,黄皮浅黄肉,薯皮光滑。薯块大而整齐,耐贮藏,商品薯率 86.6%。

栽培要点:一季作区在 4 月下旬至 5 月上旬播种为宜,亩种植密度一般为 3 000～3 500 株,应依地力而定。播种前施足底肥,最好集中窝施,配合施用一定数量的磷、钾复合肥,可显著提高产量和品质,有灌溉条件的地方,在现蕾开花期注意浇水,肥力较低的地块施氮肥可增加产量 10% 以上。加强田间管理,封拢前高培土。

适宜区域:河北、山西、陕西北部、内蒙古中部等中、晚熟华北马铃薯产区种植。

注意事项:①缺点:芽眼深。②晚疫病防治措施:适期早播,促进植株健壮生长,增强抗病能力。改平作为起垄种植,合理密植,有效改善田间小气候,增强通风透光性。中耕培土 2～3 次,避免块茎裸露,减少游动孢子囊对块茎的侵染。

二十六、中薯 8 号

审定编号:晋引薯 2011001。

申报单位:山西省薯类脱毒中心。

选育单位:中国农业科学院蔬菜花卉研究所。

审定情况:2006 年国家审定(国审薯 2006002)。

品种来源:母本"W953",父本"FL475"。

特征特性:早熟,出苗至收获 63 天左右。株型直立,植株生长势强,株高 56 厘米,分枝少,枝叶繁茂,茎与叶均绿色、复叶大,叶缘微波浪状,花冠白色,块茎长圆形,淡黄皮、淡黄肉,薯皮光滑,芽眼浅,匍匐茎短,结薯集中,薯块大而整齐,商品率 77.7%。

品质分析:块茎干物质含量 18.3%,淀粉含量 12.2%,维生素 C 含量 19 毫克/100 克鲜薯,还原糖含量 0.41%,粗蛋白质含量 2.02%。

产量表现:2009—2010 年参加山西省马铃薯早熟组引种试验,2 年平均亩产 1 636.8 千克,比对照"津引薯 8 号"(下同)增产 4.6%,2 年 11 个点次,9 点增产 9 个。其中,2009 年平均亩产 1 524.0 千克,比对照增产 4.8%;2010 年平均亩产 1 749.7 千克,比对照增产 4.6%。

栽培要点:春季平播行距 60～70 厘米,株距 20～25 厘米,每亩密度 4 500～5 000 株;选择土质疏松、灌排方便的地块播种,忌连作,禁止与其他茄科作物轮作;施足基肥,出苗后加强前期管理;及时除草、中耕和高培土,促使早发棵、早结薯;结薯期和薯块膨大期及时灌溉,但要防止因施肥浇水过多而徒长;收获前一周停止灌水,以利于收获贮存。由于该品种易感二十八星瓢虫,生产上要及早预防。

适宜区域:山西省马铃薯一季作区早熟栽培。

二十七、希森 6 号

登记编号:GPD 马铃薯(2017)370005。

申报单位:乐陵希森马铃薯产业集团有限公司。

选育单位:乐陵希森马铃薯产业集团有限公司。

品种来源：Shepody × XS9304。

特征特性：鲜食、炸片炸条。希森6号，中熟薯条加工及鲜食品种，该品种生育期90天左右，株高60～70厘米，株型直立，生长势强。茎色绿色，叶色绿色，花冠白色，天然结实性少，匍匐茎中等。薯形长椭圆形，黄皮黄肉，薯皮光滑，芽眼浅，结薯集中，耐储藏。

栽培要点：播前一个月出窖，催芽，晒种，10厘米土层稳定通过8℃播种。采用垄作点播方式种植，每亩种植密度保持在3 500～4 000株。施用有机肥作基肥，马铃薯专用复合肥作种肥，每亩参考用量50～75千克，选择土层深厚，土壤疏松肥沃，排灌良好、微酸性沙壤土或壤土。适时中耕培土，根据天气情况，及时防治晚疫病及其他病虫害。生育期间保证二铲三趟及时培土，有条件灌溉的要及时灌溉。

适宜区域：华北一季作区，中原二季作区保护地栽培。

注意事项：①主要优点：高产，表皮光滑，芽眼浅，适合鲜食及炸条加工。②主要缺点：不抗晚疫病。③防范措施：做好晚疫病预测预报，及时进行药剂防治。

第二节　栽培技术

马铃薯是大同市主要的粮菜兼用型作物，其种植主要分布在大同市的丘陵山区和平川旱作区。搞好马铃薯生产，做大、做强马铃薯产业对当地农民增收和农村经济发展有着极其重要的作用。

一、科学选用马铃薯优良品种

选用适宜种植的马铃薯优良品种是优质高产、高效生产的根本前提。好的品种在适宜的自然条件和栽培措施下能将自身的优良特性得到充分表现，有效地抵御不利因素的影响，最大限度地发挥产量潜力。生产实践证明，在同等栽培条件下，优良品种比一般品种增产30%以上。

大同市现有品种中，马铃薯品种从熟性上一般可分为早熟、中晚熟、晚熟。早熟从出苗到地上茎叶自然枯萎变黄的天数一般在75天以内；中晚熟从出苗到地上茎叶自然枯萎变黄的天数76～110天；晚熟从出苗到地上茎叶自然枯萎变黄的天数110天以上。

(一)科学选用优良品种

因地制宜选择优良品种是一项经济有效的增产措施。当生产条件具备后，正确选择品种是非常重要的，可起到事半功倍的作用，为顺利生产、达到预期目的奠定良好基础。不同品种都是在特定条件下针对不同需求选育的，对自然生态条件和栽培管理措施的要求都不尽相同，其优良特性均受遗传控制，只有当生产条件能很好地满足品种生长发育的要求，才能充分发挥品种的增产潜力和经济价值。所以，选用品种要根据生产目的因地制宜进行。

优良品种的选用优先要考虑品种的成熟期，再者要考虑品种的专用性和用途。不同地区应该如何选择适合的品种？首先，考虑品种的特性如成熟期等，选择适应当地的栽培气候条件的品种；其次，考虑品种的专用性和用途，根据市场需求，选择适宜的品种。在引进新品种时，应通过区域试验和生产试验。

1. 根据生产区域选用适宜品种

大同市属北方一季作区品种类型 大部分地区地理纬度和海拔都较高,气候冷凉,年平均温度-4~10℃,无霜期比较短,为110~150天,年降水量200~600毫升,马铃薯结薯期正值7—9月份雨季,光照充足,昼夜温差大,非常利于块茎形成和膨大,干物质积累多,产品品质好,是我国的主产区。马铃薯生产多在5—9月份进行,基本上实行一年一季作栽培,种植中晚熟或晚熟品种产量高,增产潜力大;冬贮时间长达7~8个月,可有效地保障市场供应。

近年来,随着市场的需求,春季早熟品种栽培面积也增加很快。但自然灾害频繁,尤其是春季低温干旱对播种出苗及幼苗生长带来不利影响。依年份不同,主要有晚疫病、环腐病、黑胫病、软腐病等病害发生。根据这些特点,要求马铃薯品种对自然条件有较强的适应性,抗病、高产、优质,适合多种用途的早熟、中晚熟和晚熟专用品种,要求品种抗旱性强,耐瘠薄,抗晚疫病等主要病害,对PLRV、PVX、PVY、PVS等病毒病具有单抗和多抗性,要求块茎休眠期长,耐贮藏。

2. 根据生产目的和用途选用适宜品种

当今,随着人们生活水平的提高和改善,马铃薯的消费也随之呈现出多层次、多用途发展趋势,极大地促进了产业化的发展。作为种植者,必须根据市场需求确定生产目的,以便充分发挥当地自然资源优势,谋取最大的经济效益。

3. 马铃薯品种类型

从用途上一般分为鲜食、淀粉加工、全粉加工、炸片加工、炸条加工和烧烤等类型。马铃薯品种用途类型有如下标准要求。

(1)鲜食专用型品种 它包括早熟鲜食出口型品种和中晚熟、晚熟高产鲜食型品种。

①早熟鲜食出口型品种要求品种植株较矮、分枝少、封顶早、叶片大,地下部块茎形成早、膨大快、结薯集中,块茎较大,大中薯率高达75%以上,单株结薯4~7个;薯形好,圆形或椭圆形、芽眼浅、芽眼少、表皮光滑,黄皮黄肉,适合进口国食用习惯;作蔬菜鲜食品质优良,干物质含量中等15%~17%,淀粉含量13%~15%,维生素C含量高于25毫克/100克鲜薯,粗蛋白质含量2%以上;炒食和蒸煮风味、口感好;休眠期短,耐贮运,符合出口标准,能满足早收、耐低温和出口菜用的需求。

③中晚熟、晚熟高产鲜食型品种是大同市主要栽培类型,大多分布在高寒丘陵山区,易遭受春旱影响。因此,应选择具有高产、稳产、优质、成熟期适当、抗性强、适应性广等特点的品种。具体表现在丰产性强、抗逆性强、适应性广、品质优良、商品性好、薯形美观、薯皮薯肉颜色适应市场需求或有其他特殊优点的适合粮菜兼用、符合市场需要的中、晚熟或晚熟品种。

(2)淀粉加工专用型品种 在满足抗病高产的基础上,要求品种具有较高的淀粉含量18%以上,最低在17%,而且单产不能低于当地一般品种。淀粉含量越高,越能提高加工效率。在淀粉提取率90%的条件下,品种淀粉含量每增加1%,生产1吨淀粉产品可减少原料用量353千克,还可节省加工成本和减轻对环境造成的不利影响。同时要求块茎表皮光滑,芽眼浅,便于清洗去皮;耐贮藏,可延长加工期,提高设备利用率。一般高淀粉品种的块茎都比较小,产量低。

(3)食品加工专用型品种 它包括油炸薯片、油炸薯条、全粉加工品种。马铃薯食品加工对原料薯有特殊的要求。要求块茎的薯皮为乳白色或黄棕色,薯肉白色或乳白色,粉质型。块茎表皮薄而光滑,芽眼少而浅,容易去皮,对光不敏感,不容易变绿;干物质含量高,还原糖含量低,茄碱含量低于 0.02%,食味好;块茎不空心,不易受温、湿度影响而发生畸形,各种内外缺陷的总和不超过 10%~15%;块茎整齐规则,商品率高;对病虫害的抗性强,自然适应性强,块茎抗或轻感晚疫病;品种具有抗低温糖化的特性,休眠期长,耐贮存。

①油炸薯条加工专用型品种要求薯块形态为长椭圆形或长圆形,长度在 6 厘米以上,直径不小于 3 厘米,重量在 200 克以上,白皮白肉或褐皮白肉。干物质含量 20%~24%,比重介于 1.081 5~1.1 之间,淀粉粒结晶状,分布均匀。还原糖含量小于 0.3%。商品率达 90%以上,平均单株产量高于 0.5 千克。中熟或晚熟,耐低温贮藏。

②油炸薯片加工专用型品种要求薯块为圆球形或近似圆形,结薯集中,大小中等、均匀,直径在 4~10 厘米范围内,最好在 5~8 厘米,50~150 克,超过 150 克的块茎最好少一些;白皮白肉或褐皮白肉;干物质含量适中,在 20%~25%,淀粉分布均匀,比重为 1.08,还原糖含量 0.25%以下为宜,最好在 0.1%,上限不超过 0.3%。块茎商品率达 80%,平均单株产量0.5 千克以上。中熟或晚熟,耐低温贮藏。

③马铃薯全粉是新鲜块茎的脱水制品,它包含了除薯皮以外的全部干物质,复水后具有新鲜马铃薯的营养、风味和口感。因此,全粉加工专用型品种要求块茎芽眼浅而薄,便于去皮,营养丰富,食味好,耐低温贮藏。为保证良好的风味和色泽,要求还原糖含量小于 0.25%,比重在 1.085 以上,干物质含量高。其干物质含量越高越有利于节省原料,降低成本,使质量稳定一致。若品种干物质含量提高 1 个百分点,加工原料用量则可下降 6%~7%。现在生产上大多选用油炸食品加工型品种。由于大西洋、夏波蒂两品种生产量有限,目前主要用于炸薯片、条,淘汰的小薯或大薯生产全粉。

(4)特色马铃薯品种　特色马铃薯指带有颜色或块茎体积较小或形状特殊的品种,相对普通马铃薯品种而言,它主要取决于市场。我国的特色品种大多薯肉带有颜色,如红色、紫色、杂色等。根据营养学解释,带颜色的马铃薯营养价值更高,味道更美。因为黄色或橙色含有大量类胡萝卜素,红色和紫色则是由花青苷产生的,这些色素都是抗氧化剂。抗氧化剂可以起到清除人体自由基,提高人体免疫功能的作用,有助于防治某些癌症、心血管疾病和老年性眼睛失明,因此,人们对上述 2 种色素非常感兴趣。特色马铃薯既可鲜食作沙拉及凉拌拼盘的点缀,也可进行特色食品加工,做色彩鲜艳的薯片,还可作为提取花青素的原料。

(二)大同市现在生产上种植的主要品种

1. 鲜薯食用和鲜薯出口品种

(1)早熟品种　费乌瑞它(Favorita)、希森 3 号、中薯 8 号等;

(2)中晚熟品种　紫花白、晋早 1 号、晋薯 19 号、大同里外黄、晋薯 21 号、晋薯 22 号、晋薯 23 号、同薯 20 号、同薯 23 号、同薯 28 号、中薯 17 号和冀张薯 8 号等

(3)晚熟品种　晋薯 16 号、青薯 9 号、晋薯 7 号、晋薯 20 号、晋薯 24 号等。

2. 淀粉加工品种

晋薯 7 号等。

3. 油炸食品加工

炸片品种大西洋(Atlantic),炸条品种夏波蒂(Shepody)。

二、大力推广种植脱毒马铃薯

大力推广种植脱毒马铃薯是发展马铃薯产业增加农民收入的根本前提。

(一)马铃薯的脱毒机理及增产原因

马铃薯营养丰富,生育期短,产量高,经济效益大,是一种深受人们喜爱的经济作物。但在生产上,马铃薯经过多代种植后极易感染多种病毒,如轻型花叶病毒、条斑花叶病毒、皱缩花叶病毒,卷叶病毒等。病毒侵入马铃薯植株后,即参与马铃薯的新陈代谢,利用马铃薯的营养复制增殖病毒,并通过马铃薯块茎逐代积累,使马铃薯植株矮化,茎秆细弱,叶片失绿、卷曲或皱缩,薯块变小或畸形而减产30%～50%,重病田可减产80%,个别地块甚至绝产。目前尚没有任何药剂能不伤害马铃薯,只杀死其植株体内的病毒,唯一的方法是利用马铃薯茎尖组织培养脱除病毒,获得脱毒植株和种薯。所以,必须大力推广种植脱毒马铃薯,才能进一步促进马铃薯产业发展,提高农民收入。

1.马铃薯的脱毒处理

马铃薯可利用茎尖组织培养获得脱毒组培苗。茎尖组织细胞分裂速度快,远远超过病毒增殖,这种速度之差形成了茎尖的无病毒区。同时茎尖细胞代谢旺盛,在对合成核酸分子的前体竞争方面占优势,病毒难以获得复制自己的原料。另外,茎尖分生组织内或培养基内某些成分能抑制病毒增殖。所以,利用茎尖组织培养可获得脱毒苗,再由脱毒苗在防虫网室和温室条件下,生产出不带马铃薯病毒及其他病虫害的马铃薯脱毒种薯,也就是马铃薯脱毒原原种微型薯。

2.马铃薯增产原因

马铃薯脱毒后,恢复了正常的代谢活动,充分发挥了原有的增产潜力,比未脱毒增产50%左右,高的可成倍增产。表现为出苗早2～4天,植株健壮,叶片肥大浓绿,光合效率高,单株结薯数增加50%～70%,单薯重增加50%,根系发达,吸收矿质营养的能力强,抗高温、干旱的能力较强。

马铃薯品种经脱毒后,产量大幅度提高,品质也有所改善,但品种对病毒的抗性并未增加。因此,脱毒对防治病毒病害来说,并非是一劳永逸的。在马铃薯生产和繁种过程,如不注意防止病毒的再度感染,产量则会逐年递减。一般情况下,大部分脱毒品种连续种植2～3年仍能保持较高产量,但随着种植年代的增加病毒在植株体内积累达到较高浓度,植株表现明显的退化症状,几乎与脱毒前相近。因此,在马铃薯生产上既要注意以2年为一周期更换新的脱毒种苗,又要采取轮作换茬、土壤消毒等多种方式,减少病毒在植株内的积累,减缓脱毒品种的退化进程。

建立健全马铃薯脱毒种薯繁育体系,实行马铃薯微型薯(原种)、原种、一级种薯三级繁育生产体系,确保马铃薯脱毒种薯质量可靠,满足大田生产需求。

(二)脱毒马铃薯高产栽培技术

与普通马铃薯相比,脱毒品种的唯一本质区别是其体内病毒少,病毒病害发生轻或不发生,并没有什么神秘之处。所以,在高产栽培技术方面,脱毒品种与普通品种基本相同。但其生长强势,要充分发挥增产作用,再生产上应注意以下几点。

1.选地选茬

选择中等肥力以上的沙壤土或壤土,且地势较高,能旱浇、涝排,3 年内未种植过马铃薯的地块种植马铃薯。忌连作及前茬种植茄科作物的地块,以免传播病毒。马铃薯与水稻、玉米、小麦等作物轮作,增产效果较好。

2.种薯切块、浸种、催芽、包衣

切块能节约薯种,降低成本;浸种、催芽可促使马铃薯出苗整齐,延长生育期。播种前20 天将脱毒种薯切块。切块前浓度 3％的高锰酸钾溶液消毒刀具,然后将薯块纵切破开顶部,使切块尽量带有顶芽,以充分发挥顶芽生长强势的优势,每切块约 25 克(半两左右)。

切块后可采用高巧等类型种衣剂拌种,能够很好地控制地上、地下害虫,提高马铃薯抗逆能力增加产量。也可用膨大素 10 毫升对水 30 千克处理或用浓度为 0.5～1 毫克/千克的赤霉素药液浸种 10 分钟,捞出晾干。待切块的刀口愈合后,将其放于 15～20℃黑暗条件下催芽,当芽长 0.5～2 厘米时,将切块置于见光处练芽,以免播种时伤芽。

3.适时播种,实现一播全苗

马铃薯播种期以当地终霜期前 30 天左右为宜,确保在终霜后齐苗。当 10 厘米地温达到7～8℃为播种期,每迟播 5 天,减产 10％～20％。播种量每亩 120～150 千克,播种深度 6～8 厘米,种植密度每亩 4 000～6 000 株,比普通马铃薯稍稀。

4.合理施肥

脱毒马铃薯生长繁茂,应控制氮肥施用量,以免引起徒长。马铃薯是喜钾作物,生产1 000 千克块茎,需从土壤中吸收纯氮(N)5 千克,五氧化二磷(P_2O_5)2 千克,氧化钾(K_2O)11 千克,三者比例 1∶0.5∶2。一般每亩施用 2 000～3 000 千克有机肥作基肥,播种时施40～50 千克复合肥和 20 千克硫酸钾作种肥。追肥一般 2 次,出苗后 1 个月综合中耕培土追1 次,每亩施用尿素 10 千克,薯块膨大期追施 1 次,每亩施用复合肥 15 千克。马铃薯生育期短,肥沃地、高产田可不追施氮肥。

5.病虫防治

马铃薯脱毒后,可减少由病毒引起的病害,但对于非病毒病害,如晚疫病、青枯病、环腐病、疮痂病、癌肿病等和害虫如蚜虫、蛴螬、蝼蛄等的危害,仍需加以防治,不可麻痹大意。脱毒马铃薯主要病害为晚疫病,在雨水偏多和植株花期前后发生严重,应及早用 25％的"瑞毒霉"或"甲霜灵"800 倍液喷雾。防治害虫,可在蚜虫发生初期用 2.5％溴氰菊酯加水 2 500 倍喷雾;防治蛴螬、蝼蛄,可用 90％的晶体敌百虫 500 克加水溶解喷于 35 千克细土上撒施于沟内。

6.化控

马铃薯脱毒后,新陈代谢旺盛,生长加快,开花期易出现徒长现象。可喷施 1～2 次多效唑,以控制植株的营养生长,促使光合产物向地下块茎运转,起到增产的作用(增产幅度可达10％以上)。喷施浓度掌握在 100～150 毫克/千克,第一次浓度要小,第二次加大。

7.收获贮存

及时收获,留种田应提前 5～7 天收获,以提高种性。收后摊晾 2～3 小时,商品薯可放在低温阴凉黑暗处进行短期贮存。贮存期间避免阳光直晒,导致表皮变绿,龙葵素含量增加,对人畜造成毒害。

三、马铃薯地膜覆盖栽培技术

马铃薯地膜覆盖栽培技术的主要作用在于提高地温,减少土壤水分蒸发,促进早出苗、出全苗和早发苗,对于解决冬春低温干旱问题,增加产量的效果十分显著。可适时提早播种10天左右,提早收获10～15天,提高大中薯率20％左右,增产20％以上。

(一)播种

结合耕地施足基肥,多施有机肥,早熟栽培将所需肥料全部施入。播前适当浇水增加底墒。作畦主要采用一垅双行、宽窄行种植方式。早熟品种垅距80厘米,垅高15～20厘米,株距25厘米,窄行距30厘米或一垅单行种植,行距50～60厘米。采取催大芽播种方式,适当提早播种,以出齐苗后不受冻为宜。采用先播种后覆膜再放苗或先覆膜再打孔播种两种方式,播种深度8厘米左右。

(二)除草

地膜覆盖因无法除杂草而容易出现草害,为此,盖种后可喷施适宜的除草剂。常用的除草剂有乙草胺、氟乐灵、都尔等。每亩选用50％乙草胺130～180毫升;或48％的氟乐灵100～150毫升或72％都尔120～130毫升药液,分别对水30～40千克,均匀喷洒畦面。配制药液时一定要严格掌握浓度,以免发生药害。

(三)栽培管理

出苗后,应视天气状况及时破膜放苗,同时用土将膜孔封严实。否则,会引起幼苗"烫"伤,尤其是喷施除草剂的地块更应注意及时放苗。栽培管理的重点是前期壮苗,中期控制徒长,后期防止早衰。苗期如不缺水,则不进行灌溉,现蕾结薯应保证水分充足供给。早熟品种一般不用追肥,可于现蕾开花期培土,若底肥不足则应及早追施;中晚熟、晚熟品种生长期较长,进入现蕾结薯期,地膜已失去主要作用,应视天气情况及时揭除,进行中耕培土,以降低土壤温度,增加土壤透气性和接受雨水的能力,为块茎膨大创造良好的土壤条件,并且可提高块茎的贮藏性,减少烂薯。控制徒长可于始花初期喷施生长抑制剂。

四、马铃薯机械化栽培技术

马铃薯种植主要分布在大同市丘陵山区和平川旱作区。近年来,随着市场需求量的不断增加,在大同市各县、区种植面积逐步扩大。马铃薯机械化种植技术是马铃薯规模化、标准化生产的前提,这是一项集开沟、施肥、播种、镇压、覆土、喷灌和收获等作业于一体的综合机械化种植方式。机械化播种、喷灌及收获技术是马铃薯产业发展的必然趋势。

马铃薯机械化种植技术,一是具有保墒、省工、节种、节肥和播种深浅一致等优点,可有效降低人工作业成本,提高生产效率;二是可实现马铃薯规模化种植,发挥规模化效益;三是有利于广泛应用种子包衣、地膜覆盖、高垄栽培技术,实现马铃薯增产增收。近几年,马铃薯高产创建示范显示,应用马铃薯机械化综合配套技术,马铃薯平均亩产在2 000千克左右,比传统的种植模式增产20％左右,亩增收300元左右。目前,大同市马铃薯机械化种植面积和高产创建示范面积逐年增加。

(一)播种

采用机械化播种,不仅提高了播种质量,降低了劳动强度,而且为马铃薯中耕和收获等作业机械化提供了条件。

1.马铃薯机械播种作业的技术要求

(1)深耕保墒　由于春季播种马铃薯的土壤墒情大多是靠上一年秋耕后贮存的水分和冬季积雪融化的水分形成的,针对这一特点在每年秋耕时,要注意深耕,加强土壤蓄水保墒能力,秋季整地作业要一次完成,第2年春季只需开沟播种,不必耕地耙平,这样可减少土壤水分损失,有利于播后幼芽早发和苗期生长。

(2)采用复试作业　由于春季用机械一次性完成开沟、播种和施肥等作业,避免或降低了因天旱、风大而造成的土壤水分蒸发及人工施肥造成的肥效损失,保证幼苗出土时,有足够的水分和养分。

(3)适时播种　适时播种是马铃薯获得高产的重要环节,适时是指土壤10厘米深处地温达到7～8℃时进行播种。在大面积播种期间仅靠人畜力是难以完成的。因为过早或过晚,种薯都不能正常发芽,造成严重的缺苗断垄现象,影响产量,因此,必须依靠高效率的机械化播种技术才能适时播种,保证全苗和实现高产。

(4)播种深度　大同市马铃薯种植大多采用垄作和平作2种方式。垄作能提高地温、促进早熟、抗涝、便于中耕和灌溉,更有利于机械作业,对采用机械化收获的地区宜适当浅播。马铃薯平作时,播深为10～15厘米。具体播深可根据土壤质地和气候条件而定,播后耙平结合镇后对保墒和幼苗早发更为有利。

(5)质量要求　播种深浅一致,不重播,不漏播,土壤细碎、覆盖均匀严实,起垄宽度适中,行距一致且直;平作地表平整。播种作业质量满足马铃薯的生长要求。

2.马铃薯机械化种植的几种形式

采用播种机播种,可将开沟、点芽块和覆土一次完成。播种深浅一致、出苗整齐、保墒效果好,能节本增效,适宜播期为4月下旬至5月上旬,每亩播种量100～125千克。

(1)"机械起高垄＋人工种植＋人工覆膜"形式　此种模式主要应用在有灌溉条件的地区,机械起垄高度为25～30厘米,每垄种植2行,亩产量高达3 500千克左右。

(2)机械化平作种植　利用机械一次性完成开沟、施肥、种植、覆土、镇压等多个工序(多在旱作区)。

(3)机械化起垄种植　机械一次性完成开沟、施肥、种植、起垄覆土、镇压等多个工序。①机械化宽行距均行起垄种植,如北京现代农业装2CM-1200型马铃薯种植机。②机械化宽窄行起垄种植,如甘肃临洮、酒泉铸垄、吴忠雄鹰、黑龙江绥化等厂生产的机型。③"机械化起垄＋覆膜种植"形式一次性完成开沟、施肥、种植、覆土、镇压、覆膜等多个工序,适合于干旱区域。

(二)田间管理

1.中耕

一般作业2次,第1次在出苗50％左右时进行,以促进幼苗的生长发育,第2次在苗高15～20厘米时进行,每次培土厚5厘米。

2.追肥

在第 2 次中耕时,追施尿素 6.67～10 千克/亩,中耕培垄时调好犁铲和犁铧角度、深度和宽度,做到不伤苗。

(三)机械收获

1.在收获前 10 天左右,先轧秧或割秧,使薯皮老化,以便在收获时减少损失,机械收获进地前要调整犁铲入土深浅,入土浅易伤薯块,且收不干净,入土深浪费劳动力,易丢薯。

2.采用 4UX-500 型侧输送等马铃薯挖掘机,配套动力 18～30 马力,作业效率 4.5 亩,挖净率≥98%,明薯率≥97%,伤薯率≤3%。

3.常用的收获机与拖拉机配套的单行或双行马铃薯收获机,作业速度 3～4 千米/小时,挖掘深度 20 厘米,挖掘出的薯块不被土埋,以便于人工捡拾干净。

(四)效益分析

①实施马铃薯全程机械化作业,农牧民收入明显增加,原人工播种需 60 元/亩,现机播需 25 元/亩,增收 35 元/亩;原人工收获费用 55 元/亩,现机收 30 元/亩,增收 25 元/亩;产量增加约 0.3 吨/亩,按 0.8 元/千克计,增收 240 元/亩,三项合计每亩增收约 300 元。

②使土地利用更合理,创造出更大的价值,提高土地产出率,形成农民增收新渠道。

③更利于推广使用高效、无残留、无污染、无公害农药,形成绿色产业和品牌效益。

五、马铃薯起垄高产栽培技术

马铃薯起垄高产栽培技术是以深松、深施肥和合理密植等技术集成的综合栽培措施。起垄栽培既抗旱又排涝,由于增加了行距,有利于通风透光;起垄种植使土壤疏松,有利于马铃薯块茎的膨大。

起垄高产栽培技术一般比平作增产 15%,商品率增加 20%。其步骤为:①平地开沟,沟深 5 厘米;②播种,将催好芽的薯块按既定种植模式放入沟内,保持芽朝上;③沟内施氮磷钾含量各 15%的硫酸钾型复合肥 50 千克/亩;④撒除虫剂(5%的辛硫磷颗粒剂 3～4 千克/亩);⑤覆土起垄,垄高 20～25 厘米,单垄单行种植模式垄上肩宽 40 厘米,单垄双行种植模式垄上肩宽 55 厘米。

马铃薯起垄高产栽培技术,具有以下优点:①田面受光面积大,利于提高早期地温,提早出苗。②覆土深厚,土层松软,有利于地中茎的生长,多结薯结大薯。③改善中、后期田间通风透光条件,减轻荫蔽,提高光合效率。④遇涝时易于排水,避免烂薯。⑤有利于机械化作业。

六、北方马铃薯膜下滴灌高产栽培技术

马铃薯膜下滴灌是根据马铃薯生长发育的需要,将灌溉水通过输水管道和特制的滴水器,输送到作物根系附近土壤的一种局部灌溉。膜下滴灌是在滴灌带上覆盖一层地膜的节水灌溉栽培模式,是把工程节水(滴灌技术)与农艺节水(覆膜栽培)2 项技术集成后的一项崭新的农田节水技术。

(一)技术要点

1.选择土壤与整地

(1)选择土壤　选择土层深厚、质地疏松、土壤肥沃、地势平坦、前茬非茄科作物的地块。

(2)整地　秋深耕 25 厘米以上,春季耕翻耙耱、平整土地。

2.安装滴灌系统

通常所述滴灌系统包括水源、输水设备、过滤设备、施肥设备、安全保护装置和量测控制设备、地下主支管道、地上主支管和滴灌带。这些设备的规格和型号,根据生产实际进行选择。以下分别对各个设备进行说明。

(1)水源　水源包括井水、河水、池水等。水质必须符合农田灌溉水质标准,供水量应保证作物生长期需水量的 85% 以上。

(2)输水设备　包括动力、水泵。要根据水源的供水能力和将要灌溉的耕地面积来确定动力、水泵大小。

(3)过滤设备　离心式过滤器、网式过滤器、砂介质过滤器、叠片式过滤器等,要根据水质,确定过滤系统的构成,水质差的要增加过滤级次,泥沙含量高的要建蓄水池和沉沙池。

(4)施肥设备　压差式施肥罐。

(5)安全保护装置　减压阀、排气阀、逆止阀、排水阀等。

(6)量测控制设备　水表、压力表、闸阀、流量调节器等。

(7)地下管道　根据供水量和灌溉面积,确定主管道、支管道的直径和承压能力,一般供水量 30 米³/小时,灌溉面积 15 亩,主管道直径 90 毫米,承压 0.4 兆帕,支管道直径 60 毫米,承压 0.25 兆帕。根据山西省冻土层深度地下管道一般埋深 80～100 厘米。地下管道埋设要求从进水口向出水口方向坡降倾斜,排水井布设在最低处,保证排水彻底,防止冻裂管道。

(8)地上管道　地上管道布设要充分考虑种植方向、农机作业等,在保证灌溉均匀度的前提下,要尽可能少布设地上管道,方便耕作管理。为了保证灌溉均匀度,要求根据支管道出水口控制面积,以及控制范围的地形、地貌、坡度、坡向,每 15 亩安装 1 个支管减压阀。

(9)滴灌带　选用内镶贴片式,滴头出水量 1.5～2.0 升/小时,根据株距选用滴头距离,一般 20～40 厘米。

(10)滴灌系统安装　播种前铺设地下主管道,安装水泵、过滤系统、施肥系统,包括过滤器、水表、空气阀、安全阀、球阀、施肥罐、电控开关等设备;播种后铺设地上主、支管,并与输水管道连接好,进行冲洗,然后连接滴灌带,进行试水,如有堵漏,及时修复或更换;同时调整减压阀压力,使滴灌带处于正常工作压力范围内。

滴灌带一般铺设长度为 80～120 米,根据地上支管连接处出水口压力、滴灌带质量、滴灌带性能指标,以及滴水垄向的地形、地貌、坡度、坡向,确定滴灌带铺设长度,以保证滴头灌水均匀。

3.品种选择、种薯处理

选用符合种植目标的不同用途的马铃薯品种(鲜食型,淀粉、全粉、油炸加工型等)。种薯选用纯度高、健康无病虫、无损伤的优质脱毒良种。

(1)品种选择　根据各地无霜期长短,选择不同熟期马铃薯品种。①中、晚熟品种有:同薯 28 号、冀张薯 8 号、大同里外黄等;②晚熟品种有晋薯 16 号、晋薯 24 号、青薯 9 号等;③中、早熟品种有:紫花白、大西洋;④早熟品种有:希森 4 号、费乌瑞它等。

(2)种薯处理 播前 15 天出窖,放在室内温度 15~20℃的散射光暖房内催芽,当薯芽伸出 0.3~0.5 厘米时上下翻动,均匀形成小绿芽。播前 2~3 天按芽切块,薯块重量不低于 30 克。切块时每人应备 2~3 把切刀,切出病烂薯应及时换刀并注意切刀消毒,消毒液用 0.5%高锰酸钾溶液。可采用高巧种衣剂拌种,能够很好地控制地上、地下害虫,提高马铃薯抗逆能力增加产量。切块后的种薯也可用 70%甲基托布津播种,每 1 000 千克种薯用甲基托布津 700 克+滑石粉 10 千克,随切随拌,切后的种薯避免太阳暴晒。

4.施肥管理

(1)施肥原则 按照每生产 1 000 千克马铃薯块茎,需氮(N)5 千克、五氧化二磷(P_2O_5)2 千克、氧化钾(K_2O)10 千克的需肥规律、土壤养分状况和肥料效应确定肥料品种、施肥量和施肥方法,按照"有机和无机结合,基肥与追肥结合"的原则平衡施肥。基肥一般施用有机肥 1 000~3 000 千克/亩。种肥采用马铃薯配方肥 50~80 千克/亩或复合肥(氮:磷:钾=15:15:15)50~80 千克/亩+磷酸二铵 20 千克/亩。追肥选用溶解性好的肥料,最好选用液体肥料。

(2)具体施肥方法 有机肥结合春季翻耕施入,磷肥作为种肥一次性施入,氮肥 70%、钾肥 70%作种肥随播种施入,30%作追肥结合灌溉随水分次施入。追肥前期以氮肥为主,后期以钾肥为主。

5.播种

(1)播种时期 气温达到 10~12℃,土壤 10 厘米深处地温稳定在 7~8℃时即可播种,一般在 4 月下旬至 5 月上旬。

(2)种植密度 膜下滴灌种植采用以下 2 种模式:①宽垄双行种植模式,垄距 100~120 厘米,小行距为 25~40 厘米,株距为 30 厘米,播种密度 3 700~4 450 株/亩;②单垄单行种植模式,垄距 90 厘米,株距为 18~20 厘米,播种密度 3 700~4 100 株/亩。早熟品种宜密,中晚熟品种宜稀。

(3)播种方式 膜下滴灌采用机械化作业,播种、覆膜、铺设滴灌带一次性完成。宽垄双行种植模式滴灌带铺设在小行中间,一带两行,地膜幅宽采用 90~100 厘米。单垄单行种植模式,滴灌带铺设在植株基部,地膜幅宽采用 80 厘米。地膜厚度采用 0.008 毫米以上,便于回收,减少白色污染。

6.灌溉追肥

(1)灌溉标准 马铃薯不同生育阶段需水要求不同:播种—出苗(发芽期)田间持水量 60%~65%,出苗—现蕾(幼苗期)田间持水量 65%~70%,现蕾—开花(块茎形成期)田间持水量 75%~80%,开花初期—终花期(块茎膨大期)田间持水量 75%~80%,终花期—叶枯黄(淀粉积累期),田间持水量 60%~70%。

根据马铃薯灌溉标准和山西省马铃薯种植区域降水情况,膜下滴灌马铃薯全生育期灌溉定额一般为 80~120 米³/亩。马铃薯生育期灌溉 8~10 次,每 10~12 天为一个灌溉周期,单次灌水 10~15 米³/亩。具体灌溉时间和灌水量,要根据不同生育阶段、自然降水和土壤墒情变化调整。发芽期、幼苗期需水较少,块茎形成期是水分临界期,不能缺水,块茎膨大期是需水高峰期,要保证供水。块茎形成期、块茎膨大期用真空负压计−29.5 作为灌溉指标,指导滴灌。

（2）追肥　选用易溶性肥料。追肥种类有尿素、硝酸钾和液体肥料等。马铃薯生长前期以追氮肥为主，后期追钾肥为主，坚持少量多次原则。追肥前要求先滴清水 15～20 分钟，再加入肥料；追肥完成后再滴清水 30 分钟，清洗管道，防止堵塞滴头。

田间追肥一般采用压差式施肥罐。追肥时打开施肥罐，加入肥料，固体肥料加入量不应超过施肥罐容积的 1/2，注满水后搅动，使肥料完全溶解；提前溶解好的肥液或液体肥加入量不应超过施肥罐容积的 2/3，注满水后，盖上盖子并拧紧螺栓，打开施肥罐水管连接阀，调整出水口闸阀，开始追肥。每罐肥需要 20～30 分钟追完。第 1 次追完后，根据施肥方案，进行第 2 次、第 3 次装肥。

一般结合灌水追施尿素 15 千克/亩，其中苗期追施 6 千克/亩，现蕾期追施 6 千克/亩，膨大期追施 3 千克/亩；追施硝酸钾 10 千克/亩，现蕾期追施 6 千克/亩；膨大期追施 4 千克/亩。膨大期为保证养分充足供给，酌情追施磷酸二氢钾 2 千克/亩。

7. 田间管理

（1）苗前上土　播种 20 天后，部分种薯开始顶土，要及时上土压膜，上土厚度 5 厘米左右，要将地膜彻底掩埋，这样便于幼苗自动破膜出土，防止烧苗。

（2）化学除草　苗前除草，上土后要在地表湿润时及时喷施除草剂，用田普 170 毫升/亩或 96％金都尔 50～80 毫升/亩或乙草胺 200 毫升/亩防除杂草；苗后除草，现蕾前喷施宝成 5～8 克/亩或田普 170 毫升/亩或盖草能 40 毫升/亩。

（3）查苗放苗　出苗期间要及时查苗放苗，部分带膜出土的要人工破膜放苗，发现缺苗立即补种发芽种薯。

（4）中耕培土　现蕾期（块茎形成期）进行中耕培土，培土后垄高 20 厘米。

（5）病虫害防治　马铃薯病虫害防治以农艺防治为重点，选用抗病虫品种，结合化学农药进行综合防治。

①马铃薯常见病害：病毒病、真菌病（晚疫病、早疫病、干腐病）、细菌病（环腐病、黑胫病）。

②马铃薯常见虫害：地下害虫（地老虎、金针虫、蛴螬）、地上害虫（蚜虫、瓢虫、草地螟、芜菁）。

③病毒病防控主要采用脱毒种薯；真菌病防控药剂有代森锰锌、阿米西达、克露、银法利、甲基立枯灵等；细菌病害以防为主，一般采用农用链霉素、多菌灵、甲基托布津等药剂拌种；地下害虫的防治用适乐时、高巧拌种或用 3％毒死蜱颗粒剂 2～4 千克/亩随有机肥整地翻入地下。地上害虫可以喷施啶虫脒、吡虫啉、高效氯氰菊酯、功夫等药剂防治。

8. 收获贮藏

（1）回收滴灌带　杀秧前破开地膜滴灌带机械回收，盘成卷，保存好，以便第 2 年继续使用。不能使用的送厂家以旧换新。

（2）杀秧　在 2/3 的茎叶枯黄或收获前 7～10 天机械杀秧。

（3）收获　杀秧后 7～10 天选择晴好天气收获，机械挖掘人工分拣装袋。

（4）贮藏　在 16～25℃避光通风环境下预贮 10～14 天后入窖贮藏，贮藏温度 3～5℃，相对湿度 80％～90％。

（二）适宜区域

本技术适宜在山西省晋北、晋西北马铃薯一季作产区。

七、油炸加工专用型品种栽培技术要点

目前,我国食品加工主要选用国外引进品种"大西洋"和"夏波蒂"等,这些品种虽然食用和加工品质很好,但适应性较差,不抗晚疫病,退化也较快,对水肥条件和栽培技术要求高,给优质高产高效栽培带来一定难度。生产中要创造条件尽量提高原料薯的商品率和加工品质。根据我国 10 多年生产实践,要达到理想效果,最重要的是要改变传统耕作方式,应用先进栽培技术,主要应注意以下几点。

(一)选用优种

根据我国脱毒种薯现有质量状况,宜选用原种级脱毒种薯进行种植,以 50～120 克的壮龄块茎为好,最好用小整薯播种。要严把种薯质量关,在生长季节应对繁种田进行实地考察,确保选用放心种薯。优质种薯可以保证品种纯度,避免因种薯感染病毒率高和带真、细菌病原物引起病害蔓延扩散,发生原料薯变形、变小和产量降低等问题造成的经济损失。播前认真用药剂处理种薯,消灭所带病菌。

(二)严格选地

加工企业要求原料薯大小适中、整齐规则、表皮光洁、无病虫危害、无空心、无裂痕、无畸形和机械损伤,商品率高。一般各种缺陷薯的总量不超过 10%～15%。只有如此,才可能提高加工产品产出率和质量,获得较高经济效益,否则废品多,效益低。而原料的商品率直接受土壤条件的影响。一般在高寒冷凉地区严格执行轮作制度,相邻地块为非茄科作物和不易受蚜虫危害的作物,选择地下害虫比较少、便于机械化耕作、排灌设施良好的地块,最好选择有机质含量高的沙壤土或轻质壤土,前茬收获后深耕 40～50 厘米。施用基肥时应注重有机肥的施用,并防止地下害虫侵食块茎。现在大多选用大型喷灌设施种植,生产效果比较好。

(三)合理密植

按照产品质量要求和品种特性,炸薯片品种"大西洋"的种植密度比较大,一般每亩为 4 500～5 000 株,采用宽窄行种植,大行距 70 厘米,小行距 30 厘米,株距 25 厘米,播深 10 厘米。如果密度较稀,则块茎较大,容易出现"空心",影响商品薯合格率。炸薯条品种"夏波蒂"可选用宽垄栽培,适当稀植,以提高大薯率,密度为 3 200～3 600 株/亩,行株距为 70 厘米×30 厘米,或行距 85 厘米,株距 22～23 厘米,播种深度 10～15 厘米,覆土 8～12 厘米。

(四)精细管理

种植国外引进品种,其中耕、培土、施肥、浇水、防涝排渍、病虫防治等一系列农事操作标准都要高于国内一般水平,并按无公害标准生产。应增施肥料,重施有机肥,及时追肥补充养分。最好不使用地膜覆盖。整个生育期都要保持田间适宜的土壤湿度。要注意播前和苗期浇水,尤其是春旱伏旱严重的年份。现蕾至结薯期保证所需水肥的供给,避免造成块茎"空心"和发生二次生长,一般最少浇水 2～3 次,遇连雨天要及时排水,避免积水。花期过后要减少浇水量,以增加块茎干物质含量。为了增加大薯率,防止块茎见光变绿和遭受晚疫病侵害,应结合中耕分别在苗期、现蕾期进行培土,最终使垄高达到 25 厘米左右。及时预防和控制病害发生,重点是防治病毒性退化和晚疫病。应做好病虫害预测预报工作,做到早防早治,防病不见病。现蕾开花期及时喷施杀菌剂预防晚疫病发生,及时拔除中心病株,用多种高效低残留杀菌剂每隔 7～10 天交替喷施 1 次,雨季应缩短喷药时间。"夏波蒂"的管理相对比"大西洋"要高要难

要细致。

(五)适时收运

适时收获是保证产品质量和贮藏安全的重要环节,收获不当容易引起块茎中还原糖含量增加或发生腐烂。油炸加工型品种在完全成熟时块茎中的还原糖含量最低,此时薯皮已老化,收获贮运时不易受伤。但若收获过早,薯皮太嫩易受擦伤引起还原糖含量增加,而收获过晚,又容易遭受地下害虫和晚疫病危害,或受低温危害。一般在地上部枯黄时收获,或在收获前2周杀秧。收获时土壤湿度应保持在60%～65%,温度不能低于10℃。要减少机械损伤,轻拿轻放,防止内伤和擦伤,速装速运,避免光照,防雨防冻。在收获运输中要采取严格的消毒措施,防止腐烂。

八、马铃薯间作套种技术

马铃薯与粮、蔬菜作物间作套种,可以极大地提高光能和土地利用率,增加单位面积的经济效益。

在一块地上将某一种作物与其他几种作物按照一定的行、株距和占地的宽窄比例种植的方式叫间作套种。间作是将2种或2种以上生育季节相近的作物在同一块田地上同时或同季节成行或成带的相间种植方式。套种是在同一块田地上于前季作物的生育后期在其株行间播种或移栽后一季作物的种植方式。由于从平面、时间上多层次利用了空间间作套种,也称立体种植是我国农民总结的传统种植经验,也是农业上的一项重要增产增收措施。

马铃薯具有喜冷凉、生育期短、采收不严格等特点,其大多品种植株直立,很适合与粮、菜作物进行间作套种栽培。

(一)间作套种技术要点

1.选择适宜的作物

马铃薯与其他各种作物在高矮、株型、叶形、需光性和生育期等方面都有较大的差异,实行间作套种时要注意作物合理搭配,使作物争光的矛盾减少到最低限度,使单位面积上对光能的利用率达到最大限度;要有利于马铃薯培土和田间管理,尽量减少或不发生作物对水、肥、气、热需求矛盾,以达到最大的增产效果。首先,避免与茄科作物间作套种或连作,要求所选作物对大范围环境条件的适应性在共生期间要大体相同。其次,要求作物形态特征和生育特性要相互适应,以利于互补地利用资源。最后,要求作物搭配形成的组合具有高于单作的经济效益。为此,在选用作物时要注意以下几点。

(1)高秆作物与矮秆作物搭配　如马铃薯为主,间作玉米,可以改善田间通风、透光条件,充分利用光照对2种作物生长都有利。

(2)喜光作物与喜阴作物搭配　这不仅可以缓和作物争光的矛盾,还可以创造更有利于作物生长的环境。如喜光的玉米与喜凉的马铃薯间作,玉米可以充分得到光照,马铃薯可以得到玉米的遮阳,有利于降低地温,促进结薯。

(3)喜氮作物与喜磷或喜钾作物搭配　把需要不同养分的作物搭配在一起,有利于全面、均衡地利用地力,克服片面消耗某种养分的倾向。如玉米需要大量氮,而马铃薯需要较多的钾。

(4)圆叶作物与尖叶作物搭配　因为作物的叶形不同,它们吸收和反射阳光的情况也不尽相同,间作或套种在一起可以彼此协调,这样有利于充分利用太阳光能。马铃薯与玉米套种光能利用效果就十分显著。

(5)早熟作物与晚熟作物搭配　可以减少2种作物的共生期,缓和需光和需水肥的矛盾,并有利于劳力安排。

另外,选用作物时还要注意作物根部分泌物和地上枝叶挥发物的相互影响,是否利于防治病虫害等,以便做到趋利避害,达到增产的目的。

2.选用适宜品种

马铃薯应选早熟抗病高产品种,尽可能缩短与其他作物的共生期,缓解共生期间水、肥及栽培管理等矛盾。其他作物可依季节选择生育期适宜、优质抗病性强的品种,以利于提高整体产量和效益。

3.建立合理的田间配置

合理的田间配置有利于解决作物之间及种内的各种矛盾。田间配置主要包括密度、行比、幅度、间距、行向等。①密度是间套作的核心,一般要求高于任一作物单作时的密度或高于单位面积内各作物分别单作时的密度之和;套作时各种作物的密度与单作时相同,当上、下茬作物有主次之分时,要保证主要作物的密度与单作时相同或占有足够的面积。②行比和幅宽应发挥边行优势,一般掌握高位作物不可多于、矮位作物不可少于边际效应所影响行数的2倍。高、矮作物间套作时,其高秆作物的行数要少,幅宽要窄。③间距在充分利用土地的前提下,主要应照顾矮秆作物,以不过多影响其生长发育为原则。一般可根据2种作物行距一半之和进行调整,在肥水和光照条件好时,可适当窄些,反之,则适当宽些。

4.加强田间管理,调节作物生长发育

间作套种几种作物之间的矛盾,主要表现在共生阶段。为减少不利影响,应采取互为有利的措施早管、紧管,促弱变壮,尽量缩短共生期。如春季生产时,对马铃薯采用垄作、地膜覆盖、催芽晒种、早播种、早中耕、早浇水、早培土等技术措施,促进植株早发育、早收获。同时注意解决水需求矛盾。马铃薯较其他作物耐寒,播种比其他作物早,出苗后需浇水,这样马铃薯前期浇水会降低土壤温度,影响玉米等间作物的出苗及苗期生长。因此,在必须浇水时,应在两行马铃薯之间进行小水浇灌。

(二)间作套种模式

1.马铃薯与玉米间作套种

(1)双垄马铃薯、2行玉米宽幅套种　马铃薯与玉米间套形式多种多样,各地常采用2:2种植方式,即2行玉米,2行马铃薯。一般采用马铃薯行距60厘米,株距20厘米,每亩2 300~2 800株;玉米行距40厘米,株距30厘米,每亩2 300~2 800株;马铃薯与玉米行距20~30厘米。4月中、下旬采用地膜覆盖垄栽技术播种早熟或中晚熟马铃薯,并在马铃薯行间种植玉米。一般可亩产马铃薯1 200~1 500千克,产玉米600~800千克。

(2)双垄马铃薯3行玉米宽幅套种　如果玉米和马铃薯品种的生长势均较强,可采用3:2种植方式,即3行玉米、2行马铃薯,玉米行距为40厘米,株距30厘米;马铃薯行距为60厘米,株距20厘米,马铃薯与玉米的行距为30厘米,每一幅宽220厘米。

2.马铃薯间作蚕豆

马铃薯高山、二阴地一季作区多用间作带宽120厘米,种马铃薯2行,蚕豆3行。马铃薯采用地膜覆盖垄作,4月中、下旬播种中、晚熟马铃薯品种,每垄种2行,宽行距90厘米,窄行距30厘米,株距35厘米,亩密度为2 500~3 000株。同期在宽行中播种蚕豆3行,行距20厘米,蚕豆与马铃薯行距25厘米。可亩产马铃薯1 300千克,蚕豆150千克。

九、马铃薯主要病、虫害及其防治技术

危害马铃薯的病、虫害有300多种,但并不是所有的病虫害都会造成马铃薯严重减产。马铃薯病害主要分为真菌病害、细菌病害和病毒病。其中,由真菌引起的马铃薯晚疫病是世界上最主要的马铃薯病害,几乎能在所有的马铃薯种植区发生。通常说的种薯退化,即为不同病毒引起的多种病毒病所造成。马铃薯害虫分地上害虫和地下害虫,其中,比较主要的有马铃薯块茎蛾、蚜虫等。

(一)马铃薯晚疫病防治技术

马铃薯晚疫病是一种导致马铃薯茎叶死亡和块茎腐烂的毁灭性病害。凡是种植马铃薯的地区都有发生,其损失程度视当年当地的气候条件而异,在多雨、冷凉、适于晚疫病流行的地区和年份,病害极易暴发流行,植株大面积提早死亡,造成严重的产量损失。植株提前枯死,损失20%~40%。由于抗病品种的推广,晚疫病的为害曾一度减轻,进入20世纪80年代以来,由于晚疫病菌群体遗传结构的改变,导致晚疫病在世界各马铃薯主产区再度频繁发生,其所造成危害的严重程度已引起了社会的极大关注。

由于大同市属大陆性气候,十年九旱,一般年份不易发生流行。近年来,遇有降雨量较多的年份,马铃薯晚疫病频繁发生,对马铃薯生产构成严重威胁,需要广大种植户高度重视,密切关注天气变化,定期喷药及时保护,积极防治,切实遏制晚疫病流行危害,努力把损失降到最低程度。

1.马铃薯晚疫病症状

叶片病发多在叶尖和叶缘处,初为水浸状褪绿斑,后扩大为圆形暗绿色斑。湿度大时,可扩及叶的大半以及全叶,叶片病斑背面产生白色霉层,雨后清晨尤为明显。茎部受害,可形成褐色条斑。块茎发病,初为褐色或紫褐色不规则的病斑,稍凹陷。病斑下的薯肉褐色坏死。病部易受其他病菌二次侵染而腐烂。

2.发病规律

病菌主要以菌丝体在病薯中越冬,也可以卵孢子越冬。病薯播种后,多数病芽失去发芽力或出土前腐烂,有一些病芽尚能出土形成病苗,即中心病株。温、湿度适宜时,中心病株上的孢子囊借助气流向健株传播扩展,病株上的孢子囊也可随雨水或灌溉水进入土中,从伤口、芽眼及皮孔等处侵入块茎、形成新病薯。

此病是一种典型的流行性病害,气候条件对病害的发生和流行有极为密切的关系。此病在多雨年份容易流行成灾,多露、多雾或阴雨有利于发病。病菌发育要求相对湿度在90%以上,而以饱和湿度为最适。当夜间较冷凉,气温为10℃左右,重雾或有雨,白天温度16~24℃,伴有高湿,这种条件下晚疫病极易流行。山西省马铃薯是春播秋收,7—8月份的降雨量对病害发生影响很大。雨季早、雨量多的年份,病害发生早而重。

3.晚疫病防控技术措施

根据晚疫病的发生和流行特点,防治晚疫病首先要选择抗病品种;其次,播前严格淘汰病薯。一旦发生晚疫病感染,一般很难控制,因此必须在晚疫病没有发生前进行药剂防治,即当日平均气温在 10～25℃ 之间,下雨或空气相对湿度超过 90％ 达 8 小时以上的情况出现 4～5 天后喷洒药剂进行防治。可用 70％ 代森锰锌可湿性粉剂来进行防治,每亩用量 175～225 克,对水后进行叶面喷洒。如果没有及时喷药,田间发现晚疫病植株后,则需要用瑞毒霉(也称为雷多米尔、甲霜灵)之类的药剂进行防治,每亩用 25％ 瑞毒霉可湿性粉剂 150～200 克,对水进行叶面喷施。如果一次没有将病害控制住,则需要进行多次喷施,时间间隔为 7～10 天。

此外,环境条件也影响晚疫病的传播,为防止块茎感染,应当高培土。如果植株地上部分受到晚疫病侵染,则最好在收获前将病秧割除并清理处田块,防止收获的薯块与之接触。

(二)马铃薯早疫病综合防治技术

1. 病害症状

马铃薯早疫病主要发生在叶片上,也可侵染块茎。叶片染病病斑黑褐色,圆形或近圆形,具同心轮纹,大小 3～4 毫米。湿度大时,病斑上生出黑色霉层,即病原菌分生孢子梗和分生孢子。发病严重的叶片干枯脱落,田间一片枯黄。块茎染病产生暗褐色稍凹陷圆形或近圆形病斑,边缘分明,皮下呈浅褐色海绵状干腐。该病近年呈上升趋势,其为害有的地区不亚于晚疫病。

2. 综合防治技术

(1)种薯选择　选择健康种薯。最好采用小整薯播种。

(2)地块选择　选择地势高、排灌方便,3 年未种马铃薯的地块,周围无茄科作物。

(3)增施有机肥　施有机肥 3 000 千克/亩,于播前翻入地下,并旋耕 1 次,使地平土细。

(4)种薯处理　使用药剂拌种 70 克甲基托布津＋1 千克滑石粉,拌 100 千克种薯。

(5)培养壮苗　生长期加强肥水管理,提高抗病能力。追肥采用少量多次的方式。喷施叶面肥 2～3 次(0.2％～0.3％尿素或 0.3％磷酸二氢钾)。

(6)药剂防治　第 1 次喷施的时间,植株高度大约 30 厘米时喷施,喷施药液时要尽量使雾滴喷均匀,要特别注意下部叶片及叶片反面。

发病前使用 80％ 代森锰锌可湿性粉剂 500 倍液。发病初期用克露 120 克/亩喷雾。发病期用 10％ 苯醚甲环唑水分散粒剂 100～120 克/亩。发病较重时,清除中心病株、病叶等,喷施霜贝尔 50 毫升＋氰·霜唑 25 克或霜霉威·盐酸盐 20 克,3 天用药 1 次,连用 2～3 次,即可有效治疗。

(7)适时收获　促进薯皮木栓化,避免机械损伤。收获后将薯块放在阴凉通风处晾干,使薯皮木栓化伤口愈合后,入窖。

(三)马铃薯枯萎病和干腐病综合防治技术

(1)种薯选择　选择健康无病种薯。

(2)地块选择　选择地势较高、排灌方便,3 年未种马铃薯的地块,周围无茄科作物。

(3)催芽　播种前提前 15 天出窖,放在散射光、温度 15℃ 左右条件下催芽,萌动后每 2～3 天翻动 1 次,催成芽长不超 0.5 厘米的绿色短壮芽即可播种。

(4)切块　薯块质重 30～50 克,每个薯块带 2 个以上芽眼,每切到病烂薯,换刀。切刀用 0.5％的高锰酸钾溶液浸泡消毒。

(5)适期晚播　5月20日左右播种,缩短出苗时间,减小病原菌侵害幼芽的概率。

(6)增施有机肥　每亩施有机肥2 000～3 000千克,生长期加强肥水管理,提高抗病能力。适当减少氮肥用量,增加磷、钾肥及中微量元素。

(7)种薯处理　用甲基托布津70克+1千克滑石粉拌种100千克。种薯带干腐病的、种薯合格但土壤中带干腐病菌的用2.5%咯菌腈种衣剂(适乐时)包衣,每100千克种薯需100～200毫升的种衣剂,阴干后播种,可减少新侵染的概率。

(8)药剂沟施　播种时用25%阿米西达悬浮剂(嘧菌酯)60毫升/亩或甲基立枯磷60毫升/亩喷施在播种沟内。

(9)药剂防治　苗齐后及时喷施甲基立枯磷60毫升/亩+30千克水。7～10天后再喷1次,连续3～4次。

(10)适时收获　收获后,预贮15天,尽可能剔除病烂薯,伤口愈合后入窖。贮藏前清洁窖体,用硫黄熏蒸消毒。

(四)马铃薯卷叶病防治技术

马铃薯卷叶病毒是最主要的马铃薯病毒性病害,在所有种植马铃薯的国家普遍发生,易感品种的产量损失可高达90%。可以在种薯繁育时淘汰病株,筛选健康植株来防治马铃薯卷叶病毒。系统杀虫剂可以降低病毒在植株内的蔓延,但不能防止从邻近田块带毒蚜虫的感染。马铃薯卷叶病毒是已知的可通过热处理来消除的马铃薯病毒。选用脱毒种薯,种植抗卷叶病毒的品种可有效防治该病毒。

(五)马铃薯主要虫害防治

1.蚜虫

(1)危害症状及生活习性　蚜虫属于同翅目蚜科,是一类多食性害虫,为害马铃薯的主要有桃蚜等。在马铃薯生长期,蚜虫常群集在嫩叶的背面吸取液汁,造成叶片变形、皱缩,使顶部幼芽和分枝生长受到严重影响。蚜虫可进行孤雌生殖,繁殖速度快,从转移到第二寄主马铃薯等植株后,每年可发生10～20代。幼嫩的叶片和花蕾都是蚜虫密集为害的部位。而且桃蚜还是传播病毒的主要害虫,对种薯生产常造成威胁。有翅蚜一般在4—5月份向马铃薯迁飞,温度25℃左右时发育最快,温度高于30℃或低于6℃时,蚜虫数量都会减少。桃蚜一般在秋末时,有翅蚜又飞回第一寄主桃树上产卵,并以卵越冬。春季孵化后再以有翅蚜飞迁至第二寄主为害。

(2)防治方法　①药剂防治。发现蚜虫时防治,用25～40克/亩的抗蚜威可湿性粉剂1 000～2 000倍液或10～20克/亩的10%吡虫啉可湿性粉剂3 000～4 000倍液,或用10%保丰乳油30～40毫升/亩等药剂交替喷施。②药剂拌种。高巧种衣剂拌种,高巧种衣剂30毫升+安泰生50克,对水0.75～1千克,搅拌均匀配成包衣液,将种薯切块后进行包衣,可包衣75～100千克种薯。包衣晾干后便可播种(此法下同)。防治蚜虫效果相当好,残效期长达42天,一次处理可代替3～5次喷药。③避蚜种植。在高海拔冷凉地区或风大蚜虫不易降落的地点种植马铃薯,可防蚜虫传毒或根据有翅蚜迁飞规律,采取种薯早收,躲过蚜虫高峰期,以保证种薯质量。

2.二十八星瓢虫

(1)危害症状及生活习性 为害马铃薯的有马铃薯二十八星瓢虫和茄二十八星瓢虫2种,为鞘翅目瓢虫科,成虫两翅红褐色带28个黑点的甲虫。以成虫、幼虫取食叶肉、果实和嫩茎,被害叶片仅留网状上表皮,后变褐枯黄,为害严重时致叶片枯萎或食尽全叶。幼虫的为害大于成虫。一般减产10%～20%,严重时可减产50%左右。

马铃薯二十八星瓢虫成虫两翅合并处有一大的斑点,有假死性。该虫广泛分布于我国北方地区,食性较杂,寄主种类很多,主要为害马铃薯。在山西北部1年发生2代,以成虫在背风向阳的土块下、石缝中、树洞内以及秸秆、杂草内群聚越冬。成虫于翌年5月中旬开始活动,先在农田附近的草坡、田埂杂草中栖息,待马铃薯等茄科作物出苗后,便陆续迁移到幼苗上为害,以散居为主,严重时每株有成虫3头,田间为害率达80%。6月下旬为产卵盛期,多产于叶背面,呈块状排列,产卵期可延续1～2个月。7月上、中旬第1代幼虫孵化后即开始为害,4龄幼虫以后,为害最严重,多时每株有30条幼虫,被害率高达100%。7月下旬至8月上旬幼虫在茎叶上化蛹,1周后羽化为成虫。8月上旬产卵于马铃薯叶片上,第2代幼虫于8月中旬以后为害,但为害不太严重,9月中旬第2代成虫开始迁移越冬,10月上旬全部进入越冬期。19～23℃最适宜瓢虫活动为害,高温、干燥可抑制成虫产卵和孵化。成虫以上午10:00至下午4:00最为活跃,午前多在叶背取食,下午4:00后在叶面取食。

(2)防治方法 ①人工消灭越冬成虫。收获后集中清除田间枯枝、杂草等,不为成虫创造越冬场所,并在冬季组织人力集中捕杀越冬成虫,早春及时消除田边杂草,从而降低虫口密度,消灭虫源。②人工捕捉成虫和摘除虫卵。生长期利用假死性进行人工捕捉成虫,并摘除有虫卵的叶片集中销毁,以此减轻成虫为害及控制繁殖率。③药剂防治。高巧种衣剂拌种。或幼虫分散前与为害期,用2.5%保得乳油30～40毫升/亩,或25%快杀灵乳油40～50毫升/亩或用万灵广谱速效低残留农药20～30克/亩喷杀,每10天喷药1次,在植株生长期连续喷药3次,注意叶背面和叶面均匀喷药,以便把孵化的幼虫全部杀死。

3.块茎蛾

(1)危害症状及生活习性 块茎蛾为鳞翅目麦蛾科,又称马铃薯麦蛾、烟潜叶蛾等。以幼虫蛀食马铃薯、茄子等作物的叶肉。幼虫为潜叶虫,大多从叶脉附近蛀入,因虫体很小,进入叶中专食叶肉,仅留下叶片的上、下表皮,食损的叶片呈半透明状,所以也称绣花虫、串皮虫。幼虫为害块茎时,从块茎芽眼附近钻入肉内,粪便排在洞外。在块茎贮藏期间为害最重,不注意检查看不到块茎受害症状,幼虫在进入块茎后咬食成隧道,严重影响食用品质,甚至造成烂薯和产量损失。成虫白天隐蔽在草丛或植株下面,晚上出来活动,并在植株茎上、叶背和块茎上产卵,每个雌蛾可产卵80粒。刚孵化出的幼虫为白色或浅黄色,幼虫共4龄,老熟时虫体为粉红色,头部为棕褐色,末龄幼虫体长6～13毫米。为害植株时,幼虫吐丝下坠,借风转移到邻近植株上。幼虫吐丝作茧化蛹,8天后变成蛾子。夏季约30天、冬季约50天1代。每年可繁殖5～6代。

(2)防治方法 ①收获后马上将块茎运回,防止田间成虫在块茎上产卵。②集中焚烧田间植株和地边杂草。③清理贮藏窖、库,并用敌敌畏等熏蒸灭虫。每立方米库容可用1毫升敌敌畏熏蒸7～10天。④禁止从病区调运种薯。(5)药剂防治。贮藏期间,用二硫化碳按27克/米³库容密闭熏蒸4小时,用药量可根据库容大、小而增减或贮藏时用苏云金杆菌天门变种(721b)

粉剂 1 千克拌种 1 000 千克块茎,处理 1~2 个月,注意拌种前需把块茎上泥土去掉,以免影响药效。

4.茶黄螨

(1)危害症状及生活习性　茶黄螨为蜱螨目跗线螨科,可为害马铃薯、黄瓜、番茄等多种蔬菜作物。成螨和幼螨刺吸马铃薯嫩叶,常使植株中上部叶片大部受害,顶部嫩叶最重,严重影响植株生长。茶黄螨很小,肉眼看不见。为害的典型症状是被害的叶背面有一层黄褐色发亮的物质,并使叶片向叶背卷曲,叶片变成扭曲、狭窄的畸形状态,严重时叶片干枯。温暖多湿的环境条件有利于虫害发生。

(2)防治方法　①及时清除田间及田边地头的杂草,消除寄主植物,杜绝虫源。②药剂防治。高巧种衣剂拌种或用 20% 的三氯杀螨醇 1 000 倍液喷杀或用 40% 乐果乳油 1 000 倍液或 25% 灭螨猛可湿性粉剂 1 000 倍液喷雾,防治效果都很好。5~10 天喷药 1 次,连喷 3 次可控制为害。喷药时将喷嘴向上,重点喷在植株嫩叶的背面和茎的顶部。

5.金龟子

(1)危害症状及生活习性　为害马铃薯的金龟子主要有马铃薯鳃金龟、东北大黑鳃金龟、铜绿金龟甲和暗黑鳃金龟等,属鞘翅目鳃金龟科。在我国分布很广,各地均有发生,但以北方发生较普遍。以幼虫蛴螬为害作物,其食性很杂,主要为害马铃薯地下部分。幼苗根茎被咬断后,断面整齐,常常造成缺苗断垄。幼薯被咬成洞或大部分被食,易引起腐烂降低产量,影响商品性。

该虫在我国北方 1~2 年发生 1 代,以幼虫和成虫在土壤深层(30~50 厘米)越冬,翌年 4—5 月地温上升到 14℃ 以上时,幼虫移到地表大量为害幼苗,5~7 月为蛹化、成虫、产卵、孵化期,10 月中、下旬为 3 龄幼虫,其于,11 月中、下旬入土 55~100 厘米深处越冬。9 月中旬老熟幼虫在地下化蛹,羽化为成虫,当年不出土而越冬,翌年 4 月开始出土为害。成虫白天潜伏,黄昏开始活动,晚间 8:00~11:00 为取食、交配活动盛期,午夜后陆续入土潜伏。成虫产卵在作物的表土中,常是 7~10 粒一堆,共产百粒左右。成虫有假死性和趋光性,对黑光灯趋性尤强。对未腐熟的厩肥有强烈趋向性,喜食腐熟的有机肥。蛴螬也有假死性,始终在地下活动,直接受土壤温、湿度的影响,一般当 10 厘米土温达 5℃ 时,便移至地表活动,13~18℃ 时,最活跃,当高于 23℃ 时,则潜入深层,含水量 15%~20% 的湿润土壤有利于活动,过干、过湿都阻碍虫子的繁殖和活动。

(2)防治方法　①农业防治。对于为害严重的地块,在晚秋或初冬进行深翻土地,将越冬蛴螬翻出地面冻死或被天敌吃食或被机械杀伤,以此增加害虫的死亡率,一般可降低虫源数量 15%~30%,减轻来年的为害。避免使用未腐熟的鸡粪、牛粪等有机肥。合理轮作倒茬,不以蛴螬为害严重的豆科作物为前茬。翻地时,人工捕杀虫子。苗期发现危害,及时检查残株附近,捕杀幼虫。利用成虫的假死性,进行人工捕杀。在不影响马铃薯正常生长的前提下,适当控制灌溉。②灯光诱杀。在成虫盛发期,每 45 亩用 40 瓦黑光灯升盏,距地面 30 厘米,灯下设盆,盆内放水及少量煤油,晚间开灯诱杀成虫入水。③药剂防治。播种时,用 90% 敌百虫按每亩 100~150 克药量,加少量水稀释后,拌细土 15~20 千克,制成毒土,撒在地面,再结合耙地,使毒土与土壤混合,或在播种时,均匀撒在播种沟内,上覆 1 层薄土,防止对种薯产生药害,以此可消灭幼虫。在蛴螬已发生危害且虫量较大时,可利用药液灌根。一般用 90% 敌百虫的

500 倍液或 50％辛硫磷乳油的 800 倍液，或 25％西维因可湿性粉剂 800 倍液，每株灌 150～250 克，可杀死根际幼虫。在成虫盛发期，可用 90％敌百虫的 800～1 000 倍液喷雾。

6. 地老虎

（1）危害症状及生活习性　地老虎俗称地蚕、切根虫等，属于鳞翅目夜蛾科，是世界范围危害最重的一种害虫，我国为害马铃薯的主要是小地老虎、黄地老虎和大地老虎，分布很广，各地都有发现。以幼虫对马铃薯及其他作物进行危害。1～2 龄幼虫为害幼苗嫩叶，3 龄后转入地下为害根、茎，5～6 龄为害最重，可咬断幼苗的地下茎，致幼苗枯死，造成缺株断垄，影响产量，特别对用种子繁殖的实生苗威胁最大。还可咬食块茎，引起病害侵染，降低产量和块茎的商品性。地老虎一年可发生数代。小地老虎每头雌蛾可产卵 800～1 000 粒。产卵后 13 天左右孵化为幼虫，幼虫 6 个龄期共 30～40 天。地老虎喜欢温暖潮湿的土壤环境，13～24℃最适其发育和繁殖。

（2）防治方法　①及时清除田间、地边杂草，并将其集中沤肥或烧毁，使成虫产卵远离本田，同时消灭杂草上的虫卵，减少幼虫为害。秋翻土地并进行冬灌，可冻死部分越冬的幼虫或蛹，减少虫量。②用毒饵诱杀幼虫。播种时，每亩用 1.1％苦参碱粉剂 7～8 千克或用 3％地虫杀星颗粒剂 1.5～2 千克或 48％乐斯本乳油 100～150 毫升等药剂和炒熟的棉籽饼或菜籽饼 20 千克拌匀，或用灰灰菜、刺儿菜等鲜草约 80 千克，切碎和药剂拌匀作毒饵，于傍晚撒在幼苗根的附近地面上诱杀幼虫，可收到很好效果。③用黑光灯和糖醋液诱杀成虫。④药剂防治。对 3 龄前的幼虫，可用敌百虫等配制毒土撒在植株周围；对大虫龄的幼虫可用药液灌根。

7. 蝼蛄

（1）危害症状及生活习性　蝼蛄又叫拉蛄，为直翅目蝼蛄科，我国主要为非洲蝼蛄、华北蝼蛄和东方蝼蛄是一种杂食性害虫。以成虫和若虫在地下为害，咬食植株地下部分和幼苗，咬断幼苗致死，被咬的根茎呈乱麻状。蝼蛄昼伏夜出，夜间 9：00～11：00 活动最猖獗。在表土层穿行时，形成很多隧道，使幼苗和土壤分离，失水干枯而死。严重影响幼苗出土和秧苗成活，造成缺苗断垄。该虫以成虫或若虫在 60 厘米以下土层越冬。非洲蝼蛄在北方地区 2 年发生 1 代，南方地区 1 年发生 1 代；华北蝼蛄多 3 年发生 1 代。3—4 月苏醒，2 种蝼蛄 1 年均有 2 次为害盛期，即 5 月上旬到 6 月中旬和 9 月。6—8 月又迁入较深土层，若虫越夏，成虫产卵。蝼蛄有明显的趋光、趋香、趋粪和趋湿特性，活动为害最适宜的气温为 15～27℃，土壤含水量为 20％左右，低于 12℃就停止活动。

（2）防治方法　①加强管理。换茬时进行精耕细耙，施用充分腐熟的有机肥，均可减轻蝼蛄为害。②轮作。有条件的地区实行水旱轮作，可明显降低为害。③使用毒土防治。④毒饵诱杀。5 千克麦麸炒香后加 90％晶体敌百虫 10 倍液拌匀，制成毒饵，每亩施 5～8 千克，于傍晚撒在田间，进行诱杀。⑤马粪诱杀：在田中均匀挖一些坑，交错排列。坑长 30～40 厘米，宽 20 厘米，深 6 厘米。将适量马粪放入坑内，与湿土拌匀摊平后，在上面撒一把毒饵，每亩用毒饵约 0.25 千克。

第三章 谷 子

第一节 优良品种介绍

一、大同 32 号

审定编号:晋审谷(认)2012001。

申报单位:山西省农业科学院高寒区作物研究所。

选育单位:山西省农业科学院高寒区作物研究所。

品种来源:(黄软谷/张纯一)F₂/晋谷 9 号,试验名称为"9523-22"。

特征特性:生育期 126.0 天左右,比对照"晋谷 31 号"早 2 天左右。幼苗叶片绿色,叶鞘浅紫色,茎基部无分蘖。主茎高 142.1 厘米左右,茎秆节数 16 节,叶绿色。穗形长鞭形,穗码较紧,刚毛长度中等,穗长 25.4 厘米,主穗重 26.5 克,穗粒重 19.0 克左右,千粒重 3.6 克,黄谷黄米,出谷率 81%,出米率 80%,米质粳性。田间有零星白发病发生。

品质分析:农业部谷物品质监督检验测试中心(北京)检测,粗蛋白质含量(干物质基础)10.54%,粗脂肪含量(干物质基础)3.74%,赖氨酸含量(干物质基础)0.22%。

产量表现:2010—2011 年参加山西省谷子早熟区试验,2 年平均亩产 386.4 千克,比对照"晋谷 31 号"(下同)增产 11.6%,试点 12 个,11 个点增产。其中,2010 年平均亩产 409.8 千克,比对照增产 12.8%;2011 年平均亩产 363.1 千克,比对照增产 10.4%。

栽培要点:一般 4 月下旬及 5 月上旬播种,亩播量 0.8~1.0 千克,亩留苗 2 万~2.5 万株,播前施足底肥,最好秋施农家肥,谷苗 3 叶 1 心期喷杀虫剂 2 次(间隔 1 周)。适时防治白发病。

适宜区域:山西省谷子早熟区。

二、大同 36 号

审定编号:晋审谷(认)2015001。

申报单位:山西省农业科学院高寒区作物研究所。

选育单位:山西省农业科学院高寒区作物研究所。

品种来源:73-50/旱 1。

特征特性:生育期 125 天左右。幼苗叶片绿色、叶鞘浅紫色,茎基部没有分蘖,主茎高 130.7 厘米,茎秆节数 16 节,叶绿色,刚毛长度中等,穗长 23.2 厘米,穗纺锤形,穗码紧,主穗重 30.7 克,穗粒重 24.9 克,千粒重 3.7 克,出谷率 81%,黄谷黄米,出米率 76%,米质粳性。

品质分析:农业部谷物及制品质量监督检验测试中心(哈尔滨)分析,粗蛋白质含量(干物质基础)9.66%,粗脂肪含量(干物质基础)3.1%,直链淀粉含量(占样品干重)21.39%,胶稠度

126.5 毫米,糊化温度(碱消值)3.8 级,赖氨酸含量(干物质基础)0.19%。

产量表现:2012—2013 年参加山西省谷子早熟区域试验,2 年平均亩产 420.5 千克,比对照"晋谷 31 号"(下同)增产 10.0%,10 个试点全部增产。其中,2012 年平均亩产 437.2 千克,比对照增产 10.6%;2013 年平均亩产 403.8 千克,比对照增产 9.4%。

栽培要点:播前施足底肥,有条件最好秋施农家肥,适宜播期 5 月上旬,亩播量 0.8~1 千克,亩留苗 2 万~2.5 万株,注意防治谷子白发病。

适宜区域:山西省谷子春播早熟区。

三、冀张谷 5 号(8311-14)

品种来源:河北省张家口市农科院采用本院首创的以"沁州黄"作为原始育种选择群体,采用生物全息法选育成功的谷子抗除草剂新品种,2003 年通过国家鉴定。

特征特性:绿苗绿鞘,生育期 120 天,成株株高 140.4 厘米,茎粗 0.63 厘米,穗长 26.4 厘米,穗粗 2.7 厘米,棍棒穗形,穗谷码 99.5 个。单株粒重 16.0 克,千粒重 3.23 克,出谷率 82.0%,谷草比为 1.02,黄谷黄米。表现抗逆性较强,抗旱、抗倒、适应性强、适应面广、高产稳产、米质优适口性好。

产量表现:根系发达、不倒伏,穗大粒饱。成熟时青枝绿叶。旱坡地一般亩产 350 千克左右,水浇地亩产 500 千克以上。该品种增产潜力大,要求生长期内肥水供应充足。经 2005—2007 年连续 3 年在各地推广种植,在亩产玉米 500~700 千克的地块,亩产谷子达到 600 千克。

栽培要点:≥10℃积温 2 600℃以上的地区,4 月底 5 月初播种,根据墒情决定播种量,墒情好可以减少播种量,墒情差要加大播种量,每亩播种量为 0.75~1.0 千克,包衣谷种出苗后由于包衣药剂的存在,对谷子钻心虫和地下害虫仍具有一定的防治效果,如果钻心虫和地下害虫发生较重的地区,定苗后要及时喷洒杀虫剂防治苗期害虫。留苗密度,有浇水条件的中、上等地每亩 2.5 万株左右,无浇水条件的旱坡地每亩 1.5 万~2 万株。拔节期亩追施尿素 20 千克,抽穗期 10 千克。

适宜区域:≥10℃积温 2 600℃左右的适宜地区均可种植。

四、张杂谷 3 号

登记编号:GPD 谷子(2018)130081。

申报单位:河北巡天农业科技有限公司。

选育单位:张家口市农业科学院。

品种来源:A2×1484-5。

特征特性:粮用杂交品种。春播生育期 115 天。幼苗绿色,叶鞘绿色,株高 112.4 厘米,穗长 23.4 厘米,棍棒穗形,松紧适中。单穗重 19.2 克,穗粒重 16.0 克,出谷率 82.0%,出米率 76.8%,千粒重 3.23 克,黄谷黄米。可使用拿捕净除草剂。

栽培要点:春播时间 4 月 25 日至 5 月底,亩播量 0.5~0.75 千克。亩施氮磷钾复合肥 25 千克和有机肥 2 000~3 000 千克。在幼苗 3~4 叶期亩喷施厂家提供的含量 12.5%拿捕净除草剂 100 毫升,防治一年生禾本科杂草。生育期间喷施杀虫剂防治粟灰螟、粟负泥虫、黏虫等虫害;注意防治谷子白发病、谷子腥黑穗病、谷子粒黑穗病、谷子轴黑穗病、谷瘟病、谷锈病、线虫病。每亩条播 0.8 万～1.2 万株。建议使用播种机穴播,每穴下种 10 粒左右,留苗 1～3 株,每亩 6 000～8 000 穴。拔节期追施尿素 10 千克,抽穗前追施尿素 20 千克。

适宜区域:适宜于河北、北京、山西、陕西、甘肃、宁夏、黑龙江、吉林、内蒙古等省(自治区)≥10℃积温 2 400℃以上地区春播种植。

注意事项:①主要优点:抗旱耐瘠,高产稳产,适应种植区域广。可使用拿捕净除草剂,适宜稀植,省工,有利于规模化高效种植。②缺点、风险及防范措施:播种时需根据当时土壤墒情、气候特点、厂家建议确定播种量。拿捕净除草剂在 7 叶期之前使用。本品种为 F1 代杂交种,不可自留种。谷子白发病、线虫病及谷子粒黑穗病需通过杀菌剂拌种处理防治;谷瘟病、谷子锈病需通过喷施药剂防治。过量使用 2,4-D 丁酯化学除草剂和使用 2,4-D 丁酯化学除草剂后遇低温会导致谷子不扎根等药害。上年过量使用烟嘧磺隆等除草剂会对当年种植谷子苗期产生药害。品种因种植区域、种植密度、土壤肥力、管理水平等不同因素影响,其产量水平、株高、穗长等也有不同。灌浆期对肥水要求较高。

五、张杂谷 6 号

登记编号:GPD 谷子(2018)130084。

申报单位:张家口市农业科学院。

选育单位:张家口市农业科学院。

品种来源:A2×改良九根齐。

特征特性:粮用杂交品种。春播生育期 108 天。幼苗绿色,叶鞘绿色,株高 112.2 厘米,穗长 23.6 厘米,棍棒穗形,松紧适中。单穗重 27.2 克,穗粒重 22.4 克,出谷率 82.4%,出米率 79.5%,千粒重 3.16 克,白谷黄米。单株分蘖 0～2 个,可使用拿捕净除草剂。

栽培要点:春播时间 4 月 25 日至 5 月 20 日,亩播量 0.5～0.75 千克。亩施氮磷钾复合肥 25 千克和有机肥 2 000～3 000 千克。在幼苗 3～4 叶期亩喷施厂家提供的 12.5% 拿捕净除草剂 100 毫升,防治一年生禾本科杂草。生育期间喷施杀虫剂防治粟灰螟、粟负泥虫、黏虫等虫害;注意防治谷子白发病、谷子腥黑穗病、谷子粒黑穗病、谷子轴黑穗病、谷瘟病、谷锈病、线虫病。每亩条播 0.8 万～1.2 万株。建议使用播种机穴播,每穴下种 10 粒左右,每穴 1～3 株,每亩 6 000～8 000 穴。拔节期追施尿素 10 千克,抽穗前追施尿素 20 千克。

适宜区域:适宜于河北、山西、陕西、甘肃、内蒙古、宁夏、新疆、黑龙江、北京、辽宁、吉林等省(自治区)≥10℃积温 2 300℃以上地区春播种植。

注意事项:①主要优点:高产优质,口感好,生育期短,适宜区域广。可使用拿捕净除草剂,适宜稀植,省工,有利于规模化高效种植。②缺点、风险及防范措施:播种时需根据当时土壤墒情、气候特点、厂家建议确定播种量。拿捕净除草剂在 7 叶期之前使用。本品种为 F1 代杂交种,不可自留种。谷子白发病、线虫病及谷子粒黑穗病需通过杀菌剂拌种处理防治;谷瘟病、谷子锈病需通过喷施药剂防治。过量使用 2,4-D 丁酯化学除草剂和使用 2,4-D 丁酯化学除草剂后遇低温会导致谷子不扎根等药害。上年过量使用烟嘧磺隆等除草剂会对当年种植谷子苗期产生药害。品种因种植区域、种植密度、土壤肥力、管理水平等不同因素影响,其产量水平、株高、穗长等也有不同。灌浆期对肥水要求较高。

六、大同 34 号

登记编号:GPD 谷子(2018)140071。

申报单位:山西省农业科学院高寒区作物研究。

选育单位:山西省农业科学院高寒区作物研究所。

品种来源:73－50×早 1。

特征特性:粮用常规品种。生育期 125 天,比对照晚熟 1 天。幼苗绿色,株高 130.9 厘米,穗纺锤形,穗码紧,穗长 24.4 厘米,单穗重 27.5 克,穗粒重 21.9 克,千粒重 3.4 克,出谷率 77.7%,出米率 76.0%;黄谷黄米,米质粳性。抗旱性强,适应性广。

栽培要点:播前施足底肥,有条件最好秋施农家肥;亩播量:传统耧播 0.8～1.0 千克,精量机播 0.3～0.5 千克;同朔地区 4 月下旬及 5 月上旬播种为宜;亩留苗:穴播 7 000 穴左右,每穴 4～6 株,每亩 2 万～2.5 万株;在谷苗 3 叶 1 心期喷杀虫剂 2 次(间隔 1 周)。

适宜区域:适宜在山西省北部、河北张家口坝下、宁夏、甘肃、陕西榆林、内蒙古赤峰和呼和浩特谷子春播早熟区种植。

注意事项:优点:抗逆性强,丰产性好,适应性广该品种性状稳定一致,综合农艺性状良好。缺点:植株较低,产草量不高。有时有谷瘟病发生,虫害为害重的地区在谷苗 3 叶 1 心期喷杀虫剂两次(间隔 1 周)。要轮作注意白发病。

七、晋谷 23 号

品种来源:山西省农科院高寒区作物研究所用(黄软谷×张纯一)的 F2 代×晋谷 9 号杂交后,定向选育而成。

审定情况:1994 年通过山西省审定,2000 年通过国家审定。

特征特性:生育期 128 天左右。幼苗叶片绿色,叶鞘浅紫色、主茎高 130 厘米,穗长 22～26 厘米,穗呈纺锤形,松紧度中等,短刺毛,千粒重 3.8 克左右,出谷率 80% 左右,出米率 79%,谷粒黄色,米黄色,粳性。

品质分析:经农业部谷物品质监督检验测试中心检测结果,谷粒粗蛋白质含量 9.56%、粗脂肪含量 4.24%、赖氨酸含量 0.27%。

产量表现:1992—1993 年参加山西省谷子早熟区区域试验,2 年平均亩产 322.9 千克,比对照种增产 16.3%;1993 年组织生产试验,7 点平均亩产 284.9 千克,比对照增产 32.2%。

栽培要点:轮作倒茬,切忌连茬;一般在 4 月下旬播种,及时喷药(主要防治钻心虫),在谷苗 3 叶 1 心期喷杀虫剂 2 次(间隔 1 周);4～5 叶片时先疏苗一次,6～7 叶片时再定苗;生育期内进行 3 次中耕,定苗后围好苗;拔节后深中耕;抽穗前高培土;合理密植,一般水地亩留苗 3.0 万株,旱地亩留苗 2.0 万株。

适宜地区:西北谷子春播早熟区种植。

八、晋谷 25 号

品种来源:山西省农科院高寒区作物研究所用(张纯一×晋谷 9 号)的 F2 代作母本,(晋谷 5 号×压塌车)的 F2 代作父本杂交后,用集团选择法加代稳定,从 8232 集团中进行单株选育而成。

审定情况:1996 年通过山西省审定,1999 年通过国家审定。

特征特性:生育期 126 天左右,幼苗叶片、叶鞘均为绿色、主茎高 120～130 厘米,穗长 23～27 厘米,穗呈圆筒形,松紧度中等,千粒重 3.8 克左右,出米率 79%～81%。谷粒黄色,米黄色,粳性。抗白发病、红叶病和黑穗病。耐旱抗倒伏,结实好,丰产稳产,适应性强。

品质分析:经农业部谷物品质监督检验测试中心检测结果,谷粒粗蛋白质含量 9.88%、粗脂肪含量 4.90%、赖氨酸含量 0.26%。

产量表现:1992—1994 年参加山西省谷子早熟区区域试验,3 年平均亩产 337.3 千克,比对照"晋谷 4 号"增产 10.4%;1994—1995 年在忻州、广灵等 16 点次进行生产试验,平均亩产 278.5 千克,比对照增产 17.3%。1992—1994 年同时参加全国谷子春播早熟区试,3 年 4 省、区 17 点次平均亩产量 335.5 千克,比统一对照"晋谷 4 号"增产 12.4%。

栽培要点:轮作倒茬,切忌连茬。一般在 4 月下旬播种。及时喷药(主要防治钻心虫),在谷苗 3 叶 1 心期喷杀虫剂 2 次(间隔 1 周)。4～5 叶片时先疏苗一次,6～7 叶片时再定苗。生育期内进行 3 次中耕,定苗后围好苗;拔节后深中耕;抽穗前高培土。合理密植,一般水地亩留苗 3.0 万株,旱地亩留苗 2.0 万株。

适宜地区:西北谷子春播早熟区种植。

九、晋谷 28 号

品种来源:原名黑选 1 号。从陕西省神木县农家种黑支谷中进行单株多代系选,然后用 Co^{60} 辐射诱变,再进行系选育成。

审定情况:1999 年 4 月经山西省农作物品审委三届四次会议审定通过。

特征特性:幼苗叶鞘绿色,叶色浓绿。株高 130 厘米左右。谷穗鞭绳形,穗码分化整齐、紧实,穗梗短而整齐,穗长 30 厘米左右。谷粒灰色,米粒灰黑色。千粒重 3 克左右,出谷率 80%～90%,出米率 78%～80%。春播 125 天,夏播 105 天,分蘖力强,叶片功能期长,成熟时仍为青秆绿叶。根系发达,单株根粗、根长、根重均超过其他品种。高产、稳产,抗灾力强,在中、下等旱地亩产 300 千克左右,中、上等地力亩产可达 550 千克。该品种抗旱,抗倒伏,抗白发病、黑穗病、抗粟灰螟。

品质分析:经农业部谷物品质检验测试中心测定,粗蛋白质含量 10.72%,赖氨酸含量 0.22%,粗脂肪含量 5.14%,粗淀粉含量 75.40%,直链淀粉含量 16.32%,支链淀粉含量 59.06%,并富含多种微量元素及维生素,其中,铁和维生素 E 含量特别高。食用口感好,米饭香,黏性大,油性大,无米渣。

栽培要点:适期早播。年平均温度 8℃地区 4 月下旬至 5 月上旬播种,年平均温度 9℃地区 5 月下旬播种。亩留苗 1 万～2 万株,可保成穗 3 万～6 万穗。平衡施足基肥,适时追肥。

十、张杂谷 13 号

登记编号:GPD 谷子(2018)130086。

申报单位:张家口市农业科学院。

选育单位:张家口市农业科学院。

品种来源:A2×黄六。

特征特性:粮用杂交品种。春播生育期 115 天。幼苗绿色,叶鞘绿色,株高 121.0 厘米,穗长 26.3 厘米,棍棒穗形,松紧适中。单穗重 24.2 克,穗粒重 18.3 克,出谷率 75.6%,出米率 79.8%,千粒重 3.10 克,白谷黄米。单株有效分蘖 2～4 个,可使用拿捕净除草剂。

栽培要点:春播时间 4 月 25 日至 5 月底,亩播量 0.5～0.75 千克。亩施氮磷钾复合肥 25 千克和有机肥 2 000～3 000 千克。在幼苗 3～4 叶期亩喷施厂家提供的 12.5% 拿捕净除草剂 100 毫升,防治一年生禾本科杂草。生育期间喷施杀虫剂防治粟灰螟、粟负泥虫、粘虫等虫害;注意防治谷子白发病、谷子腥黑穗病、谷子粒黑穗病、谷子轴黑穗病、谷瘟病、谷锈病、线虫病。每亩 1.0 万～1.2 万株。建议使用播种机穴播,每穴下种 10 粒左右,留苗 1～3 株,每亩 6 000～8 000 穴。拔节期追施尿素 10 千克,抽穗前追施尿素 20 千克。

适宜区域:河北省、山西省、陕西省、甘肃省的北部及宁夏、新疆、吉林、内蒙古、辽宁、北京、黑龙江省等≥10℃积温 2 450℃以上的地区春播。

注意事项:①主要优点:米黄,糊锅快,国家一级优质米;高产抗逆,自调力强,适应种植区域广;可使用拿捕净除草剂,适合穴播,省工,有利于规模化高效种植。②缺点、风险及防范措施:播种时需根据当时土壤墒情、气候特点、厂家建议确定播种量。本品种为 F1 代杂交种,不可自留种。品种因种植区域、种植密度、土壤肥力、管理水平等不同因素影响,其产量水平、株高、穗长等也有不同,灌浆期对肥水要求较高。谷子白发病及谷子粒黑穗病需通过杀菌剂拌种处理防治;谷瘟病、谷子锈病需通过喷施药剂防治。过量使用 2,4-D 丁酯化学除草剂和使用 2,4-D 丁酯化学除草剂后遇低温会导致谷子不扎根等药害。上年过量使用烟嘧磺隆等除草剂会对当年种植谷子苗期产生药害。

十一、晋谷 31 号

品种来源:山西省农科院高寒区作物研究所用(晋谷 9 号×71-220)的 F2 代作母本,以(张纯一×张农 8 号)的 F2 代作父本杂交定向培育而成。

审定情况:2000 年通过山西省审定。

特征特性:生育期 126 天左右。幼苗绿色、主茎高 140 厘米左右,穗长 24～30 厘米,穗呈长纺锤形,松紧度中等,刺毛绿色长度中等,千粒重 3.5 克左右,谷粒黄色,米黄色,粳性。综合性状好,抗旱抗倒伏,抗病性较强。

品质分析:经农业部谷物品质监督检验测试中心检测结果,谷粒含粗蛋白质含量 10.46%、粗脂肪含量 4.63%、赖氨酸含量 0.24%。

产量表现:每亩产量一般可达 324.5 千克。

栽培要点:一般以 4 月下旬播种为宜;注意防治钻心虫;合理密植,亩留苗水地 45 万株,旱地 30 万株。

适宜地区:山西省谷子春播早熟区种植。

十二、晋谷 33 号

品种来源:山西省农科院高寒区作物研究所用坝谷 257 作母本,鸡蛋黄作父本杂交后,连续选择定向培育而成。

审定情况:2002 年通过山西省审定。

特征特性:生育期 110 天左右。幼苗绿色,主茎高 120～128 厘米,穗长 25～27 厘米,穗呈纺锤形,松紧度中等,短刺毛,千粒重 3.5～3.7 克,出谷率 80%,谷粒黄色,米黄色,粳性,株型披散形。

品质分析：经农业部谷物品质监督检验测试中心检测结果，谷粒含粗蛋白质含量11.27％、粗脂肪含量5.12％、赖氨酸含量0.30％。

产量表现：1999—2000年参加山西省超早熟区试验，2年全省15点试验结果，平均亩产217千克，比对照品种增产14.05％，增产点占80％。

栽培要点：一般以4月下旬播种为宜；播前施足底肥，及早定苗，中耕锄草，适时追肥；合理密植，亩留苗水地2.5万株，旱地30万株；注意防治钻心虫。

适宜地区：山西省谷子春播特早熟区种植（即新荣、左云及云岗以北大部分乡镇和大同、阳高长城沿线地区种植）。

十三、晋谷37号

品种来源：山西省农科院高寒区作物研究所用(73-50×71-早1)作母本，伊17作父本杂交后，经连续选择，定向培育而成。

审定情况：2004年通过山西省审定，2003年通过国家鉴定。

特征特性：生育期125～128天。幼苗叶片绿色、叶鞘浅紫色，主茎高120～130厘米，穗长26厘米左右，穗重30克左右，穗粒重16～21克，穗呈长纺锤形，松紧度中等，长刺毛，千粒重3.5～4.0克，出米率79％，出谷率75％～80％，谷粒黄色，米黄色，粳性。株型披散形，从区试结果看，该品种适应性广，结实好，抗逆性强，抗白发病、红叶病，黑穗病，且抗倒伏。

品质分析：经农业部谷物品质监督检验测试中心检测结果，谷粒粗蛋白质含量12.99％、粗脂肪含量3.86％、赖氨酸含量0.26％。

产量表现：2001—2002年参加山西省谷子早熟区直接生产试验，2年平均亩产214.5千克，比对照"晋谷31号"增产19.16％，增产点占87.5％。同期参加全国谷子春播早熟区试验，2年4省区12个点（次）结果，平均亩产量329.8千克，比统一对照"大同14号"增产5.73％，增产点占83.3％。

栽培要点：轮作倒茬，切忌连茬。一般在4月下旬播种。及时喷药（主要防治钻心虫），在谷苗3叶1心期喷杀虫剂2次（间隔1周）。4～5叶片时先疏苗1次，6～7叶片时再定苗。生育期内进行3次中耕，定苗后围好苗；拔节后深中耕；抽穗前高培土。合理密植，一般水地亩留苗3.0万株，旱地亩留苗2.0万株。

适宜地区：西北谷子春播早熟区种植。

十四、晋谷39号

品种来源：山西省农科院高寒区作物研究所用88A和A19为母本，分别与晋谷23号等10个品种杂交，F2代后组成混合群体，即轮回选择群体。从中选择培育成大同28号新品种。

审定情况：2006年通过山西省审定，定名晋谷39号。

特征特性：生育期125天左右，谷子幼苗叶片绿色，叶鞘紫色，单秆、大穗、大粒形，主茎高103～123厘米，穗长 26～36厘米，穗重23～35克，穗粒重19.1～24.5克，穗呈长鞭形，松紧度中等，千粒重3.7～4.0克，出谷率80％左右，谷粒黄色，米黄色，粳性，出米率78％，株型披散形。

品质分析:经农业部谷物品质监督检验测试中心检测结果,谷粒粗蛋白质含量 11.41%、粗脂肪含量 3.23%、赖氨酸含量 0.25%。

产量表现:2003—2004 年参加山西省春播早熟区试验,2 年平均亩产 290.45 千克,比对照"晋谷 31 号"增产 8.45%,增产点占 85.75%。其中,2003 年平均亩产 263.1 千克,比对照增产 5.5%;2004 年平均亩产 317.8 千克,比对照增产 11.4%。

栽培要点:一般以 4 月下旬播种为宜;播前施足底肥,及早定苗,中耕锄草,适时追肥;合理密植,亩留苗水地 2.5 万株,旱地 30 万株;注意防治钻心虫。

适宜地区:山西省谷子春播早熟区种植。

十五、晋谷 43 号

品种来源:山西省农科院高寒区作物研究所从轮回选择群体中选育出的早熟谷子新品种。
审定情况:2005 年 3 月 8 日通过国家鉴定,2008 年 4 月 10 日山西省审定。
特征特性:生育期 125 天左右,谷子幼苗叶片绿色,叶鞘浅紫色,单秆、大穗、大粒形,主茎高 125 厘米,穗长 22～27 厘米,穗重 30 克,穗粒重 17～26 克,穗呈纺锤形,松紧度中等,千粒重 3.8～4.0 克,出谷率 80%,谷粒黄色、米黄色,粳性,出米率 79%,株型披散形。

品质分析:经农业部谷物品质监督检验测试中心检测结果,小米粗蛋白质含量 10.25%、粗脂肪含量 4.37%。

产量表现:2003—2004 年全国西北 14 增产点平均亩产 344.22 千克,比统一对照"大同 14 号"增产 7.43%,增产点占 71.4%,居参试品种第 1 位;2005—2006 年参加山西省春播早熟区试验,2 年平均亩产 290.8 千克,比对照"晋谷 31 号"平均亩产 267.6 千克,增产 8.67%,增产点占 100%。其中,2005 年比对照"大同 29 号"平均亩产 276.0 千克,比"晋谷 31 号"平均亩产 247.5 千克,增产 11.51%;2006 年比对照"大同 29 号"平均亩产 305.6 千克,比"晋谷 31 号"平均亩产 287.7 千克增产 6.2%。

栽培要点:轮作倒茬,切忌连茬。一般在 4 月下旬播种。及时喷药(主要防治钻心虫),在谷苗 3 叶 1 心期喷杀虫剂 2 次(间隔一周)。4～5 叶片时先疏苗一次,6～7 叶片时再定苗。生育期内进行 3 次中耕,定苗后围好苗;拔节后深中耕,抽穗前高培土。合理密植,一般水地亩留苗 3.0 万株,旱地亩留苗 2.0 万株。

适宜地区:西北谷子春播早熟区种植。

十六、晋谷 49 号

审定编号:晋审谷(认)2010001。
申报单位:山西省农业科学院经济作物研究所。
选育单位:山西省农业科学院经济作物研究所。
品种来源:晋汾 4A×H51,试验名称为"汾杂 2 号"。
特征特性:生育期 121 天左右,属中、早熟杂交品种。生长较整齐,生长势较强。幼苗绿色,株高 119.5 厘米,茎基部有分蘖 2～6 个,穗长 25.7 厘米,穗筒形,穗松紧度中等,刚毛中长,支穗密度 3.5 个/厘米,穗粒重 22.3 克,千粒重 2.9 克,出谷率 80.3%,白谷黄米,米色鲜黄,米质为粳性。田间调查未发现明显病虫害,抗旱性较强,抗倒性较好。

品质分析:农业部谷物品质监督检验测试中心(北京)检测,粗蛋白质含量(干物质基础)

14.19％,粗脂肪含量(干物质基础)5.43％,直链淀粉/样品量含量(干物质基础)15.96％,胶稠度 76 毫米,糊化温度(碱消指数)4.8。

产量表现:2008—2009 年参加山西省谷子中早熟区域试验,2 年平均亩产 399.3 千克,比对照"晋谷 31 号"(下同)平均增产 18.3％,试验点 8 个,增产点 8 个,增产点率 100％。其中,2008 年平均亩产 352.2 千克,比对照增产 12.2％;2009 年平均亩产 361.3 千克,比对照增产 23.6％。

栽培要点:合理轮作,前茬以豆类、薯类、瓜菜类、玉米、绿肥等为好。施足底肥,以农家肥中的羊粪最好,获得高产优质小米的施肥次序为羊粪、圈粪、土粪、化肥。一般在 5 月上旬播种,出苗后、定苗前先拔除黄绿苗留绿苗,亩留苗密度 1.2 万～1.5 万株。早中耕除草,生育中期适当追肥。生育期内随时注意防治谷子钻心虫等虫害。防治鸟害,适时收获。

适宜区域:山西省谷子中、早熟区。

第二节　栽培技术

一、选用良种

(一)良种的概念

常说的良种有 2 层含义:一是优良品种;二是优良种子,即优良品种的优良种子。具体地说,它是指用常规种原种繁殖的种子,其纯度、净度、发芽率、水分 4 项指标均达到良种质量标准的种子。

(二)良种的作用

品种的优劣对谷子生产的高产稳产有着重要作用。良种不仅是提高农业生产的一项成本低、见效大的增产措施,也是促进栽培技术不断向前发展的主要因素。选用良种是获得生产目标的内在因素,它与自然环境、栽培技术措施有着密切的联系。由于优良品种本身是在所处的自然环境与栽培条件下选择和培育出来的,有着一定的地域性,所以,只有在其适应的土壤、气候和栽培条件下,才能充分发挥其抗逆性、丰产性和品质佳等优良种性,从而获得谷子的高产、稳产。选用适合于当地条件种植的谷子优良品种,在同样的生产条件下,就可增产 10％～20％,甚至更多。

(三)良种的选择

所谓良种就是能适应当地气候条件、耕作制度和生产水平的品种,具有高产、稳产、优质、低成本的特点;高产是指在现有生产水平的条件下比原有品种表现增产;稳产就是对外界条件的适应性要广,在风调雨顺的年份能增产,在气候不良的年份也不减产或少减产;优质是指籽粒品质好,营养成分含量高,食味好,出籽率高;低成本是指种子、肥料、劳力等方面的投入相对少一些。实际上只要某一品种在几个特征特性上能满足人们的要求,就有推广价值。在生产上推广的良种,既要是优良品种,又要是本品种的优良种子,这才是一个完整的良种。

在选择使用良种时,一是看是否有正式名称,二是要使用在当地试种后表现良好的品种,三是要根据自己田块的土壤条件、水肥管理、播种季节、病虫发生情况等选择使用合适的良种,才能得到预期的经济效益。特别是要警惕虚假广告,不购买无证照商贩经销的种子。

(四)种子处理

种子处理的方法有多种,其主要目的是提高种子的发芽率、发芽势,起到防虫防病的作用。

1. 晒种

播前进行暴晒,增强胚的生活力,消灭病虫害,提高发芽率。

2. 浸种

清水浸种,使种子事先吸水,促进种子内营养物质的分解,加速种子萌发;石灰水浸种,可消灭附着于种子上的病菌(生石灰加 5 倍清水配制,浸 1 小时)。

3. 种子肥育

目的是培育壮苗。采用 500 倍磷酸二氢钾溶液浸种一昼夜,可使出苗提前,对壮苗有显著作用。

4. 拌种

在播种前将种子与农药、菌肥等拌种。农药防止病虫害,菌肥作为种肥或接种剂。

5. 种子包衣

在种子外面裹有"包衣物质"层,这是现代种子加工的新技术之一。在"包衣物质"中含有肥料、杀虫、杀菌药剂和保护层等,包衣种子可促进出苗,提高成苗率,使苗的生长整齐健壮。

二、谷田的耕作管理

(一)谷田的选择

谷子对土壤的要求不十分严格,无论是黑土、褐土、黄土或者是黏土、壤土、沙土等几乎所有的土壤谷子都能生长,但是谷子最适宜种植在通气性好的壤土上。沙质壤土或黏质壤土等土层深厚、结构良好、有机质含量较高、质地松软的土壤都适合种谷子。

谷子适宜种植于中性土壤,谷子抗碱性不如高粱、糜粟等作物。如果土壤含盐量在 2‰～3‰,则需采取改良土壤措施才易谷子生长。在土壤含盐量达到 0.4% 时,发芽率减少一半;当土壤含盐量增加到 0.5% 时,几乎不发芽。谷子幼苗期间耐盐力更弱,当土壤含盐量达到 0.2% 时,幼苗存活率为 84%;当土壤含盐量增加到 0.3% 时,存活率就下降为 56%。

谷子比较耐瘠薄,在山岗土壤种植,产量比其他作物高。但对于高产谷子仍然需要肥沃的土壤,只有保水、保肥、供水、供肥力强的土壤才能充分及时满足谷子生长发育的要求,形成高额产量。土壤有机质含氮量越高,谷子产量越高。所以,目前在谷田肥力基础差的水平上,需培肥地力,给谷子生长创造一个良好的土壤环境,对提高谷子产量有重要意义。

(二)谷田的轮作(倒茬)

轮作是调节土壤肥力、防除病虫害、实现谷子高产稳产的重要保证。轮作也叫倒茬或换茬,民间流传的农谚就有"倒茬如上粪"的说法。

1. 轮作可以合理利用土壤养分,做到土地用、养结合

不同的作物对土壤养分的要求不同,吸收特点和能力亦不同,如大豆是深根性作物,可以利用土壤深层中的养分;谷子、小麦等作物是浅根性、须根性作物,主要利用土壤浅层中的养分。特别是大豆,它所需要的氮素 1/3 以上是由根瘤菌固定空气中的游离氮素而来的,也就是

说,从土壤中拿走的氮素少,而给土壤中留下的氮素多。因此,谷子种在大豆茬上可以获得较高的产量。农谚"豆茬谷、享大福"就是这个道理。

2.轮作可以消除或减轻病虫害

大多数的病菌和害虫都有一定的寄主和寿命。谷子白发病、黑穗病,除了种子带菌传染外,土壤传染也是个重要原因,实行合理轮作,隔数年种植,就可以大大减轻病菌的感染。谷子种在玉米茬上,玉米螟危害就重,因为玉米茬地里,根茬和茎秆中隐藏着许多玉米螟幼虫(化蛹越冬),第二年羽化为成虫,产卵后再孵化成幼虫危害。种在大豆茬上则没有或很少有这种虫源,危害就轻。

3.轮作可以抑制或消灭杂草

不同作物对杂草的竞争能力不同。一般来说,密植作物和速生作物具有抑制杂草的能力,而稀植作物和前期生长缓慢的作物则差。如麦类作物茎叶繁茂,荫蔽度较大,可以抑制杂草的生长,而谷子幼苗生长缓慢,对杂草的抑制能力较差。只能通过机械、农药或人工防除。特别是伴生性杂草,最有效的除草措施是实行作物轮换种植。

4.利用肥茬创造高产

利用肥茬播种谷子是夺取谷子高产的重要途径。谷子对茬口的反应较敏感,不同茬口产量效果不同。

谷子对前作的反应,实质上是指对前作物留下的土壤环境的反应。土壤环境的好坏是谷子选择前茬的标准。谷子对前作土壤环境选择的标准是:①土壤松紧适度且通透性较好。②保墒好,排水方便。③杂草少,肥力较足。

谷子适宜的前作及特点,按好坏顺序依次是:豆茬、马铃薯、红薯茬、麦茬、玉米茬、高粱茬等。棉花、油菜、烟草等茬口也是谷子较为适宜的前茬。

(三)谷田的耕作

同一块地,不同的人种植获得不同的产量,耕作与整地对谷子的产量造成较大的影响。这就是人们常说的"人哄地皮、地哄肚皮"。

土壤是物质和能量的一个贮存库。其中,水、肥、气、热各个肥力因素的相互作用,处于动态平衡之中,对谷子生长发育的影响都有重要的意义。合理的耕作就是要让土壤的环境尽可能地适合谷子的生长、发育,通过控制土壤环境达到高产稳产的目的。

1.秋冬耕作(深耕)

农田深耕是田间耕作的重要内容之一,各地深耕周期不尽相同,做得比较好的是每年1次。深耕包括伏耕、秋耕、春耕3个时期,尤以秋耕最好,伏耕次之,春耕最差。农谚说:"秋天谷田划破皮,赛过春天犁出泥"。对于伏耕,如果土地肥力较差不易耕的太深,以免伏天雨水偏大将养分淋溶至深层或流失。秋冬耕作是春谷栽培技术一个不可缺少的环节。秋冬深耕增产的原因有以下几方面。

(1)改良了土壤物理性状　由于破除犁底层,加厚活土层,增强蓄水、保墒能力;同时疏松土体,使容重减少,孔隙率增加。

(2)活跃土中微生物,促进有效养分的释放　深耕改善了土壤的物理性状,为微生物的活动繁殖创造了良好的条件;结合增施有机肥料,其作用更为明显。

（3）减少了杂草和病虫害　深耕可将杂草种子和病源、虫源翻埋至深层，因空气不能满足要求而增加死亡率，有些杂草种子发芽后，无力顶出深厚土层，尤其是多年生宿根性杂草，因从下面切断根部或因翻入深层，也可抑制其发芽和再生能力。

（4）促进了谷子的生长发育　深耕改善了土壤环境，有利于根系向下生长，谷根条数增多，干重大。

2.耕作质量的把握

耕作质量直接影响谷子播前整地及土壤水分。影响耕作质量的主要因素有以下几方面。

（1）与翻动时土壤水分多少有关　一般在含水量 15％～20％ 范围内作业，质量最好。如果太干时耕作，易形成规则棱角圆形干坷垃；太湿时则形成明条，垡片部分不易松散，耕作质量低劣。

（2）与所使用的农具和耕作方式有关　若以畜力旧式犁作业，地面可以达到要求，而翻转土层底部却不平整；如用机引犁或新式步犁，下面虽平，但田面往往出现大沟，这将因该处熟化、耕层薄、雨后积水等，影响谷子的生长发育，必须设法消除。

（3）耕后耙地，对提高耕作质量，具有明显的作用　耕后耙地可有效地破碎大量坷垃，减少蒸发，而且冬季降雪分布均匀，溶化后即渗入土中，因此，保墒效果较好。

（四）播前整地

播前整地是确保谷子苗全、苗壮获得高产的重要措施。

1.早春耕

没有经过秋冬耕作或未秋施肥的旱地谷田，春季耕翻要及早进行。早春耕不但能使土地有时间踏实，防止播后下沉，拉断谷根。

2.播前串地（旋耕）

在正常情况下，经过秋冬耕作和施肥或早春耕的谷田，播前若干天，用不带犁镜的犁铧串地一次，进行浅层耕作，不翻土，减少跑墒，这具有活土、除草、增温的作用，对提高播种质量，促进幼苗生长具有重要意义。特别干旱的春季可以采取多次耙地的方法来代替串地，尽量减少土壤水分的散失。

3.镇压

串地或旋耕后的土地，土壤疏松，水分容易大量散失，如果天气干燥必须进行镇压，起到保墒的作用。确保 5～10 厘米土层的含水量，有利于种子的发芽和出苗。同时，通过镇压还可破除坷垃，利于出苗。

4.耙地

耙地不仅使谷田表土层疏松、起到平整的作用，而且可以破碎部分坷垃，从而调节土壤水分、温度和空气状况，有利于保全苗。

5.耢地

耢地（或称耱、盖、擦、拉）是一种不深入土层的地表平整作业，具有压实土壤和破碎坷垃的作用，从而造成一个有疏松幕层而较为平光的地面，能减少土壤水分的散失。雨后耢地能较好地破碎坷垃。

(五)"三墒整地"及其益处

春旱是春谷种植的主要问题之一,如何保证春谷苗全、苗壮成为春谷栽培技术中的重要内容。在秋耕壮垡的基础上,早春耙耱保墒、浅耕踏墒、镇压提墒,即"三墒整地",可以有效地利用水分,确保全苗、壮苗。

1. 耙耱(耢)保墒

早春风多降雨少,土壤水分散失快,通过多次进行耙耱农事操作,可以破除地面龟裂,弥补裂缝,消灭坷垃,切断土壤的毛细管,保蓄土壤水分。

2. 浅耕踏墒

播前随着温度上升,杂草开始萌动发芽,在播前6～10天进行浅耕操作。这项农事活动的目的是活土除草,提温保墒,破碎坷垃,结合施肥,促苗早发。

3. 镇压提墒

视土壤墒情,可在播前、播后进行一次或多次镇压,使土层下松、上实,促进下层水上升,有利于播种和出苗。镇压的原则是:压干不压湿;先压沙土,再压壤土,后压黏土。

(六)谷子高产的主要经验

这是针对旱地春谷的抗旱、节水、创高产而总结出的栽培配套技术。其主要内容是:秋耕壮垡,三墒整地,适期播种,合理密植,科学管理,保三期,促三壮。即保证苗期蹲好苗,促壮苗;保证抽穗期赶在雨季,促大穗壮穗;保证灌浆期赶在昼夜温差大的秋季,促壮粒。而保三期的关键是适期播种,适期播种的基础又是秋耕壮垡、三墒整地、蓄水保墒。

(七)谷田施肥

按施入时期和作用分为基肥、种肥和追肥3种类型,三者之间是密切配合,取长补短的,也可各自发挥作用。

1. 基肥

基肥就是播种前结合耕作整地施入土壤深层的基础肥料,也称为底肥。按有效成分计算,基肥中的农家肥要占整个施量的一半以上,而且产量水平越高,所占比例越大。这样,可以避免施用过多的速效化肥而造成徒长、倒伏或过早成熟等现象。根据各地的研究资料,在高产谷田最佳施肥量的情况下,每千斤农家肥可增产谷子40～60千克。

高产谷田一般以每亩施农家肥5 000～7 500千克为宜,中产谷田1 500～4 000千克。具体实践中要考虑到土壤肥沃程度、前茬、产量指标、栽培技术水平(尤其是耕深、密度、管理)以及肥源等因素。

(1)基肥中农肥种类

①人粪尿含氮较多,碳氮比小,易分解,肥效快。可使谷子早发苗,长壮苗。

②猪粪含有适量的氮、磷、钾和微量元素,各种养分较均衡,碳、氮比较小,易分解,肥效也较快,它是谷田最好的农家肥料。

③厩肥是各种家畜粪尿、褥草和垫土的混合物,经沤制腐熟后而成。其中牛圈粪质地细致,含水多,发酵热小,属冷性肥料,最好施于热性土上或一般谷田;骡马粪、羊粪的发酵热高,适于冷性土上施用。

④堆肥是利用农作物秸秆、割青、杂草、落叶、垃圾等各种有机废弃物,加上少量人畜粪尿

和细土、水分等堆沤而成的肥料。施用时,一定要注意剔除没有腐烂好的粗大杂物。

⑤泥土肥指墙土、炕土、熏土等,属热性肥料。所含养分大部分是速效的,可在一般谷田施用,尤其在高寒地带或冷性土上,有利于促进谷苗生长。

⑥绿肥是利用绿色植物的幼嫩枝叶、直接耕翻入土作为肥料的。绿肥对于改良土壤性质、减少容重、增加孔隙度和提高产量有显著作用。

⑦饼肥是油料种子榨油后剩下的残渣,含氮、磷、钾和丰富的有机质。作谷田基肥,每亩用15~50千克,增产效果显著。但必须经过粉碎发酵,以防烧苗和发生虫害。

(2)基肥中化肥种类及其作用

①磷肥可以促进根系发育,降低秕谷率,提高成粒数。

②氮肥不仅可以稳定地供应谷子的前期生长,而且由于降雨下渗到一定深度,便于谷子中、后期吸收利用,提高对氮素的利用率,从而获得高产。同时氮、磷配合施用,能进一步发挥磷肥的作用,收到以磷促氮、以氮带磷的效果。

(3)基肥的施用时期

①秋施结合秋耕进行,有利于蓄水保墒、提高养分的有效性、促进谷子的生长发育、提高产量。

②早春施结合春耕进行是对秋施的一个重要补充。

③播前施结合播前土壤耕作整地进行,效果不如秋施和早春施,干旱时更不宜采用。另外,农家肥与化肥结合施用,效果更佳。

2.种肥

种肥就是在播种时施于种子附近的肥料,一般为速效氮素化肥。

种肥在瘠薄地上,可明显地提高产量;肥力中等以上的地块也表现增产。种肥的主要作用是增加根际速效养分浓度,便于幼根吸收,从而促进小苗健壮生长。种肥的施用量不宜过大。

3.追肥

谷子生长发育的各个阶段,对营养元素的吸收积累是不同的。孕穗抽穗阶段,需要大量的营养元素,然而这时土壤养分的供给能力却很低。

适于作谷子追施的肥料,有速效性氮素化肥、磷肥和经过腐熟的农家肥。尿素的追施效果最好,速效磷肥的追施效果以早期为佳。农家肥的施用,一般限于肥效快的种类,如腐熟的人粪、尿等。

单纯追肥与同样数量的肥料分种肥、追肥施用相比,后者效果更好。一次追肥与分期追肥相比,后者更好,可以在拔节始期追"坐胎肥",孕穗期追"攻籽肥"。

三、谷子的栽培管理

(一)播期的确定

谷子播种期的确定,应根据当地无霜期的长短,针对不同品种的特性,在保证该品种生长发育有充分时间的前提下,使整个生活周期的各生育阶段都能充分利用温、光、水、肥等外界条件,增加营养物质的积累。

1.品种

品种间生育期的差别比较大。一般情况下,早熟品种从出苗到成熟仅需要 60~80 天,中熟品种 90～110 天,晚熟品种 110 天以上。由于谷子对光、温反应很敏感,不同品种类型对温、光反应的迟早和敏感程度差别很大,因而对播种期要求各不相同。

2.土壤水分及温度

谷子发芽出苗以播种层含水量 15%～17% 最为适宜,低于 10% 时,对出苗不利,含水量过高又容易导致种子霉烂并感染病害。谷子发芽的最低温度为 7℃,以 18～25℃ 发芽最快。一般情况下,温度以播种层的土温稳定在 10℃ 以上时,播种较为适宜。

3.降水量

旱地谷子生长发育好坏,在很大程度上取决于不同生长发育阶段的降水量是否能满足需要。需水关键期是孕穗、抽穗到开花阶段,雨量不足,可造成胎里旱与卡脖旱,对穗码数、穗长、穗粒数都会产生不良影响,可通过调节播期使谷子的需水高峰期与雨季吻合,提高谷子的产量。

4.病虫害

适当推迟播期可减轻粟灰螟及红叶病、白发病的危害。

(二)播种方法

1.楼播

一次操作可同时完成开沟、下籽、覆土作业,下籽均匀,覆土深浅一致,跑墒少,出苗较好,省工方便,适于各种田块作业,26.7～40 厘米行距。

2.沟播

先开沟,再撒籽,然后覆土,行距 50～66.7 厘米。①缺点:开沟时易造成大量跑墒,不利于保全苗;作业次数多,费工;播幅宽,往往两侧谷苗长势优于中间,生长不整齐。②优点:谷子种在沟里,通过中耕培土,逐步使沟变成垄,垄变成沟,这样谷子根系发育好,能防止倒伏,同时也有防涝、防沤根的作用;行距和播幅都较宽,既有利于合理密植,又保证了良好的通风透光条件,田间管理也方便;山地的水土保持效果也好。

3.垄作

东北地区大多是起垄后将谷子种在垄上,其优点是通风透光好,能提高地温,利于排涝及田间管理。

4.机播

机播有下籽匀、保墒好、工效高、出苗齐、行子直等特点。主要在东北地区应用。

(三)播种技术

1.播量

播种量的多少,要根据种子质量、墒情、播种方法等条件来决定,应以一次保全苗、幼苗分布均匀为原则,在一般情况下,每亩 0.5 千克即可。

播种量直接影响到保全苗和间苗难两个问题,播量太大造成间苗难,播量少难以保全苗。谷子的种子粒小,顶土力弱,其出苗靠的是群体顶土,有句俗话叫"稀不长,稠全上",谷子种的稠时苗全能出来,种的稀则出来得很少。因此,间苗难是谷子栽培上的一大难题之一。

2.播深

播种深浅不仅关系到出苗好坏,对以后的生长发育及其产量也有很大影响。谷子颗粒小,覆土宜浅,在整地保墒好的情况下,播深以 5 厘米左右为宜。

播种过深,幼苗出土慢,芽鞘细长,生长瘦弱或在土中"卷黄",不利于培育壮苗;而且幼芽在土中停留时间长,受病虫侵染机会多,往往发病率高。但播种亦不宜过浅,过浅则因表土水分蒸发,不能满足发芽需要,出不了苗。

3.播后镇压

播后镇压是一种行之有效的保苗措施,也是北方种谷普遍采用的方法。播后土壤比较疏松,种子与土壤结合不紧,在干旱多风的地区播种层容易风干,对出苗不利。在干旱严重地区,增加镇压次数可减少干土层厚度,提高播种层水分含量,增加出苗率。

(四)抗旱播种技术

春旱是春谷区谷子生产中存在的主要问题之一,播种好坏直接影响到谷子的产量。采取有效的播种技术是保证谷子苗全苗壮的重要措施。

1.土壤含水量及其墒情的判断

播前要测定土壤的含水量,0～20 厘米为表墒;20～50 厘米为底墒;50 厘米以下为深墒。土壤墒情与含水量的关系见表1。

表 1　不同土壤旱情时含水量标准　　　　　　　　　　　　　　　　　%

干旱程度	沙土	沙壤土	壤土	黏壤土	黏土
受旱	8～11	9～13	10～16	11～18	13～21
重旱	<8	<9	<10	<11	<13

注:5～10 厘米土层含水量。

农民在播种前用铁锹挖 2～3 寸表土,根据土壤对种子发芽、出苗的综合影响来划分墒情种类见表2。

表 2　土壤墒情类别表

墒情类别	土色	湿润程度	性状	措施
黑墒	黑—黑黄	湿润,手捏成团,扔不碎,手捏有湿印,含水量大于 20%	水稍多,空气中氧气不足,为适种上限,能保证出苗	稍加晾墒,适期播种
黄墒	黄	湿润,手捏成团,扔之散碎,有凉爽感,含水量在 12%～20% 以下	水、气均适宜,能出苗,为适时下限	适时播种,注意保墒
灰墒	灰黄	半干,半湿润,捏不成团,手无湿印,含水量在 12% 以下	水分含量不足,播后只能部分出苗	抗旱、播种、灌水、补墒后下种
干土	灰白	干,无湿润感觉,捏之散成粉,风吹飞动,含水量在 5% 以下	含水量过低,播后不能出苗	先灌水,后播种

2.抗旱播种的方法

抗旱播种的方法较多,各地根据当地的情况采取不同的抗旱播种方法,主要方法有:①条沟播种法,即抗旱丰产沟、旱农蓄水聚肥改土耕作法。②渠田种植法。③坑种法。④深沟接墒浅播法。⑤套犁(耧)沟播法。⑥镇压提墒播种。⑦趁墒早播。⑧深种揭土法。⑨催芽播种。⑩冲沟待雨播种、干土寄种、雨后抢墒播种、水耧播种等。

(五)间苗定苗

早间苗,防荒苗,对培育壮苗十分重要。群众经验是:"谷间寸,顶上粪"。

早间苗可以改善幼苗的生态条件,特别是改善光照条件。早间苗可以使幼苗壮而不旺,叶色浓绿,晚间苗易使谷苗瘦弱细长,叶片狭长,叶色发黄。早间苗可以使幼苗根系发育健壮,根量增加。试验结果表明,早间苗一般可增产10%～30%。

间苗是谷子生产上存在的主要难题之一。目前,大多数地方还是手工操作。间苗时间最好在三叶一心期,其增产效果最好,但由于谷苗太小,操作较困难,一般在5叶前操作较好,5叶以后,次生根已较发达,间苗时容易拔断谷苗,易形成残株。

(六)合理密植

1. 密度的掌握

谷子的留苗密度因生态类型、品种特性、种植习惯、播种方法的不同有一定的差异,一般春谷子每亩留苗密度为2万～3万株,可根据品种的特殊要求及土壤肥力情况进行调整,肥力差的应适当降低留苗密度。

2. 谷田群体理想动态

作物利用太阳光能同化二氧化碳和水,合成有机物质,即光合作用,其产物占植株总干重的90%～95%,是作物产量最基本的来源,光合作用效率的高低是作物高产的生理基础。

高产谷田具有较为合理的群体结构,叶面积发展比较合理。一般认为,前期叶面积不应过小,中期不可发展过猛,特别是达到高峰后维持较长时间,然后平稳下降。对培育壮苗、健株,可以提高其光能利用率,充实籽粒,夺取高产有重要作用。

千斤谷田的叶面积指数动态指标是:拔节期0.5～0.6;生长锥伸长期1.3～1.5;穗花分化期3.5～4.0;盛花期达到5.0～5.5;蜡熟期仍维持在3.5～4.0;开花期至蜡熟阶段叶面积平稳下降可保证灌浆阶段有旺盛的碳素代谢;成熟期不低于2。

3. 合理密植应考虑的因素

(1)气候条件

①日照:日照的强度和时间长短。强度大时间长则应密度加大,反之减小。

②温度:作物光合作用有冷限和热限,与品种有关,但和栽培条件也密切有关。温度高,生长快,宜适当稀植,温度低,生长慢,则宜密植。

③降水:谷子大部分种在旱地,"有收无收在于水",降雨多的地区可适当密植,反则宜稀植,以充分满足植株的水分需求。

④风:中等风利于密植,利于群体内的气体交换;大风密植易倒伏;通风不良应适当稀植。

(2)土壤肥力和施肥水平　土壤中的有机质、全氮、速效磷等养分含量较高的土壤结构良好,水肥气热状况适宜,作物生长发育健壮,适宜密植的范围较宽。反之,土壤结构差,抗逆性差,适宜稀植。在一定的范围内,增肥是密植的前提,多肥合理密植有显著的增产效果。

(3)品种类型　由于品种间生育期长短、分蘖性强弱、茎秆的高低、株型的紧凑程度、穗子的直立度等的差异,对谷田的密度要求不同。一般来说,晚熟、高秆、大穗、多分蘖型品种密度宜稀,反之宜稠。

(七)苗期管理

谷子的苗期管理非常重要,其主要措施是蹲苗。蹲苗是培育壮苗的一项重要措施,何为壮苗？谷子壮苗应该是全苗满垄,生长整齐,强而不旺,基部扁圆粗壮,根深叶挺,厚而浓绿。

谷子苗期是生长中心是根系建成,田间管理的主攻方向应该是控上促下,促进根系发育,达到早生根,多生根,深扎根,幼苗敦实、健壮。蹲苗的措施有以下几点。

1.压青苗

如果土壤水肥条件好,幼苗生长较旺时,应该压青苗。通过蹲压起到控上、促下的作用。3～5叶期为蹲压最适时期。时间在下午好,最好浅中耕后再进行蹲压,以免伤苗。

2.适当推迟第一次水肥管理时间

苗期适当控制水肥是有效的蹲苗措施之一。

3.深中耕

如果在谷子苗期土壤湿度大,温度高,则应进行深中耕,促进根系的发育,减缓地上部分生长,使茎秆粗壮,提高抗倒能力。

4.喷施磷酸二氢钾

拔节期喷施磷酸二氢钾,幼苗健壮,叶色黑绿,根量增多,有明显的壮穗、壮秆效果。

(八)谷子的中期管理

谷子的一生可分为3个生长发育时期,即生育前期(又称苗质量决定期)、生育中期(又称穗、花数决定期)、生育后期(又称穗粒重决定期)。谷子的生育中期从拔节到抽穗既是根、茎、叶生长最旺盛时期,又是谷子幼穗分化发育时期,也是根系第2个生长高峰期。从孕穗到抽穗开花是谷子一生中需水量较多的时期。因此,谷子生长中期栽培管理的重点是协调地上部和地下部的生长,围绕促壮根、攻壮秆、保大穗而进行。中期管理的重点有以下几点。

1.及时清垄

谷子从拔节开始,随着气温的逐渐升高,进入了生长的旺盛阶段,为了避免水、肥的消耗,促进植株良好发育,要及时将垄眼上的杂草、谷莠子、杂株、残株、病虫株、弱小株及过多的分蘖彻底拔除,增强群体内部通风透光性能,促进个体发育,提高产量。

2.及时中耕

拔节期要进行深中耕,不仅可以接纳雨水,而且可以拉断部分老根,促进新根生长,做到控制地上茎部节间伸长,又促进根系发育,多吸收水肥;孕穗期中耕要浅,以免伤根过多,本次中耕除松土除草外,同时进行高培土,促进基部茎节发生次生根。

3.合理追肥

根据土壤肥力状况和植株生长发育的需要,适时适量进行追肥,可以在拔节始期追"座胎肥",孕穗期追"攻籽肥"。

(九)中耕除草

1.中耕的作用

中耕的作用是松土、除草、减少水分和养分的损耗,改善土壤的通透性,调节土壤水、气、热状况,促进微生物活动,加速养分的分解,从而为谷子生长发育创造良好的环境条件。

2.各生育时期中耕的要求

谷子的中耕管理,大多在幼苗期、拔节期和孕穗期进行。中耕次数一般 3～4 次。幼苗期中耕,一般结合间苗或在定苗后进行;拔节期中耕,应结合清垄和追肥进行,将垄眼上的杂草、谷莠子、杂株、残株、病虫株、弱小株及过多的分蘖,干净彻底地拔除,这次中耕为深中耕,通过深中耕不仅可以多接纳雨水,而且可以拉断部分老根,促进新根生长,从而起到控促结合的作用;孕穗期中耕在谷子地上部分营养生长和生殖生长最旺盛的阶段,深度宜浅,这次中耕除松土除草外,同时进行高培土,以促进次生根的生长,防止倒伏。培土贵在适,就是我国北方群众认为的"头伏耧地一碗油,二伏耧地半碗油,三伏耧地没有油"。

(十)谷田的后期管理

1.谷田后期管理的主要目标

防止叶片早衰,提高光合能力,促使光合产物向穗部的运转和积累,提高结实率,增加穗粒重。

2.田间管理的重点

防旱、防涝、防倒伏、防霜冻等。

(十一)谷子倒伏的原因及其应对措施

1.谷子倒伏的原因

倒伏是谷子生产中普遍存在的现象,不仅影响到谷子产量,同时影响到谷子的品质。造成谷子倒伏的原因主要有 3 个方面:一是品种,品种间抗倒伏性存在较大的差异;二是密植过大,密度过大容易造成倒伏;三是施肥不合理,植株发育不良造成倒伏。当然,遇到恶劣天气,如大风降雨,倒伏也不可避免。

2.谷子倒伏的应对措施

根据造成谷子倒伏的原因,应采取的措施包括:一是选用抗倒品种,特别是刮风天气常见地区更重要,可以有效地防止倒伏的发生;二是合理密植,密度不宜过大,适当降低密度减少倒伏;三是合理施肥,特别是增施有机肥,培育壮苗,提高茎秆的韧性,增强植株的抗倒能力;四是发生倒伏时应及时采取人工的方法将植株扶起,减少损失。

(十二)影响谷子食味品质的因素

对谷子品质影响因素很多,主要有 4 个方面。

1.品种

我国是谷子的主要起源地之一,种质资源丰富,国家种子库已保存的有 2 万余份,各生态区谷子品种间的品质差异较大,从营养品质看,有高蛋白类型、高脂肪类型、富硒品质,品种间的适口性差异也较大。因此,在选用品种时要考虑小米产品的类型,合理地选用适合的品种。

2. 生态环境

温度、温差、光照、降水量、土质等环境条件对谷子的品质有直接的影响,土质对小米适口性的影响较大,红壤与黄壤的小米食味品质比其他土壤质地的要佳,环境条件越适合谷子的生长发育,其产量越高、品质越好。一般情况下,播种期谷子需要具有较好的底墒,确保谷子的正常出苗,苗期略旱有利于谷子出苗后扎根蹲苗,在谷子的孕穗期具有充足的雨水,有利于谷子的营养生长和生殖生长,在谷子的灌浆期光照充足,温差大,有利于谷子的灌浆。选择良好的优质米生产基地对于小米开发是非常必要的。

3. 合理的栽培管理

适期播种、合理密植、科学施肥、适时中耕、收获,对获得高产、提高品质具有重要作用,特别是施肥对谷子的品质影响很大,多施有机肥对提高谷子的食味品质效果显著。增施有机肥不仅可以提高谷子的品质,同时可以提高谷子的抗倒、丰产、稳产能力。

4. 谷子的保存

谷子具有耐贮藏的特点,但如果存放不当,则会造成谷子的霉烂变质,直接影响到谷子的品质。谷子的贮藏应以减少呼吸和微生物的活动为原则,一般以干燥贮藏为主要方法,谷子在干燥、通风、低温的情况下,是极耐贮藏的作物,谷粒干燥是保存谷物的一种最重要的措施,未经干燥的谷粒,由于内部进行强烈的呼吸作用,消耗大量的营养,通风不好则易产生大量的有害物质。另外谷子也可以采取密闭贮藏的方法,其前提条件也必须是谷粒干燥。此外,谷子不易暴晒,否则,会影响其食味品质。

四、渗水地膜谷子穴播高产栽培技术

(一)播前准备

1. 选茬定地

谷子较好的前茬是豆类、薯类,其次是玉米、高粱等。谷子不宜重茬,特别是气温较高的区域和种植易感病的品种要杜绝重茬。

覆膜机播谷子要选择地势平坦、地块较大、土层深厚、质地松软的肥沃壤土或沙壤土,易结块的黏土地不宜种植。

2. 精细整地

谷子籽粒小,幼苗顶土力弱,墒情充足,土壤细碎、松紧适中有利于出苗。整地要做到秋深耕、春浅旋。前茬作物收获后秋季进行深耕灭茬,耕深25厘米,耕后及时耙糖保墒。春季结合施肥进行浅匀旋,旋深13厘米,旋地要放慢速度,做到均匀细致。整地质量直接影响铺膜播种的质量和捉苗的效果,因此,要严把整地质量关。

3. 合理施肥

谷子喜肥,对肥料反应比较敏感,为保证小米品质,提倡施用有机肥或无机氮、磷、钾配合施用。播种前15天前,底肥一次性地表均匀撒施,随即旋耕,踏墒半个多月后播种。

优先选用优质农家肥(腐熟的羊粪、牛粪等),亩施2米³;农家肥不足时配施氮、磷比例相当,钾较低的复合肥;无农家肥及生物有机肥时,施氮、磷、钾三元素复肥或单元素氮、磷、钾肥,氮、磷、钾有效成分应掌握在2:2:1,亩施纯量分别为氮10千克、磷10千克、钾5千克左右为宜。

4.品种选择

选适宜本地种植的高产、优质、抗病新品种至关重要。品种的选择原则顺序:生育期适宜、优质、高产、抗病。我市适宜种植的谷子新品种很多,常规品种推荐:大同 34、大同 30、大同 8311、大白谷等;杂交谷种推荐:张杂 3 号、张杂 6 号、张杂 10 号、张杂 13 号等。杂交谷品种适宜在生育期短的冷凉区、气候较热易感病的区域与地块,或者以产量为主要追求目标的种植主体。高产优质品种选用由各推广县区农业技术部门具体指导,由种植户结合生产实践和市场供求确定。

5.种子处理

选购已包衣良种。常规种自留种子农户,播种前要进行种子处理,选择晴天将谷种摊晒 2~3 天,晒后用 10% 的盐水选种,充分搅拌漂净上层瘦瘪谷种、草籽和杂质,用清水洗 2~3 遍后用药剂拌种,之后阴干。

防治谷子白发病和粒黑穗病用 35% 甲霜灵和 40% 拌种双以 1∶2 复配按种子量 0.3% 拌种,或者用 35% 甲霜灵和 50% 多菌灵可湿性粉剂、50% 甲基硫菌灵可湿性粉剂、15% 三唑醇拌种剂、75% 萎福双可湿性粉剂按以 1∶2 按种子量 0.3% 拌种。

6.地膜机具

渗水地膜与覆膜播种机是山西省农业科学院农业资源与经济研究所的成果与专利产品,均有定点厂家生产,需要提前预约订货。

目前,渗水地膜有 3 种规格:(0.008~0.01)毫米×1 650 毫米宽幅渗水地膜、0.01 毫米×1 300 毫米宽幅渗水地膜和(0.008~0.01)毫米×800 毫米窄幅渗水地膜。

配套覆膜播种机有 2 种机型:2MB-1/4 铺膜播种机(4 行机)、2MB-1/3 铺膜播种机 3 行机和 2MB-1/2 铺膜播种机(2 行机)。面积大的平坦地块选用 4 行机,否则,选用 3 行机和 2 行机。一膜 4 行播种机配套幅宽 1 650 毫米的渗水地膜,用 30~60 马力拖拉机牵引,大轮外轴距不得超过 125 厘米,播后形成波浪形全覆盖,增产潜力较 2 行机大;一膜 2 行播种机配套幅宽 800 毫米的渗水地膜,用小四轮或 30 马力拖拉机牵引。

(二)严把播种关,确保播种质量

适期播种是获得谷子高产的重要环节之一。

1.适期播种

在无霜期较短(110~125 天)的地区,播种层的土温稳定通过 10℃,一般在 4 月中、下旬开始播种。在无霜期较长(130~160 天)的地区,可结合农时与土壤墒情及天气预报确定播种时间,一般在 5 月中、下旬。播期原则:冷凉、干旱区抢时、抢墒并重,温热区宜晚不宜早;在同一生态区生育期长的品种早播,生育期短的品种晚播;遇持续干旱可干播等雨。

2.控制播量

常规种亩播种量 0.3~0.35 千克,单穴播种 10~15 粒;杂交种亩播种量 0.65~0.7 千克,单穴播种 20~30 粒。

3.机播覆膜

采用 4 行机播种,一次性可完成探墒开沟、铺膜、打孔、穴播、覆土、镇压。盖膜覆土是播种技术和机具调试的核心,直接影响出苗,所以,机手必须熟练掌握盖膜覆土技术。墒情好、质地黏重的土壤宜薄,墒情差、质地轻的土壤也不宜太厚。

4.密度控制

行距 40~50 厘米、穴距 20~25 厘米,条带间距 50 厘米(机收适当加宽),每亩约 7 000 穴(允许有 20% 的空穴率),每穴 6~7 株。适宜的亩穗数为:高肥力地 3.5 万~4 万穗、中肥力地 3 万~3.5 万穗、低肥力地 2.5 万~3 万穗。

5.波浪形全覆盖

4 行机按操作规程播种,即形成具有 4 条播种浅沟和 3 行凹形集雨沟的一膜 4 行波浪形全覆盖,见图 1。

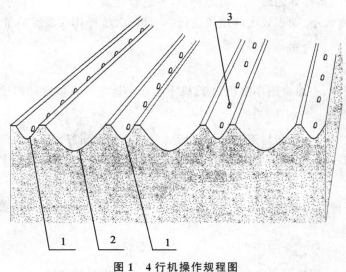

图 1 4 行机操作规程图

1.播种沟 2.垄间集雨沟 3.播种孔

(三)田间管理

1.检查盖膜情况

播种后要及时检查盖膜覆土情况,覆膜不严实或有开口处要及时处理,遇到大风天气要及时将刮开的膜盖好。

2.查苗放苗

出苗时检查苗情,发现覆膜错位的,及时破膜放苗,避免烧苗,发现覆土厚的扒土放苗。

3.病、虫、草害防治

白发病和黑穗病通过拌种预防。谷瘟病用敌瘟磷 40% 乳油 500~800 倍液或 50% 四氯苯酞可湿性粉剂 1 000 倍液或 2% 春雷霉素可湿性粉剂 500~600 倍液。防治叶瘟病在始发期喷药,防治穗颈瘟可在始穗期和齐穗期各喷药 1 次。

地下害虫严重的地块,春季整地时每亩用 40% 辛硫磷乳油 0.5 千克加细沙土 30 千克,拌成毒土撒施。粟灰螟每 1 000 株谷苗有卵 2 枚时,亩用 25 克/升溴氰菊酯乳油 40~50 毫升,对水 40~60 升喷雾。

在大面积覆盖情况下不提倡化学除草,零星杂草人工拔除。易形成草害时,每亩用 50 克的 50％扑草净可湿性粉剂,播后、苗前进行垄背土壤处理或苗后(谷苗 3～5 叶)每亩用 25 克的 57％2,4-D 丁酯乳油进行基叶喷雾。

4.适时收获

谷穗变黄,籽粒变硬即可适时收获。大面积种植的可采取机械收割,有小型收割机和中、大型收割脱粒机供种植户根据需要选购。

(四)注意事项

1.适种区域、地类与地块

谷子适宜在通风条件好的坡、梁、垣地种植,不适宜在温暖区的沟、川、平地种植;机播覆膜需在地面平坦、坡度较小、面积较大的地块进行。否则,无法操作或覆膜质量无法保证;结块的黏性土壤不宜使用该技术。

2.播种机选用

大地块用大型机、小地块用小型机,4 行机不宜在小地块和有坡度的田地使用。

3.品种选用

品种要在当地农技人员指导下选择。一般是常规品种品质好,杂交谷子产量高、适种区域宽、适应性强、抗病性好、生育期短,在冷凉区和生育期长的温暖区种植风险较小。

4.用药安全

自留种药剂拌种和田间防治病虫草害用药,必须严格遵守用量说明及农药安全使用规定操作。

5.种子用量

杂交种发芽率低,亩播种量必须在 0.6 千克以上或根据品种说明使用。

五、病、虫、草害防治

(一)白发病

1.分布与危害

白发病是谷子的主要病害之一,最高年份发病率达 40％,对产量造成了极大损害。白发病属真菌性病害。

2.症状

田间表现的主要症状是:苗期灰背,叶片背面有灰白色霉状物;中、后期表现叶肉破裂成发线状,故称白发病;后期穗部表现谷穗变成畸形,呈刺猬状,有的谷穗为部分刺猬状、部分正常。

3.发病规律

病菌孢子落入土壤中,混入粪肥里,附着在种子上越冬,可存活 2 年以上。来年谷子播种发芽时,侵入幼苗,引起发病。谷田连作,春季气温低,幼苗出土迟缓易发病。白发病病菌传播有 2 种途径:一是种子带菌,二是土壤传播。其发生程度与气候条件、前茬作物、播种时间、土地条件、品种都有关系。

播种后气温低、雨水多,地块低洼,种子没使用杀菌药剂处理,前茬是同类作物,品种感病等,都是有利于病害发生的条件。第一,同一品种同种气候条件下,播种早的地温低,出苗时间延长,病菌容易侵入,发病重。第二,同一品种使用甲霜灵等能防白发病的药剂拌种的种子,发病要轻。没用药剂处理的种子发病重。第三,前茬是同类作物的地块,病菌的残存孢子在土壤中越冬数量多,侵染的概率高,或使用未腐熟的粪肥中含有病菌孢子,发病要重。白发病发病重,轮作的地块发病轻。第四,抗病品种发病轻,感病品种发病要重。

4.防治方法

(1)农业防治　选用抗病品种,轮作倒茬,拔除病株。

(2)药剂防治　用35％甲霜灵(瑞毒霉)可湿性粉剂拌种,用药量按种子量的0.2％或40％拌种双可湿性粉剂,用药量按种子量的0.4％,即可。

(二)黑穗病

1.分布与危害

我国各谷子产区都有发生,东北、华北地区较多。由谷子黑粉菌侵染所引起。一般发病率为5％～10％,个别田块高达45％,减产较大。除为害谷子外,还侵染狗尾草。

2.症状

一般抽穗前不显症状。抽穗后不久,穗上出现子房肿大成椭圆形、较健粒略大的菌瘿,外包一层黄白色薄膜,内含大量黑粉,即病原菌冬孢子。膜较坚实,不易破裂,通常全穗子房都发病,少数部分子房发病,病穗较轻,在田间病穗多直立、不下垂。

3.发病规律

病原菌以冬孢子附着在种子表面上越冬。来年带菌种子播种萌芽后,冬孢子也萌发侵入幼芽,随植株生长侵入子房内,形成黑粉。冬孢子在土温12～25℃之间均可萌发侵染。

4.防治方法

(1)农业防治　选留无病种子单打、单收,种植抗病品种。

(2)药剂防治　用40％拌种双可湿性粉剂或15％粉锈宁可湿性粉剂或50％多菌灵可湿性粉剂等,均按种子重量0.2％～0.3％药量拌种处理种子。

(三)红叶病

1.分布和寄主植物

华北、西北、东北地区都有发生,可以侵染多种禾本科植物,其中,有些寄主,如小麦、糜子、金狗尾草、青狗尾草、马唐、稗等表现症状;有些寄主,如大麦、黑麦、燕麦、龙爪稷、鸭茅、老芒麦、蟋蟀草、燕麦草等不表现症状,但体内潜有病毒存在。

2.症状

红、紫秆品种,叶、叶鞘和穗变红,叶片变红通常自叶尖向基部蔓延,使叶片全部红化或使长红条多在两侧,一般叶正面先变红,反面可保持绿色相当时间才变。叶片变红一直蔓延到叶鞘,穗上的芒也变红,最后叶面干枯。症状轻重因植株发育阶段和感病时期不同差异很大,一般感病越早,症状愈重。幼苗感病后可能长到1.2尺时,叶片红化,不抽穗而枯死。抽穗后感病,除叶片变红外,生长良好,穗正常结实,植株可表现各种轻重不同的症状,穗短,植株矮小,根系不发达,叶面皱缩,顶端叶片直生或簇生,籽粒秕瘦,直到不结实。一般青秆品种的症状和紫秆品种相同,只是病叶和叶鞘不红化而黄化。不同品种所表现的症状差异很大。

3.发病规律

本病由蚜虫传播,种子和土壤不传染,玉米蚜、黍长管蚜和麦二叉蚜都能传毒,以玉米蚜为主。玉米蚜发生的早晚、多少和发生时间的长短与发病的轻重有关,发生早、数量多、时间长的比较重。田边杂草多也较重,田边常比田中发生早也较重。早播田较晚播田重。品种间抗病性有差异。

4.防治方法

选择抗病品种;加强栽培管理,增施氮、磷肥料促进植株生长,提高抗病力;进行除草治虫减少毒源。

(四)谷瘟病

1.症状

谷瘟病属真菌性病害。叶片病斑初为暗绿色水浸状小点,不久即扩大,变为梭形或椭圆形,中央灰色,边缘深褐色,周围有黄色晕圈。天气潮湿时,病斑背面生鼠灰色霉层。严重时,病斑密集,有的汇合为不规则的长梭形斑,叶片局部枯死。穗部主要侵害小穗柄和穗主轴,病部灰褐色,小穗随之变白枯死,引起"死码子"。严重时,半穗或全穗枯死。在大流行年份,穗颈和节部也可发病,病部变暗褐色或黑褐色。

2.防治方法

(1)病草处理 在春播前要及时处理掉病谷草,以减少初侵染源。

(2)选用抗病品种 品种之间抗病性有明显差异,因地制宜选用抗病品种和引进抗病品种,是防治谷瘟病的一项有效措施。

(3)药剂防治 用20%萎锈灵乳油0.7千克,拌种100千克。田间发病初期,及时喷药防治,可控制危害。喷洒的药剂有,40%克瘟散乳油500~800倍液,每亩喷药液60~80千克。

(4)改进栽培技术 适期播种,合理施用磷、钾肥,增强植株抗病力。

(五)纹枯病

1.症状

谷子自拔节期开始发病,首先,在叶鞘上产生暗绿色、形状不规则的病斑;其次,病斑迅速扩大,形成长椭圆形云纹状的大块斑,病斑中央部分逐渐枯死并呈现苍白色,而边缘呈现灰褐色或深褐色,时常有几个病斑互相愈合形成更大的斑块,有时达到叶鞘的整个宽度,使叶鞘和其上的叶片干枯。在多雨的潮湿气候下,若植株栽培过密,发病较早的病株也可整株干枯。病菌常自叶鞘侵染其下面相接触的茎秆,在灌浆期病株自侵染茎秆处折倒。当环境潮湿时,在叶鞘病痕表面,特别是在叶鞘与茎秆的间隙生长大量菌丝,并生成大量褐色菌核。病菌也可侵染叶片,形成像叶鞘上的病斑症状,使整个叶片变成褐色,卷曲并干枯。

2.防治方法

(1)农业防治 至今在谷子品种资源中未见免疫类型,高抗材料也很少,但品种间存在着明显的抗病性差异,选用抗病品种可减少病害的为害。栽培管理主要包括清除田间病残体,减少侵染源;根茬的清除和深翻土地;适期晚播以缩短侵染和发病时间;合理密植,铲除杂草,改善田间通风透光条件,降低田间湿度;科学施肥,施用有机肥为主,增施磷钾肥料,改善土壤微生物的结构,增强植株的抵抗能力。

(2)药剂防治 利用内吸传导性杀菌剂,如种子量0.03%的三唑醇、三唑酮进行拌种,可有效控制苗期侵染,减轻为害程度。采用50%可湿性纹枯灵对水400～500倍,或用5%的井冈霉素600倍,于7月下旬或8月上旬,病株率在5%～10%时,在谷子茎基部彻底喷雾防治一次,一周后防治第二次,效果良好。目前很多单拉正在广泛筛选生物农药,如麦丰宁B,防效显著,又可避免农业污染,这是将来防治纹枯病的重点发展方向。

(六)粟灰螟

1. 分布与危害

粟灰螟又叫谷子钻心虫、虫全谷虫,危害谷子、玉米和高粱。幼虫钻蛀幼苗造成枯心苗。穗期受害,茎秆折断,籽粒秕瘦。其形态及发生特点是:蛾子淡黄褐色,前翅近长方形,有黑褐色鳞片,翅中央有1个黑点,外缘有7个小黑点,后翅灰白色。卵黄白色,鱼鳞状排列。幼虫黄白色,体背有5条紫褐色纵线。

2. 发生规律

幼虫在谷茬内越冬,陕北一年发生2代。冬暖,春季多雨,土壤墒情好,虫全谷虫易大量发生。山地、阳坡地和早播田受害较重。

3. 防治方法

(1)农业防治 结合秋耕耙地,拾烧谷茬,并集中烧毁;因地制宜调节播种期,躲过产卵盛期;选种抗虫品种,种植早播诱集田,集中防治;及时拔除枯心苗,减少扩散为害。选育生长期短,茎秆较细及分蘖多的高产抗虫品种。

(2)药剂防治 毒土顺垅撒在谷苗上,使谷苗及其基形成宽6厘米的药带或将杀虫剂喷于谷叶背面。

(七)粟茎跳甲

1. 分布与危害

粟茎跳甲俗称"地蹦子""地格蚤",除危害谷子外,还危害高粱、糜子、玉米和小麦等作物。成虫取食叶片的叶肉,咬成条纹状,幼虫钻蛀幼苗茎内蛀食危害,造成枯心苗。

2. 发病规律

此虫一年发生1代,以成虫越冬,它的体长2～3毫米,青铜色的小甲虫,5月中旬至6月中旬在谷苗茎基部产卵,10天左右幼虫钻入茎里危害。6月下旬谷苗5～10厘米高时,幼虫危害最重。防治此虫应抓着成虫出土后,幼虫尚未钻入茎之前的"火候"防治。

3. 防治方法

谷子出苗后处于"仰脸"时喷药,可用2.5%溴氰菊酯配1 500～2 000倍液喷雾。

(八)谷莠子

1. 分布与危害

有些谷田中特别是缺苗的地块,谷莠特别多。有许多农民朋友认为谷种是陈的或是种子质量不好就变成了谷莠。其实这是种误解。谷莠是一种谷田中常见的伴生性杂草,顶土力强出苗早,苗期与谷苗很难区分,特别是在低温,多雨等不利于谷子出苗的时候,经常把谷莠误认为是谷苗而留下,等到了分蘖期才发现是谷莠子,所以,经常出现一条垄中没有谷苗而谷莠一墩连着一墩,给人非常多的现象。

2.发生原因

谷莠成熟早,易落粒,传播能力强,种子可以在土壤中保存多年而不会丧失发芽能力。这主要是由以下几个方面的原因造成的:一是人畜或风带入,二是前茬土壤中有上年的落粒,特别是连作茬。三是粪肥中含有谷莠籽。

3.防治方法

要解决这个问题有几种方法:①轮作换茬:实行3年一换茬口,不在同一地块连续种植谷子。②使用充分腐熟的粪肥忌用新鲜的牲畜粪便。③在谷莠落粒前,及时拔除上年田中的谷莠,使土壤中减少谷莠种子数量。④化学药剂防治:在播种前,喷洒"谷友"等苗前除草剂,杀死谷莠的幼芽,减少其危害。

(九)草害的防治

1.谷田除草剂的使用

谷子苗小,谷田杂草种类繁多,数量大,与谷子幼苗争光争水争肥,影响谷苗的正常生长,进而影响谷子的质量和产量。另外,一些近缘野生种杂草,如谷莠子,在苗期与谷苗难于识别,会留下很多杂草,造成严重减产。谷子田人工除草费工费时,如果春季遇到阴雨连绵,草苗会一起生长,严重的耽误农事,影响谷苗的生长,有时就荒芜了农田。严重地限制了谷子的集约化生产。如何让谷苗生长健壮,建议使用化学除草剂。

那么使用什么除草剂能使谷苗生长健壮?又如何使用呢?下面介绍谷子田化学除草剂的种类防效和使用方法。

播后苗前,使用44%谷友可湿性粉剂140克/亩,杂草株防治效果能达到85%左右。在谷子播种后,选择无风天倒退封闭施药,对水量为50克/亩;谷子3叶1心期,在谷子田双子叶杂草发生重的田块施用56%的2甲4绿钠可湿性粉剂140克/亩,该药对双子叶杂草防效达92.00%以上,对水量为50克/亩。施药方法对谷田进行茎叶施药。

2.化控间苗技术

通过化学处理的方法,达到间苗的目的。方法是将种子的一部分利用化学药剂处理,然后与正常种子混匀同时播种,出苗后,处理过的幼苗自动死亡,从而达到共同出苗和间苗的目的。山西省农科院谷子研究所已研究成功化控间苗剂,获得了山西省科技进步二等奖。

3.抗除草剂谷子新品种的选育及应用

利用抗除草剂品种,播种时抗除草剂品种与不抗品种混合播种,出苗后通过喷除草剂达到除草和间苗的双重目的。河北省农林科学院谷子研究所已培育出抗除草剂品种,并在华北夏谷区推广应用,国内其他谷子育种单位也正在培育相应的品种。该项技术已申报了国家专利。

六、谷子播种、中耕、收获、脱粒等农机的研制

谷子是一种农业机械化水平较低的作物,大量的田间作业主要依靠人工作业,费时费工,严重地影响着谷子产业化的发展。随着国家对杂粮的重视以及谷子等小杂粮产业的发展,经

费投入和研究力量的加强,谷子生产上农机的研制得到较快的发展。目前,谷子的播种、脱粒的等机械设备已少量研制成功并开始投入使用,这将为谷子生产的发展发挥更大的作用。

七、谷子缓释肥的研制与应用

缓释肥也称控释肥,就是在化肥颗粒表面包上一层很薄的疏水物质制成包膜化肥,水分可以进入多孔的半透膜,溶解的养分向膜外扩散,不断供给作物,即对肥料养分释放速度进行调整,根据作物需求释放养分,达到元素供肥强度与作物生理需求的动态平衡。市场上的涂层尿素、覆膜尿素、长效碳铵、CA、CR 肥料就是缓释肥的一种类型。

(一)缓释肥的优点

1. 肥料用量减少,利用率提高

缓释肥肥效比一般未包膜的长 30 天以上,淋溶挥发损失减少,肥料用量比常规施肥可以减少 10%～20%,达到节约成本的目的。

2. 施用方便,省工安全

可以与速效肥料配合,作基肥一次性施用,施肥用工减少 1/3 左右,并且施用安全,防肥害。

3. 增产增收

施用后表现肥效稳长,后期不脱力,抗病抗倒,增产 5% 以上。

(二)谷子缓释肥的应用意义

按照谷子的需肥特点,谷子在苗期的需肥量较少,而在拔节期、孕穗期则需要大量肥水的支持,谷田在播前一次性施入基肥不利于谷子全生育期肥料的合理使用,分期施肥则增加生产用工。因此,研制符合谷子生长发育需求的专用缓释肥将在减少田间用工的基础上,提高谷子生产的水平。

第四章 糜 黍

第一节 优良品种介绍

一、晋黍5号

品种来源:原代号82322-1。由山西省农业科学院高寒区作物研究所以"981"作母本、"伊黍1号"作父本杂交选育而成。

审定情况:1998年4月经山西省农作物品审委三届三次会议审定通过。

特征特性:较早熟,生育期100~110天。株高150厘米左右,株型紧凑,茎秆粗壮,叶色青绿。叶鞘绿色,侧穗型,花序为青黄色。穗长30厘米左右,籽粒橘红色,护颖绿色,千粒重8.38克。

品质分析:农业部谷物检测中心测定,蛋白质含量11.74%,脂肪含量2.93%,直链淀粉含量2.4%。米糕色黄,适口性好。生长势强,分蘖力弱,以主茎成穗为主,抗倒伏,穗大粒多,丰产性好。

产量表现:1995—1996年参加山西省黍子生产试验,1995年平均单产169.5千克/亩,比对照"晋黍1号"增产30.3%;1996年平均单产62.6千克/亩,比对照"晋黍1号"增产4.2%。

栽培要点:①适期早播。以5月15~25日为宜。②科学施肥。农家肥与氮、磷化肥配合,施足底肥,适量追肥。③及时中耕。5~6片叶时,中耕1次,抽穗前,再中耕1次。④适时收获。果穗80%的籽粒脱水变硬时即应收获。

适宜地区:山西省北部平川、丘陵区种植。

二、晋黍8号

审定编号:晋审黍(认)2007001。

审报单位:山西省农业科学院高寒区作物研究所。

选育单位:山西省农业科学院高寒区作物研究所。

品种来源:34-22/24-3,原名"8760";34-22来源于内蒙伊盟农科所,24-3来源于二白黍/8106-981-1。

特征特性:生育期103天左右,属中熟品种。幼苗叶片、叶鞘均为绿色,茎秆粗壮,生长势较强,主茎高128.8厘米,绿色花序,侧穗形,穗长33.3厘米,穗粒重5.0克,千粒重7.6克,籽粒白色,圆形,出米率达84%,商品性好,适口性好。田间综合农艺性状好,抗倒、抗病性较强。

产量表现:2004—2005年参加山西省黍子中熟区试验,平均亩产245.6千克,比对照"晋黍5号"增产11.8%。

栽培要点:①晋北平川区5月20日前、后播种,丘陵区6月1日前、后播种,可根据土壤墒情适当提前,旱地要注意赶雨抢墒播种。②合理施肥,农家肥、氮肥、磷肥要配合施用。③及时中耕,以苗期(5～6叶)和拔节期为宜;乳熟期防止鸟害,以蜡熟末期收获最好。

适宜区域:山西省黍子中熟区。

三、晋黍9号

审定编号:晋审黍(认)2009001。

申报单位:山西省农业科学院高寒区作物研究所。

选育单位:山西省农业科学院高寒区作物研究所。

品种来源:8114-15-8/8106-983-3;8114-15-8 和 8106-983-3 均为由内蒙古伊盟农科所引进的高代材料,原名"雁黍9号"。

特征特性:幼苗叶片和叶鞘均为绿色,株高 174.3 厘米,节数 6.4 节,绿色花序,侧穗形,穗长 37.4 厘米,穗粒重 7.6 克,籽粒为复色、圆形,千粒重 7.9 克,出米率 82%,米黄色,适口性好,田间有轻度红叶病发生。

品质分析:农业部谷物品质监督检验测试中心检测,粗蛋白质含量(干物质基础)14.84%,粗脂肪含量(干物质基础)3.54%,粗淀粉含量(干物质基础)76.83%,支链淀粉/粗淀粉含量(干物质基础)99.97%。

产量表现:2006—2007 年参加山西省黍子中熟区区域试验,2 年平均亩产 283.1 千克,比对照"晋黍 5 号"平均增产 10.7%,试点 11 个,9 点增产,增产点率 81.8%。其中,2006 年平均亩产 263.0 千克,比对照"晋黍 5 号"增产 12.8%;2007 年平均亩产 303.2 千克,比对照"晋黍5 号"增产 9.0%。

栽培要点:平川区 5 月 20 日前、后播种,丘陵区 6 月 1 日前、后播种为宜,但可根据土地墒情适当提前,尤其旱地,要注意赶雨抢墒播种;农、氮、磷肥要配合施用;以苗期(5～6 叶)和抽穗前,中耕为宜。这样做有利于扎深、建壮株、抽大穗、创高产;乳熟期防止鸟害,以蜡熟末期收获最好。

适宜区域:山西省北部黍子中熟区。

四、晋糜1号

审定编号:晋审糜(认)2010001。

申报单位:山西省农业科学院右玉农业试验站。

选育单位:山西省农业科学院右玉农业试验站。

品种来源:大红黍/67-12-6,试验名称为"96-16-7"。

特征特性:生育期 104 天左右,比对照"晋黍 5 号"早熟,属中熟品种。田间生长较整齐,生长势中等。株高 128.9 厘米,主茎节数 7.2 个,有效分蘖 1.7 个,茎秆和花序绿色,穗分枝与主轴夹角小,属侧穗形,穗长 28.7 厘米,穗粒重 20.1 克,籽粒大、呈卵形、红色,千粒重 7.9 克,米色浅黄,米质为粳性。田间调查有轻度倒伏现象,抗旱性较强,耐瘠薄。

品质分析:农业部谷物品质监督检验测试中心(北京)检测,粗蛋白质含量(干物质基础)14.33%,粗脂肪含量(干物质基础)2.99%,直链淀粉/样品量含量(干物质基础)19.49%。

产量表现:2008—2009 年参加山西省黍子中熟区域试验,2 年平均亩产 200.9 千克,比对照"晋黍 5 号"(下同)平均增产 8.3%,试点 11 个,增产点 8 个,增产点率 72.7%。其中,2008年平均亩产 208.5 千克,比对照增产 5.0%;2009 年平均亩产 193.2 千克,比对照增产 12.1%。

栽培要点:轮作倒茬,前茬以豆类、马铃薯、玉米、小麦等茬为好。施足底肥,以有机肥为主,适当拌入磷肥。及时中耕、除草,苗高 3.33 厘米时,要结合中耕进行间苗,亩留苗 4 万～5 万株;拔节后结合降雨,亩追尿素 10 千克,多雨年份注意防倒伏。灌浆期间要采取防鸟措施。及时收获,经后熟,后脱粒。

适宜区域:山西省糜子(粳性)中熟区。

五、品糜 1 号

审定编号:晋审糜(认)2010002。

申报单位:山西省农业科学院农作物品种资源研究所。

选育单位:山西省农业科学院农作物品种资源研究所。

品种来源:对黄糜子以等离子 $6 \times 1016Ar+$/厘米^2 剂量注入诱变处理后系选而成,试验名称为"晋品稷 2 号"。

特征特性:生育期 106 天左右,属中熟品种。田间生长较整齐,生长势强。植株高大,株高 131.7 厘米,主茎节数 7.5 个,有效分蘖 1.4 个,茎秆和花序绿色,穗分枝与主轴夹角小,属侧穗形,穗长 30.5 厘米,穗粒重 16.7 克,千粒重 7.2 克,籽粒大、呈卵圆形,黄色,米色深黄,米质为粳性。抗旱性较强,耐瘠薄,田间有轻度倒伏现象。

品质分析:农业部谷物品质监督检验测试中心(北京)检测,粗蛋白质含量(干物质基础)14.44%,粗脂肪含量(干物质基础)4.74%,直链淀粉/样品量含量(干物质基础)19.49%。

产量表现:2008—2009 年参加山西省黍子中熟区域试验,2 年平均亩产 196.7 千克,比对照"晋黍 5 号"(下同)平均增产 9.2%,试点 12 个,增产点 9 个,增产点率 75%。其中,2008 年平均亩产 194 千克,比对照"晋黍 5 号"增产 2.8%;2009 年平均亩产 199.3 千克,比对照"晋黍 5 号"增产 15.6%。

栽培要点:轮作倒茬,前茬以豆类、马铃薯、玉米、小麦等茬为好。结合秋季深耕,施入基肥,以有机肥为主,适当拌入磷肥可获得更高产量。5 月中旬为适宜播期,苗高 3.33 厘米时,结合中耕进行间苗,亩留苗 4 万～5 万株。生育期间及时中耕、除草,拔节后结合降雨亩追尿素 10 千克,多雨年份注意防倒伏。灌浆期间要采取防鸟措施。糜子易落粒,以蜡熟期,即八成熟收获最好。

适宜区域:山西省糜子(粳性)中熟区。

六、品黍 1 号

审定编号:晋审黍(认)2011001。

申报单位:山西省农业科学院农作物品种资源研究所。

选育单位:山西省农业科学院农作物品种资源研究所。

品种来源:"大红黍"等离子诱变后系选而成,试验名称为"品黍-04"。

特征特性:生育期 110 天,比对照"晋黍 5 号"晚 5 天。生长期势强,种子根和次生根发达、健壮,主茎节数 8 节,节间长 8.3 厘米,茎粗 0.8 厘米,株高 143.3 厘米,有效分蘖 1.8 个,叶片数 8 片,叶绿色,花序绿色,穗长 33.4 厘米,侧穗形,穗粒重 15.9 克,千粒重 8.6 克,籽粒红色、椭圆形,米黄色,米质糯性。抗旱性强,耐瘠薄性强。

品质分析:农业部谷物品质监督检验测试中心(北京)检测,粗蛋白质含量(干物质基础)14.21%,粗脂肪含量(干物质基础)4.02%,直链淀粉/样品量含量(干物质基础)0.34%。

产量表现:2009—2010 年参加山西省黍子中早熟区域试验,2 年平均亩产 216.6 千克,比对照"晋黍 5 号"(下同)增产 15.7%,试验点 12 个,全部增产。其中,2009 年平均亩产 189.9 千克,比对照增产 10.2%;2010 年平均亩产 243.3 千克,比对照增产 20.5%。

栽培要点:不宜重茬和迎茬,前茬以豆类、马铃薯、玉米、小麦等为好。底肥以有机肥为主,适当拌入磷肥,拔节和灌浆期每亩施 10 千克尿素。适宜播期为 5 月中旬,播种方式以耧播和撒播为主,亩播种量 0.5～0.75 千克,播种深度 5～8 厘米,亩留苗水地 4 万～6 万株,旱地 8 万～10 万株。3 叶期间苗,株距 10 厘米,分蘖期第 1 次中耕、除草,拔节期第 2 次中耕、除草,拔节和灌浆期结合追肥浇水 2 次。发现黑穗病病株及时拔除,深埋销毁。灌浆期间采取防鸟措施。高水肥地注意防倒。八成熟时为适宜收获期。

适宜区域:山西省北部黍子产区。

七、品黍 2 号

审定编号:晋审黍(认)2011002。

申报单位:山西省农业科学院农作物品种资源研究所。

选育单位:山西省农业科学院农作物品种资源研究所。

品种来源:"软黍"等离子诱变后系选而成,试验名称为"品黍-05"。

特征特性:生育期 112 天,比对照"晋黍 5 号"晚 7 天。生长势强,种子根和次生根发达、健壮,主茎节数 9 节,节间长 8.5 厘米,茎粗 1 厘米,株高 141.2 厘米,有效分蘖 1.6 个,叶片数 8 片,叶绿色,花序绿色,穗长 35.7 厘米,散穗形,穗粒重 16.9 克,千粒重 8.7 克,籽粒褐色、椭圆形,米淡黄色,米质糯性。抗旱性强,耐瘠薄性强。

品质分析:农业部谷物品质监督检验测试中心(北京)检测,粗蛋白质含量(干物质基础)14.08%,粗脂肪含量(干物质基础)3.88%,直链淀粉/样品量含量(干物质基础)0.36%。

产量表现:2009—2010 年参加山西省黍子中早熟区区域试验,2 年平均亩产 228.7 千克,比对照"晋黍 5 号"(下同)增产 22.3%,试点 12 个,全部增产。其中,2009 年平均亩产 212.7 千克,比对照增产 23.4%;2010 年平均亩产 244.6 千克,比对照增产 21.1%。

栽培要点:不宜重茬和迎茬,前茬以豆类、马铃薯、玉米、小麦等茬为好。底肥以有机肥为主,适当拌入磷肥,拔节和灌浆期每亩施 10 千克尿素。适宜播期为 6 月上旬,播种方式以耧播和撒播为主,亩播种量 0.5～0.75 千克,播种深度 5～8 厘米,亩留苗水地 3.5 万～5.5 万株,旱地 7 万～9 万株。3 叶期间苗,株距 12 厘米,分蘖期和拔节期中耕、除草 2 次、拔节和灌浆期结合追肥浇水 2 次。发现黑穗病病株及时拔除,深埋销毁。灌浆期间采取防鸟措施。高肥水地注意防倒。八成熟时为适宜收获期,避免大风天气收获,以防落粒。

适宜区域:山西省中、南部黍子产区。

八、品糜 3 号

审定编号:晋审糜(认)2014001。

申请单位:山西省农业科学院农作物品种资源研究所。

选育单位:山西省农业科学院农作物品种资源研究所。

品种来源:农家种红糜子经钴-60辐射诱变系选而成。

特征特性:生育期平均101天,中熟品种。田间生长整齐,生长势较强,株高平均145.4厘米,主茎节数平均8.5个,有效分蘖平均3.2个,茎秆绿色,穗分枝与主轴夹角小,侧穗形,平均穗长33.6厘米,籽粒卵圆形,红色,平均千粒重8.3克,米黄色,米质粳性。

品质分析:2013年农业部谷物及制品质量监督检验测试中心(哈尔滨)检测,粗蛋白质含量(干物质基础)16.72%,粗脂肪含量(干物质基础)4.71%,粗淀粉含量(干物质基础)81.65%。

产量表现:2012—2013年参加山西省硬糜子新品种区区域试验,2年平均亩产224千克,比对照"品糜1号"(下同)增产10.6%,2年12个试点,全部增产。其中,2012年平均亩产247.8千克,比对照增产11.0%;2013年平均亩产200.2千克,比对照增产10.2%。

栽培要点:不宜重茬和迎茬,以豆类、马铃薯、玉米、小麦等为前茬。施足底肥,以有机肥为主,适当拌入磷肥。适宜播期5月中旬至6月中旬,楼播或撒播,亩播量0.5~0.75千克,播种深度5~8厘米,亩留苗4万~6万株。3叶期间苗,株距10厘米,分蘖期和拔节期中耕、除草,拔节至灌浆期亩追施尿素10千克。田间发现黑穗病病株及时拔除,深埋销毁,灌浆期间要采取防鸟措施,以防鸟害。八成熟时收获。

适宜区域:山西省北部硬糜子主产区。

第二节　栽培技术

一、选用良种

(一)选用良种的原则

所谓良种就是能适应当地气候条件、耕作制度和生产水平的品种,具有高产、优质、低成本的特点。

1.根据当地自然气候条件和耕作制度

选用与当地光照条件、温度状况、雨季吻合和轮作制度相适应的对路品种。

2.根据土壤肥力、产量指标和栽培条件

在土壤肥沃、雨水充沛、栽培条件较好的地区,应选用喜肥水、茎秆粗壮、抗倒伏、丰产性能好、增产潜力大的高产品种;在土壤肥力较差或干旱地区,则应选用耐瘠薄、抗干旱、抗逆性强的品种。良种良法相配套,扬长避短,使地尽其力,种尽其用。

3.选择良种要保持其相对稳定

良种利于良法配套,并要加强提纯复壮工作,以较为持久地发挥良种增产潜力。

4.根据当地自然灾害特点

选用品种应注意分析本地区病虫和自然灾害特点,选用的大面积推广良种必须对当地主要自然灾害以及病虫害有较强的抗耐性,以达到丰产、丰收之目的。

(二)良种的增产作用

品种的优劣对糜黍高产稳产有着重要的作用,良种不仅是提高农业生产的一项成本低、见效大的增产措施,也是促进栽培技术不断向前发展的主要因素。选用良种是获得高产的内在因素,它与自然环境、栽培技术措施有着密切的联系。良种的增产作用,主要表现在以下 4 个方面。

1.具有较高的生产能力

各地的实践证明,在同样的土壤、肥料、灌溉、管理和人力条件下,采用良种一般比原有品种增产几成甚至几倍。

2.具有较强的抗逆能力

良种就是对病虫害和不良自然条件的抵抗性比较强。

3.具有较广的适应能力

优良品种适应当地自然气候、土壤条件、耕作栽培条件和人类的经济要求。适应表现在高产、稳产、品质好、适应农业发展要求。稳产就是受不良条件影响及病虫危害少、受害轻、恢复快,年成之间产量起伏小。高产则表现在对水肥、日光及二氧化碳利用效率高。品质好表现在适应人们的喜好,有用成分增加,有害成分减少。适应农业生产发展要求表现在除适应不断提高的水肥条件之外,还便于机械化,有利于加工等。

4.能满足耕作制度改革的需要

目前,有的地区通过改革耕作制度、增加复种指数的办法来提高农作物产量。间作套种,增加茬数,往往发生几种作物之间争季节、争劳力、争水肥、争阳光的矛盾。这些矛盾常常可以通过选用不同生育期、不同特性、不同株型的品种搭配来解决。良种虽然具有这些增产作用,但是,我们也要充分认识到,农业生产的各项措施是一个辩证的统一体,良种的作用再大,也只是增产作用中的一个局部,而不是它的全部。要正确估价良种的作用。

二、糜黍的耕作管理

(一)选地

糜黍对土壤和茬口的要求不太严格,除严重盐碱地及易涝低洼地外,不论山、川的黏土、壤土、沙土均可种植。但要想获得高产仍然以土层深厚、土质肥沃、保水保肥力强、排水通气良好的坡地、梁地种植糜黍最好。不同质地的土壤都可种糜黍。

但由于糜粒小,幼苗顶土能力弱,在黏性土壤种糜黍,由于黏土结构紧密,扎根困难,加之糜粒内含营养物质较少,易因苗期营养匮乏,造成缺苗或死苗现象。但这种土壤保水、保肥能力强,对糜黍后期生长有利。沙性土壤结构疏松,土温上升快,利于糜苗顶土,较适宜糜黍生长,但后期易脱肥早衰,要加强肥料供应。最适合糜黍栽培的土壤是土层深厚、有机质丰富的沙壤土,这种壤土结构良好,保水保肥力强,排水通气良好,利于糜黍高产。

从地势上看,糜黍宜种在坡岭地上,坡岭地通风透光好,有利于糜黍灌浆、成熟,一般秕粒少,比同等肥力的平川地糜黍产量高。一般要求土质肥沃、通气良好、土壤含盐量 2.0 克/千克以下,0～30 厘米耕层土壤含有机质 10.0 克/千克、全氮 0.4～0.8 克/千克、碱解氮 50～80 毫克/千克、速效磷 5～14 毫克/千克、速效钾不低于 100 毫克/千克的地块适宜种植。

(二)整地

精细整地应达到 2 个目的:一是消灭杂草,二是清洁土壤,使土壤疏松平整,保住底墒,通气良好,为糜黍发芽和出苗创造一个良好的环境。整地包括秋耕、春耕以及播前整地保墒等。

我国糜黍产区大部分是干旱与半干旱地区,前茬作物收获后及时进行秋耕,有利于土壤熟化和接纳雨水。休闲地与夏茬地要及时伏翻早翻。农谚说:"头伏犁地满罐油,二伏犁地半罐油,三伏犁地没有油。"耕地愈早,接纳雨水愈多,土壤熟化也愈好。在盐碱地还能降低土壤中的含盐量。秋翻的深度以 20 厘米左右为宜。秋耕结合施肥,效果更好。糜黍播种时土壤上虚下实,容易保全苗。

秋季深耕对糜黍有明显的增产作用,"深耕一寸,胜过上粪"。秋季深耕可以熟化土壤,改良土壤理化结构,增强保水能力,并能加深耕作层,有利于糜根下扎,扩大根系数量,增强吸收肥水能力,使植株生长健壮,从而提高产量。但深度要因地制宜。一般情况下肥沃的旱地、黏土、表土含盐量高、土层较厚的地块以及雨水偏多、无"风蚀"的地区,耕翻宜深些。反之瘠薄瘦地、沙土地、心土含盐较多、土层较薄的地块以及干旱少雨、风沙较多地区应适当浅些。

耕后要及时耙糖,耙糖在我国北方春糜黍产区春耕、整地中尤为重要。我国北方春季多风,气候干燥,土壤水分蒸发快,耕后如不及时进行耙糖,会造成严重跑墒。

镇压是春耕、整地中一项重要保墒措施。镇压可以减少土壤大孔隙,增加毛细管孔隙,促进毛细管水分上升,与糖地结合还可在地面形成干土覆盖层,防止土壤水分的蒸发,达到蓄水保墒目的。播种前,如遇天气干旱,土壤表层干土层较厚或土壤过松,地面坷垃较多,影响正常播种时,也可进行镇压,消除坷垃,压实土壤,增加播种层土壤含水量,有利于播种和出苗。但镇压必须在土壤水分适宜时进行,当土壤水分过多或土壤过黏时,不能进行镇压,否则会造成土壤板结。

(三)种植方式

1. 单作

单作是在同一块土地上只种同一种作物的种植方式,称为单作,糜黍生育期短,耐瘠薄,可作为抗旱救灾作物,管理粗放的地区都单作糜黍,并可获得一定的产量,糜黍主产区大多以单作为主,其优点是省工、投资低、便于种植和管理,便于田间机械化作业。随着经济水平的发展,种植业结构的调整,糜黍的种植面积不断扩大,单作面积也随之增加。

2. 间、套作

间作是指在一块耕地上按一定行数的比例间隔种植 2 种或 2 种以上的作物;套作是指在某一种作物生长的后期,在行间播种另一种作物,以充分利用地力和生长期,增加产量。

间、套作的优点是充分利用地力,满足不同作物对光、温、水、肥的需要,一地两收,管理、收获比较方便,可提高单位面积的产量和产值,达到增产增收又养地的目的。

要选择高秆与矮秆、株型松散与株型紧凑搭配,深根性与浅根性作物搭配,如糜黍与蔬菜,以便充分利用土壤中不同层次的水分与养分,在搭配好作物种类后,还要选择适宜当地种植的丰产品种。对间作而言,要求这两类作物的品种:生育期相近、生长整齐、成熟一致;对套作而言,在品种选择上:要求前茬作物尽量早熟、丰产,以缩短共生期。常用的种植方式主要有糜黍—玉米(高粱)、糜黍—豆类、糜黍—马铃薯、糜黍—向日葵等,比例有 2∶3、3∶4 或 3∶6 等多种形式种植。

3.轮作

轮作是调节土壤肥力、防除病虫害、实现糜黍高产、稳产的重要保证。轮作也叫倒茬或换茬,是指同一田块在一定的年限内按一定的顺序轮换种植不同作物的方法。民间流传的农谚有"倒茬如上粪""要想庄稼好,三年两头倒"的说法,说明了在作物生产中轮作倒茬的重要性。根据不同作物的不同特点,合理进行轮作倒茬,可以调节土壤肥力,维持农田养分和水分的动态平衡,避免土壤中有毒物质和病虫草害的危害,实现作物的高产稳产。糜黍抗旱、耐瘠、耐盐碱,是干旱、半干旱区主要的轮作作物。

糜茬的土壤养分、水分状况都比较差。糜黍多数种植在瘠薄的土地上,很少施用肥料;糜黍吸肥能力强,籽实和茎秆多数被收获带离农田,很少残留,缺上加亏,致使糜茬肥力很低;糜黍根系发达,入土深,能利用土壤中其他作物无法利用的水分进行生产,土壤养分、水分消耗大,对后茬作物生产有一定的影响。

糜黍忌连作,也不能照茬。农谚有"谷田须易岁""重茬糜,用手提"的说法,说明了轮作倒茬的重要性和糜黍连作的危害性。糜黍长期连作,不仅会使土壤理化性质恶化,片面消耗土壤中某些易缺养分,加快地力衰退,加剧糜黍生产与土壤水分、养分之间的供需矛盾,也更容易加重野糜黍和黑穗病的危害,从而导致糜黍产量和品质下降。因此,糜田进行合理的轮作倒茬,选择适宜的前作茬口,是糜黍高产、优质的重要保证。

豆茬是糜黍的理想前茬,研究认为,豆茬糜黍比重茬糜黍增产 46.1%,比高粱茬糜黍增产29.2%。豆茬中,黑豆茬比重茬糜黍增产 2 倍以上,黄豆茬比重茬糜黍增产 32%。

豆科牧草与绿肥能增加土壤有机质和丰富耕层中氮素营养及有效磷的含量,改善土壤理化性质,提高土壤对水、肥、气、热的供应能力,降低盐土中盐分含量和碱土中 pH,使之更适合于糜黍生长,是糜黍理想的前茬作物。

马铃薯茬一般有深翻的基础,土壤耕作层比较疏松,前作收获后剩余养分较多;马铃薯是喜钾作物,收获后土壤中氮素含量比较丰富;马铃薯茬土壤水分状况较好,杂草少,尤其是单子叶杂草少,对糜黍生长较为有利。马铃薯茬种植糜黍,较谷子茬增产 90.3%,较重茬糜黍增产24.3%。马铃薯茬也是糜黍的良好前茬。

除此以外,小麦、燕麦、胡麻、玉米等也是糜黍比较理想的茬口,在增施一定的有机肥料后,糜黍的增产效果也比较明显。在土地资源充分的地区,休闲地种植糜黍也是很重要的一种轮作方式,可以利用休闲季节,吸纳有限的雨水,保证糜黍的高产。

一般情况下,不提倡谷茬、荞麦茬种植糜黍。主要的糜黍轮作制度有:马铃薯→玉米→糜黍→大豆;糜黍→荞麦→马铃薯;豆类(或休闲)→胡麻→糜黍;玉米→马铃薯→糜黍;玉米→胡麻→糜黍等轮作方式。

三、糜黍栽培管理

(一)适期播种

糜黍是喜温短日照作物,对光温反应敏感。播种过早,气温低日照长,营养体繁茂,分蘖增加,早熟而易遭受鸟害;播种过晚,则气温高,日照短,植株降低,分蘖少,穗小粒少,大幅度减产,因而适期播种是保证糜黍高产、稳产的重要措施之一。

由于各地的气候条件和耕作制度不同,因此各地播种期不能要求一致,其原则有如下几点:①根据不同品种的特性确定适宜播期,晚熟品种可以适期早播,迟播在生育后期会遇低温和早霜,不能正常成熟或降低产量和品质;早熟品种在不影响成熟和营养体生长的原则下,可适期晚播。不论哪一类品种,都应将成熟期安排在早霜来临之前。②地温稳定在 12℃ 以上,出苗时终霜期已过。③孕穗期和抽穗期应与当地雨热季节相吻合,有利于糜黍开花结实。

当地表 0～5 厘米土壤温度稳定在 13～15℃ 时,为糜黍适播期。大同市糜黍播期一般在 6 月上旬,作为春旱晚播救灾品种,6 月 20 日左右播种也可。

(二)种植密度

合理密植是糜黍高产、稳产的重要环节,合理密植的要求,就是根据土壤肥力、品种、种子发芽率、播前整地质量、播种方式及地下害虫危害程度等条件,创造一个合理的群体结构,使个体和群体都能得到充分发育。糜黍是高光效作物,在合理密植的条件下,扩大了叶面积,提高了光能利用率,能发挥更大的增产作用。如种子发芽率高、种子质量好、土壤墒情好、整地质量好、地下害虫少,播种量可以少些,亩播量可以控制在 0.8 千克左右。如果土壤黏重、春旱严重、亩播量应不少于 1.23 千克。

为了保证苗全苗匀,可根据下面计算公式计算出播种量,并视当地实际情况适当增减。

每亩播种量(千克)=计划亩留苗数/出苗率×每千克种子粒数×发芽率

根据研究,中、小穗品种种植密度一般为 5 万株/亩,中、大穗品种种植密度要小一些。

(三)播种方式

糜黍播种主要分为条播、撒播和垄播 3 种,近年来,有机器覆膜穴播。大同市主要采用条播方式。

1.条播

采用条播时,主要是耧播(机器耧播)和犁播,耧播行距一般为 25～35 厘米。①耧播省工、方便,在各种地形上都可进行。其优点是开沟不翻土、深浅一致、落籽均匀、出苗整齐、跑墒少。在春旱严重、墒情较差时,易于全苗。②犁播是犁开沟,手撒籽,然后覆土,行距一般 25～27 厘米,播幅 10 厘米左右,按播量均匀溜籽。缺点是开沟时容易造成大量跑墒,出苗不匀、易缺苗断垄,优点是糜黍根系发育好,能防止倒伏,同时也能防涝、防沤根的作用,行距和播幅都较宽,既有利于合理密植,又保证了良好的通风透光条件,适宜在早春、多雨年份采用。

2.穴播

穴播主要是结合机器铺膜穴播,目前,糜黍的专用穴播机还基本没有,所以,地膜穴播糜黍的播种一直使用玉米、小麦穴播机改造而成,操作过程中很难做到精量播种而加大间苗工作量。通过对糜黍大粒化、拌沙、炒熟部分种子与播种种子混合等方法进行播种,通过研究,采用将 1 份播种用种子与 3 份炒熟糜黍籽粒混匀后用穴播机播种是较为理想的播种方法。采用这种方法每穴内籽粒一般为 5～8 粒,播种行距为 25～27 厘米、穴距为 10～15 厘米。

播种深度对糜黍幼苗生长影响很大。糜黍籽粒胚乳中贮藏的营养物很少,如播种太深,出苗晚,在出苗过程中易消耗大量的营养物质,使幼苗生长弱,有时甚至苗出不了土,造成缺苗断垄。所以,糜黍以浅播为好,一般情况下播深以 4～6 厘米为宜。但在春天风大、干旱严重的地区,播种太浅,种子容易被风刮跑,播种深度可以适当加深,同时,注意适当加大播种量。

(四)田间管理

1.按生育阶段管理

(1)苗期管理　糜黍从出土到拔节前为苗期。糜黍苗期管理的主要任务是保全苗、促壮苗。糜黍籽粒小,幼芽顶土能力较弱,加上在出苗前如果遇雨容易造成土壤板结,应及时采用镇压等农业措施疏松表土,一般可用轻耙及时耙地,疏松表土,破除硬盖,保证出苗整齐。如果出现缺苗断垄情况,要及时进行田间补种。糜黍出苗后,当幼苗长到 3～5 片叶时,用碡子压青苗 1～2 次,促进根系下扎,以利壮根。两叶期进行间苗,4～5 叶期定苗。苗期管理是在保证全苗的基础上,"控上促下",培育壮苗。

(2)拔节抽穗期管理　糜黍拔节到抽穗期是生长发育最旺盛的时期,是营养生长、生殖生长并进时期,田间管理的主攻方向是攻壮株、促大穗。其主要措施是:①中耕除草。糜黍拔节后生长发育加快,为了减少养分、水分的无益消耗,为糜黍生长发育创造一个良好的环境,实现壮株的目的,要认真进行一次清垄,彻底拔除杂草和弱、病、虫苗等,使糜苗整齐、苗脚清爽,通风透光良好利于生长。结合中耕进行根部培土,以防止倒伏。中耕深度为 3～5 厘米。②追肥。糜黍苗期需肥较少,拔节后茎叶生长繁茂,幼穗开始分化,这时期需肥量最多特别是氮素营养的吸收较多。只有吸收充足的氮素,糜黍茎叶才能生长繁茂,制造较多的同化产物,为穗大粒多创造条件。

生产实践证明,拔节后穗子分化开始,直至小穗分化的孕穗期都是糜黍追肥的适期。亩追 5.0 千克纯氮化肥,可增产 15% 左右。也可根据作物的生长情况加施一定量的磷肥,追肥后要覆土盖严,最好开沟施肥后盖土或施后培土。追肥最好根据天气预报在降雨前追完,有利于发挥肥效。

(3)开花成熟期管理　田间管理的主攻方向为攻籽粒、防止叶片早衰、减少秕粒、增加千粒重。主要措施有:①根外追肥。中低产地块,往往由于地力不足和有机肥施的少,到抽穗后出现脱肥现象,叶色发淡,可光合作用效率低,新生干物质积累少,难以满足灌浆的需求。所以采用根外追施化肥的措施,减少秕粒、增加千粒重,可追施磷肥,也可采用磷酸二氢钾 400 倍液叶面喷施,喷施量为 300 千克/亩;②防旱涝。糜黍在开花灌浆期间抗旱能力低于苗期,此阶段逢干旱,即"夹秋旱"将严重影响光合作用的进行和光合产物的运转,粒重降低,秕粒增多,对产量影响很大,有条件灌溉的地块应进行轻浇,但不宜漫灌。使地面保持湿润即可。糜黍开花后,根系活力逐渐减弱,这时最怕雨涝积水。雨后应及时排除积水,以改善土壤通气状况,促进灌浆成熟。③根部培土、防止倒伏。因糜黍进入灌浆期穗部逐渐加重,如果根系发育不良,雨后土壤松软,刮风容易导致倒伏而降低产量,同时也增加了收获的难度。防止倒伏除根部培土外,还要选用抗倒伏品种,苗期早间苗、蹲好苗。④拔除田间大草和野糜黍,必须在籽粒成熟前拔净,避免与栽培糜黍争水肥和对糜黍产量和品质的影响。⑤鼠害、鸟害发生严重时可导致糜黍严重减产,所以,应加强这方面的防治工作,减轻为害,获得丰收。

2.定苗

定苗是根据需要留足苗量,糜黍播种量大,出苗后糜苗拥挤,使植株生长细弱,因此,早间苗防苗荒,有利于培育壮苗。根据研究,糜黍间苗稀植能增产。糜黍间苗后,使其能充分利用光、热、水、气、养分等有利条件,给幼苗创造了一个良好的生态环境,有明显提高产量的作用。"糜拔寸,顶上粪",糜黍早间苗,根系发达、植株健壮,为后期壮株、大穗打下基础,是糜黍增产的重要措施。特别是在播种密度较大时,必须及早间苗。糜黍发芽时,仅长出1条幼根,3叶期后,近地表分蘖节长出次生根,随着叶龄的增多。次生根数逐渐增多,这样就会给间苗带来困难,不但费工而且容易伤幼苗,影响糜黍的生长。因此,糜黍间苗要小、要早,最好在3~4叶期进行。

糜黍定苗方式也与培育壮苗有密切关系。生产上常见的留苗方式有单株等距留苗、错株留苗、撮留苗3种。单株等距留苗,由于光照及营养条件均匀,容易普遍获得壮苗。采用宽窄行,宽幅条播、沟播和垄上分条播的可以错株留苗,注意中间留苗要比两边稀些,以利于苗匀、生长一致。撮留苗是大锄破苗或穴留苗,每穴2~4苗,穴距10.0厘米左右,因此早间定苗千万不可忽视。以主茎成穗为主的地区留苗以1.33万~6万株/亩为宜,主茎、分蘖并重的地区留苗以4万株/亩为宜。

3.中耕

中耕、除草是糜黍的一项重要管理措施。随着幼苗的生长,田间杂草也迅速生长,必须及早进行中耕除草。农谚"锄头上三件宝,发苗、防旱又防涝""糜锄三遍、八米二糠"生动地说明了中耕除草的重要性中耕除草可疏松土坡,增加土壤通透性,蓄水保墒,提高地温,促进幼苗生长,同时还有除草增肥之效。糜黍幼苗生长慢,幼根不发达,易受草害,所以必须早锄细锄,盐碱地要早锄、多锄、疏松表土、防止碱化。山西省晋西北的"糜锄点点,谷锄针",陕西榆林的"糜锄两耳、谷锄针"农谚突出的说明糜黍要早间苗、早中耕。

一般整个生育期间需中耕、除草2~3次,分别在幼苗期、拔节期和孕穗期进行。第1次中耕结合间、定苗进行,浅锄、碎土、清除杂草,严防土块压苗。第2次中耕在拔节期进行,同时做到除草、松土并与去劣去弱苗相结合,以促进次生根生长,有灌溉条件的地方应结合追肥灌水进行,中耕要深,同时进行培土。第3次中耕在封垄前进行,中耕除了松土除草外,还要进行垄上高培土,以促进根系发育,防止倒伏。

4.科学施肥

(1)糜黍需肥规律　糜黍与其他禾谷类一样,需要多种营养元素。其中需要最多的是氮、磷、钾三要素。糜黍对氮、磷、钾的吸收速度一般是生长前期缓慢,吸肥量较少,生长中期吸收速度逐渐加快,吸肥量也逐渐增加并达高峰,但磷的吸收高峰晚于氮和钾,生长后期吸收速度逐渐减弱。吸肥量以氮最多,钾次之,磷最少。

研究表明,每生产100千克糜黍籽粒从土壤中吸收氮1.8~2.1千克,磷0.8~1.0千克,钾1.21~1.8千克。从出苗至分蘖需要养分较少,不足全生育期的10%;从分蘖到开花,整个生育期所需的钾全部吸收,氮吸收近2/3,磷吸收近1/2,这个阶段是糜黍吸收肥量最多的时期;开花到籽粒成熟,吸收氮占总量的1/3,磷占总量的1/2。正确掌握糜黍一生所需要的养分种类和数量,及时供给所需养分,才能保证糜黍高产。糜黍吸收氮、磷、钾的比例与土壤质地、栽培条件、气候特点等因素关系密切。对于干旱瘠薄地、高寒山地,增施肥料,特别是增施氮、磷肥是糜黍丰产的基础。

(2)施用时期和方法　俗话说"庄家一枝花,全靠肥当家"。糜黍虽然耐瘠薄,但要获得高产,就必须充分满足其对养分的需求,以利于形成发达的根系,植株健壮,穗大粒多,籽粒饱满。糜黍的施肥方式包括基肥、种肥和追肥3种方式。

①基肥:基肥在播种前结合整地施入,应以有机肥(俗称农家肥)为主。用有机肥作基肥营养全面,肥效长,同时还能改善土壤结构,促进土壤熟化,提高土壤肥力。如将磷肥与农家肥混合沤制作基肥效果更好。基肥的施用时期以秋施或早春施入较好。一般施有机肥1 000～1 500千克/亩,并注意氮、磷配合。

②种肥:种肥在糜黍生产中作为一项重要的增产措施广泛应用。种肥的作用是供应糜黍生长前期所需的养分,以氮素化肥为主,一般可增产10%左右,但用量不宜过多。种肥用量,硫酸铵以2.5千克/亩为宜,尿素以1千克/亩为宜,磷酸二铵以1.5～2.5千克/亩为宜。此外农家肥和磷肥作种肥也有增产效果。

③追肥:追肥最佳时期是抽穗前15～20天的孕穗阶段,增产作用最为显著。糜黍拔节后,由于营养器官和生殖器官生长旺盛,植株吸收养分数量急剧增加,是整个生育期需肥量最多的时期。追肥以纯氮5千克/亩左右为宜。同时在糜黍生长发育后期,叶面喷施氮、磷、钾和多种微量元素肥料,是一种经济有效的追肥方法,可以促进开花结实和籽粒灌浆饱满。

5.合理节水补灌

(1)糜黍的需水规律　糜黍次生根入土深度可达100厘米左右,水平分布一般在40～50厘米的范围内,90%以上的根系分布在地下40～60厘米深度。糜黍生长对土壤水分影响较大的层次是0～80厘米土层部分,换言之,80厘米以上土壤水分的变化以根系吸收供作物蒸腾为主。在适宜水分条件下,糜黍耗水高峰期在灌浆—成熟期,但也有研究认为,糜黍生育期耗水以分蘖期最多,占总量的28.6%,而灌浆期对干旱敏感性最强。糜黍在灌浆期受旱,日减产率最大,水分生产力最低,灌水效果最佳。拔节—扬花期产量与干旱之间的反应最弱。

提高糜黍的水分利用效率(WUE)是糜黍节水研究的最终目的,高水平的WUE是在干旱缺水环境条件下糜黍生产可持续发展的关键。糜黍节水研究从生物学角度讲包含了分子水平、细胞水平、单叶水平、单株水平等。叶净光合速率(Pn)、蒸腾速率(Tr)及其比值是反映糜黍单叶水平水分利用效率的指标。在田间对谷子、糜黍、高粱、玉米4种作物的抗旱品种,分设自然降雨和遮雨受旱处理,在4种作物的抽穗期同时,测定其气孔扩散阻力、蒸腾速率和叶水势日变化,结果表明,糜黍、高粱比玉米、谷子具有低蒸腾、高水势、高阻力的特性。糜黍和高粱每日蒸腾速率高峰到达时间比玉米、谷子早,气孔在高水势下关闭,揭示了糜黍和高粱比玉米、谷子抗旱、水分散失少的主要原因。

在适宜水分条件下,玉米、高粱、苜蓿、谷子、春小麦、胡麻、糜黍、扁豆等8种作物,糜黍的水分利用效率最高,其耗水效率为3.92,耗水系数为255.12。高粱次之,分别为3.61、276.39;谷子次于高粱,分别为3.30、303.00;玉米次于谷子,分别为2.96、337.62;春小麦分别为2.68、349.79;扁豆分别为2.12、427.8;胡麻分别为1.70、585.59;苜蓿分别为1.11、897.52。

加深耕层到 25～30 厘米,对糜黍增产和水分利用效率提高都有一定的作用,以肥力较高的地块效果较明显。另外,对当年蓄积降水也有一定效果,可显著提高水分利用效率。深松耕后,1 米土层内土壤含水量提高 7%～21%,田间持水量、渗透速度及容重、孔隙度等土壤物理性质均朝着有利于糜黍生长的方向变化,对糜黍的生理过程有明显影响。糜黍体内总含水量、自由水、相对含水量、水势和临界饱和亏均有所提高。叶绿素含量、伤流液增加,根系活力加强,推迟了糜黍的组织衰老。经深松处理后,无论株高、叶长、叶宽、根幅及根、茎、叶、穗干重及叶面积均不同程度地高于对照。

糜黍是比较耐旱的作物,但要获得良好的收成,还需适时进行灌溉。我国北方有灌溉条件的地区,常常进行秋灌。秋灌在 10—11 月进行,每亩灌水 60～80 米³。在灌水前应尽早耕翻晒地,促进土壤熟化。灌水后及时整地保墒,防止返盐,保证适时播种。

糜黍的抗旱性主要表现在生育初期,拔节前后幼穗开始分化,需水量逐渐增多,在孕穗至抽穗阶段耗水量最大,灌浆以后植株生长逐渐停止,水分主要是供给籽粒形成,需水量逐渐减少。

根据糜黍的需水规律,在湿润年份孕穗期进行一次灌溉,一般年份在拔节期和开花期进行 2 次灌溉,干旱年份在分蘖期、孕穗期和灌浆期进行 3 次灌溉。拔节期正是幼穗开始分化时期,此时干旱会减少穗的分枝数和小花数;孕穗到开花期干旱,小花发育不良,穗顶部的小穗和小花枯萎,降低结实率,灌浆期干旱,穗基部小穗不实,千粒重降低。此外,在干旱严重、延续时间又长的情况下,植株生长因为受到抑制,营养生长期延长,造成晚熟,易受冷害减产。糜黍的灌水时间和次数还应根据天气条件、品种生育期和施肥数量等灵活掌握,并应提高灌水技术,做到经济合理用水。

(2)糜黍节水补灌技术　作物节水灌溉技术包括工程节水灌溉和非工程节水灌溉。张绪成研究认为,不同生育时期补灌作用明显于穗粒重与千粒重,渗灌是糜黍补充供水的最佳方式。

渗灌属于工程节水灌溉中微灌范畴。渗灌起源于地下浸润灌溉,最早可追溯到地埋透水瓦管的渗灌。其原理是将水增压或利用地形落差,送达埋入作物根系活动层的渗水管,水从渗水管管壁上的缝、小孔或肉眼看不见的微孔中渗出,借助土壤毛细管的渗吸作用慢慢地扩散到渗水管周围的土壤。

糜黍始穗期是半干旱冷凉区补充供水的关键时期,在此期补灌主要通过提高千粒重以增加产量。在此期补灌,可以促进糜黍对水分的吸收利用。抽穗期补灌,产量随着补灌量的增加而增加,除穗粒重、千粒重外,其他因子均与补灌量的增加无关。千粒重随补灌量的增大而有明显的增加趋势,补充供水 20 毫米/亩是半干旱、冷凉区糜黍补灌的适宜补灌量,水分利用率最高。

四、病、虫、草害的防治与防除

(一)主要病害

1. 种类

(1)糜黍黑穗病　又称糜黍丝黑穗病,它是我国糜黍生产上重要病害,主要分布在北方糜黍产区。为害糜黍花序,一般抽穗前很难识别,抽穗后才现典型症状。病株抽穗迟,健株大部分进入乳熟期以后,病穗才抽出心叶。此病主要由种子传染,病株上部叶片短小,直立向上,分支增多,一直保持绿色,整个穗子变成一团黑粉。穗部呈细长苞,由白色膜包住,膨大成瘤状物,然后伸出叶鞘。起初为白色或稍带红色的病瘤。外膜破裂后黑色孢子散出,剩余部分裂成丝状。此病主要由种子传染,黑粉附在种子上越冬,第 2 年在种子发芽后又侵入寄主。

(2)糜黍红叶病 植株红化或黄化,影响结实。而是我国北部糜黍分布区发生普遍的病毒性病害。发病株率 0.2‰～5‰。苗期染病重的枯死,轻的生长异常。抽穗前、后染病植株呈现紫红色或不正常黄色,穗颈变短,植株矮化,造成部分小穗或全株不实,少数早期死亡或抽不出穗。紫秆类型感病后叶片呈现深紫色,有的节间缩短,植株变矮;黄秆类型感病后叶片和花呈现不正常的黄色,病株节间也有缩短现象。此病主要靠玉米蚜、麦长管蚜、麦二叉蚜传毒可通过消灭传播病毒的昆虫,清除地边杂草防治。

(3)糜黍花叶毒病 在糜黍产区都有零星发生,黍稷花叶病发生较多,发病率达 9‰～19‰。发病叶片呈现扩展或局限为黄绿色花叶或斑驳花叶。病株常黄化并矮小。苗期发病全株枯死或抽穗不实。后期在部分或个别叶片上发病,有时能正常结实,有时全株秕粒。

(4)糜黍黍瘟病 主要为害茎和叶鞘,被害处初生青褐色近圆形病斑,后期病斑扩展成为长圆形或棱形,边缘深褐色,中央青灰色,潮湿时多产生灰色霉状物。黍瘟病菌随病草、病株残休和病种子越冬,成为次年的初侵染源。

(5)糜黍细菌性条斑病 糜黍细菌性条斑病在我国糜黍产区经常发生。病叶上呈现紫褐色到黑色的水渍状条斑为其特征。条斑宽 0.2～0.5 毫米,有长 1～15 毫米的短条斑或 3.5 厘米或者更长的条斑。条斑自叶片向下发展到叶鞘,茎上有时也产生条斑。条斑常愈合,褐色并透明,有时穗轴和花梗也出现病痕,有时叶片局部或全部变褐色,有时植株的顶端部分死亡,造成减产病害严重时致植株死亡。种子、病株残体能潜带细菌越冬并引起初侵染。

(6)糜黍锈病 糜黍锈病在糜黍上时有发生。初期叶片上或叶鞘上生褐色圆形隆起斑点,其后孢子堆破裂,周围表皮翻起,散出黄褐色粉末,有时还在附近生灰黑色圆形或椭圆形隆起病斑,后期病斑破裂后散出黑色粉末。在华北地区,7—8 月的气温均适宜糜黍锈菌夏孢子的萌芽、侵染和在寄主内的生长发育。特别是 8 月气温在 28℃左右,最适合糜黍锈病的流行。每年锈病发生程度的轻重基本取决于降雨的多少和大气相对湿度的高低。凡是 7—8 月雨水较多的年份,锈病较普遍,发病较剧烈,而干燥年份病害则较轻低。

(7)糜黍叶斑病 主要为害叶片。病斑长圆或椭圆形或不规则形病斑,直径 2～3 毫米,中部淡褐色,边缘褐色,叶片上白色圆形边缘呈红色,上有黑色小点。

(8)糜黍灰斑病 也主要为害叶片。病斑长椭圆形或棱形至不规则形,长 4～13 毫米,宽 2～3 毫米,多发生在叶脉之间,中央灰褐色,边缘暗褐色至红褐色,有时整个斑块呈暗绿色,上生灰黑色霉层,即病原菌的分生孢子梗和分生孢子。

(9)糜黍霉点病 该病发生在生长衰弱或接近枯死的植株上。发病叶片生许多暗褐色霉点,大小 1～2 毫米,严重时可连成片,没有明显的边缘。

2.防治方法

(1)选用抗病品种 选育抗病品种是防治糜黍各种病害最经济有效的措施。在适合本地种植的品种中,选择种植丰产、优质、抗病虫、抗逆性强的品种。同时,注意品种的抗性表现和变化,一旦抗性丧失,应及时更新品种。

(2)种子处理　①晒种。播种前1周,选晴天将种子摊放在席上2~3厘米厚,翻晒2~3天,可提高糜黍发芽率和发芽势,并可通过太阳照射杀死黏附在种子表面的病菌。②选种。播种前采取温汤浸种能杀死黏附在种子表面的线虫等。具体方法:将种子放于55℃的温水中浸泡10分钟,捞出漂浮的秕粒和杂质,将下沉的籽粒取出晾干后播种即可。③药剂拌种。糜黍黑穗病可用25%粉锈宁或12.5%速保力可湿性粉剂以种子重量的0.3%~0.5%的药量拌种。还可用适乐时或根保种衣剂包衣处理种子或用25%瑞毒霉或25%霜霉威,按种子重量的0.07%~0.10%拌种或50%莠锈灵、10%多菌灵,按种子干重0.5%拌种,均有很好的防效。拌种方法:先用1%水拌湿种子,然后将所需药剂均匀拌到种子上,然后播种。

(3)轮作倒茬,合理施肥　由于连作,使病、虫害严重发生。除采用种子处理外,最好的方法是轮作倒茬,一般3~4年轮作1次,可以减轻病害的发生。粪肥带菌地区播种时应避免种子与粪肥接触,或尽量施用腐熟的有机肥。

(4)加强田间管理　苗期适时追施肥料,合理灌溉,及时排水,培育壮苗,保证糜黍植株正常发育,能提高抗病能力。发现病株要及时拔除,集中深埋或烧毁,并在周围喷洒相应的药剂进行防治。收获后及时清洁田园,清除病残体及田边杂草;结合秋耕耙地,拾烧谷茬,并集中烧毁,降低害虫的栖息和繁殖场所,减少害虫越冬基数,施用经无害化处理的有机肥料。

(5)对发病田药剂喷洒　在糜黍锈病防治上,当糜田病叶率达5%时,及时采取化学防治方法进行防治,可用25%三唑酮或12.5%的稀唑醇可湿性粉剂30克/亩,对水60千克喷雾。在黍瘟病防治上,糜黍发病初期及时喷洒80%大生可湿性粉剂800倍液或6%春雷霉素可湿性粉剂1 500倍液,在抽穗前和齐穗期视病情再喷1~2次。有很好的防治效果。

(二)主要虫害

1.种类

(1)地下害虫

①地下害虫的种类

A.蝼蛄:主要有华北蝼蛄和非洲蝼蛄2种,属直翅目,蝼蛄科。蝼蛄以成虫和若虫咬食种子或咬断幼苗根部,特别喜食刚发芽的种子,被害部呈丝状,致使幼苗枯死。蝼蛄在土壤表层,纵横穿梭,造成悬种吊根,成片死亡。

B.蛴螬:蛴螬是金龟甲的幼虫,属鞘翅目,金龟甲科。各地俗名很多,如地漏子、桃核虫、大头虫、壮地虫等,成虫是金龟甲。蛴螬的种类很多,全国各黍稷产区都有发生。北方黍稷产区主要有华北大黑金龟甲、暗黑金龟甲、铜绿金龟甲等。它们的危害症状为咬断谷苗、茎,断口整齐平截,轻则缺苗断垄,重则毁种绝收。

C.金针虫:金针虫是叩头甲的幼虫,属鞘翅目叩头甲科。主要为害作物的根、茎。幼苗受害后枯黄,逐渐死亡。黍稷产区主要有沟金针虫,细胸金针虫和褐纹金针虫等。

D.地老虎:地老虎主要有小地老虎、大地老虎和黄地老虎3种。

②地下害虫的防治措施

A.深耕耙耱。在土壤封冻前1个月,深耕土壤35厘米,并随耕拾虫,通过翻耕,可以破坏害虫生存和越冬环境,减少次年虫口密度,早春耕耙,也可消灭部分虫源。

B.灌水灭虫。在水源条件较好的地区,可以采取灌水措施,能收到一定的灭虫效果。

C.灯光诱杀。利用地下害虫成虫的趋光性,在成虫盛发期,可采用黑光灯、频振式杀虫进行诱杀。

D.药剂拌种。50%辛硫磷或35%甲基硫环磷乳油按干种子量的0.1%～0.2%药量和10%的水量稀释,均匀喷拌在种子上,堆闷4～12小时再播种。用20%福·克种衣剂拌种可有效地防治苗期害虫,且可兼治金针虫、蛴螬等地下害虫。方法是按药剂与种子比例为1:40包衣种子,晾干即可。

E.撒施毒土。每亩用2%甲基异柳磷DP 2千克,拌土30～40千克,拌匀后开沟施入垄内。

F.毒饵诱杀。每亩用90%晶体敌百虫75克,先用温水将其化开,再加水1.5千克,配成药液,喷拌在炒熟的麦麸或粉碎炒香的豆饼上,放置4～6小时,即成毒饵,撒入田间。

G.根部灌药。用50%辛硫磷EC 500倍液灌根;也可采用40%甲基异柳磷EC 50～70克对水5～50千克,于下午5:00左右灌苗根部。

(2)生长期害虫

①生长期害虫的种类

A.糜黍吸浆虫:属双翅目,瘿蚊科。别名黍蚊、黍吸浆虫。分布在黑龙江、吉林、辽宁、甘肃、宁夏、河南、山西等地糜黍种植区。幼虫为害糜黍、稗草,蛀食蛀食尚未开花或正在开花授粉的糜穗花器,造成子房不能正常授粉或发育,形成空壳秕粒,受害穗颖呈灰白色失水风干状,籽粒的内颖、外颖褪色变白,是糜黍生产上的主要害虫。

B.黏虫:为鳞翅目,夜蛾科。在中国除新疆未见报道外,在我国大部分省、区都有发生。它是危害禾谷类、豆类、糜黍、荞麦等的杂食性害虫。幼虫食叶,大发生时可将作物叶片全部食光,可造成毁灭性损失。因其群聚性、迁飞性、杂食性、暴食性,成为全国性重要农业害虫。

C.粟茎跳甲。又名糜黍钻心虫,粟卵形圆虫,俗称土跳蚤、地蹦子、麦跳甲等。属鞘翅目,叶甲科。分布在华北、西北、东北、华东等地,是糜黍苗期的主要害虫之一。幼虫和成虫均为害刚出土的幼苗。幼虫由茎基部咬孔钻入,枯心致死。当幼苗较高,表皮组织变硬时,便爬到顶心内部,取食嫩叶。顶心被吃掉,不能正常生长,形成丛生。成虫为害,则取食幼苗叶子的表皮组织,吃成条纹、白色透明,甚至干枯死掉。发生严重年份,常造成缺苗断垄,甚至毁种。

D.粟灰螟:又名甘蔗二点螟,俗称谷子钻心虫、干心虫、枯心虫、蛀谷虫等,属鳞翅目,螟蛾科。分布于东北、西北、华北、华东等地,主要危害谷子、糜黍、黍、高粱、玉米等,在南方危害甘蔗,野生寄主有稗、狗尾草等。糜黍受第1代危害,造成枯心苗,受第2代危害,除前期仍造成枯心苗外,后期则蛀茎危害。被害的糜黍萎而不实,容易遇风雨倒折,未倒折的,也因水分养分失调,穗小粒秕,影响产量和品质。

E.粟秆蝇:属双翅目,花蝇科。主要以幼虫蛀入苗茎吃食嫩心,使糜黍苗心叶干枯形成枯心苗或枯穗。

F.粟缘蝽:属半翅目,缘蝽科。分布在华北、西北、华东、西南等地区,主要为害糜子、谷子和高粱。以成、若虫刺吸种子穗部未成熟籽粒的汁液,影响产量和质量。

G. 糜黍二化螟：幼虫蛀茎较早，危害时间长，受害严重。植株未抽穗之前就枯心死亡，造成枯心苗或穗已抽出但不能灌浆和成熟，造成白穗株。幼虫蛀茎较晚者，穗虽然能正常抽出，也能灌浆，但籽粒不饱满，千粒重下降而影响产量。

H. 东亚飞蝗：它是造成农业上毁灭性灾害的蝗虫，吃食叶片，在大发生时，如不及时防治可将糜黍吃成光秆，和黏虫一样可造成毁灭性损失。

I. 蚜虫：多属于同翅目蚜科，为刺吸式口器的害虫，常群集于叶片、嫩茎、花蕾、顶芽等部位，刺吸汁液，使叶片皱缩、卷曲、畸形，严重时引起枝叶枯萎甚至整株死亡。它是糜黍、燕麦及其他小型谷物的大害之一。

②生长期害虫防治措施

A. 农业防治。彻底清除糜茬、杂草，因为它们是各种病虫害的越冬场所。所以，要结合秋耕地，在下一年4月底前，将这些东西彻底清除干净，可减少越冬菌源和虫源，以减轻病虫害的发生。

B. 药剂防治。成虫和幼虫活动危害期，可用10％高效氯氰菊酯乳油2 000倍液、2.5％功夫乳油2 000倍液、40％菊杀乳油或40％菊马乳油2 000～3 000倍液、5％抑太保乳油4 000倍液、5％卡死克乳油4 000倍液、5％农梦特乳油4 000倍液喷雾防治，也可用生物农药20％灭幼脲1号悬浮剂500～1 000倍液、25％灭幼脲3号悬浮剂500～1 000倍液、苗蒿素杀虫剂500倍液喷雾，防治效果均可达到95％左右。

C. 黏虫防治。利用黏虫、成虫的趋化性，用糖醋液诱杀黏虫成虫或在7月中旬至8月下旬2代成虫数量上升时，用杨树枝把或谷草把诱蛾产卵，每天日出前用捕虫网套住树枝将虫振落网内杀死，每亩插设3～5个杨树把或谷草把，5天更换1次。

D. 生物防治。利用天敌，如用赤眼蜂防治鳞翅目害虫，利用草蛉、瓢虫、食蚜蝇、猎蝽等捕食蚜虫。用苏云金杆菌、白僵菌等防治二化螟等害虫。

(三)主要杂草

1. 种类

危害糜黍田的杂草主要有野糜黍、稗草、狗尾草、马唐等，其中，以野糜黍危害最重，野糜黍是糜黍的伴生性杂草，它不仅影响糜黍的品质，更重要的是野糜黍还容易与栽培糜黍自己杂交，造成品种混杂退化，同时还可造成糜黍大幅度减产甚至绝收。

2. 防除措施

(1)轮作倒茬　轮作倒茬是消灭野糜黍等其他杂草的主要措施。种植其他作物，野糜黍易于区别，中耕时可以及时除掉。轮作一般以2年以上为好。

(2)适时晚播　若时间允许，待野糜黍等杂草发芽出苗后再播种，可以消灭播种行内的大部分杂草。

(3)及早间苗除草　当糜黍2～3叶时，及时疏苗除草，4～5叶时，及时定苗。生长期及早拔除已抽穗的野糜黍植株，并带出植株销毁。

五、适期收获

（一）成熟和收获标准

糜黍籽粒的成熟期很不一致。当穗上部分籽粒已饱满成熟，部分籽粒已经脱落，中部籽粒才进入蜡熟期，而下部籽粒还是绿色，收获过晚穗茎易折断，受或遇大风易落粒，但收获过早往往增加秕粒的比例，降低粒重。

糜黍成熟和收获标准，不能以茎叶颜色是否黄枯为依据。因为有的品种成熟时茎秆不立即枯死，有的成熟时还带绿色。同一品种，在不同地块成熟时，茎叶的表现也不一样。应以全田 85％以上的穗子和籽粒呈粉质状态，小穗花梗枯黄，籽粒呈现固有色泽时为收获标志。

（二）收获时期和方法

收获过早或过晚都易造成产量和品质下降。收获期遇雨易发芽，遇大风易落粒，收获过晚穗茎易折断，也会使品质下降，所以选择糜黍适宜收获期十分重要。一般当大田中大部分穗的籽粒已经坚硬，种皮的青色消失并有光泽，颖壳黄白色，但茎秆还是绿色，叶片稍具浅绿色，这时收获比较适宜，既可减少糜穗落粒损失，又能提高茎叶饲用价值。糜黍的收获方法有机械收获和人工收获 2 种，但目前，我国大多数糜黍产区仍为人工收获。

1. 机械收获

机械收获适用于大面积生产。其中，它又分为直接收获和分段收获。直接收获是用联合收割机一次性作业完成收割、脱粒、分离、清选、集秆、集糠、运粮等程序。分段收获是先用割晒机把糜黍割倒，晾晒 2～3 天，再用脱谷机脱粒，此法由于要在田间晾晒后脱粒，可在最适收获期进行。机械采收时应注意机器行驶速度适中，以免造成糜黍漏采、倒伏等现象，严重影响产量。

2. 人工收获

人工收获分为用镰刀收获和折穗子收获。用镰刀收获在我国糜黍产区最为普遍，先将糜黍割倒放在田间，晾晒 2～3 天，然后捆成小捆运回晒场，进行打碾脱粒。也有的地区割后拥成小捆，成对排列成人字形进行晾晒，田间风干后再拉运上场。进行碾打脱粒。折穗收获常用于片选或穗选留种，手工折下糜穗后进行脱粒。糜黍脱粒宜即湿进行，过分晒干，外颖壳难以脱尽。

除此之外，在收割前要做好选种、留种工作。先收种子田，后收一般田，糜黍籽粒较小，很容易和杂草种子混淆而不易分辨。因此，最好在留种地里进行穗选，选取生长健壮、穗大粒饱、无病虫害的穗子作种子。脱粒之后要立即进行清选和晾晒，以免发热、发霉变质，降低籽粒品质，在籽粒含水量在 13％以下时方可装袋入库，贮藏库必须通风干燥。

六、新技术

（一）地膜覆盖栽培

糜黍地膜覆盖栽培是旱地糜黍耕作栽培技术的重大变革，是一项投入高、产出高的实用农业新技术，较好地解决了旱地糜黍难抓苗和高海拔地区易受早霜冻害的生产难题，扩大了糜黍品种的适种范围,可以大幅度提高旱地糜黍产量水平,提高旱地有限降雨的利用效率,在干旱地区有广阔的发展前景。

整好地是地膜覆盖的基础。首先,地膜覆盖的田块秋季收获后要进行秋、冬翻耕,耕后及时耙耱保墒。第2年春季只耙耱,不翻耕,早春要及时顶凌耙耱保墒。雨后还要及时耙耱保墒。经过这些工序,达到地平、土碎、墒足,无大土块,无根茬,为保证覆膜质量创造良好条件。除去传统露地糜黍栽培的整地施肥要求外,还需要地面平整无坷垃,这样便于机械化作业,同时覆膜后不破损;其次,整地要精细,达到上虚、下实,而利于穴播后种子能够充分接触土壤且覆土量适中,保证出苗。

糜黍地膜覆盖栽培主要有2种方式:平膜穴播和垄膜穴播。

1. 平膜穴播

覆膜时不起垄,选用80厘米宽超薄膜覆盖,垄面宽60厘米,膜间距20厘米,覆膜时间以土壤墒情确定,土壤墒情较好时,可边整地边覆膜;土壤墒情差时,可待雨抢墒覆膜。覆膜要紧贴垄面,地膜要紧、平、展,两边用土压实,每隔4～5米要压一条土腰带。用糜黍(谷子)穴播机点播,每个膜面上种3行糜黍,行距25厘米,穴距12厘米,每穴下籽5～7粒,定苗时每穴留苗3～5株,留苗密度比露地栽培宜高0.5万～1万株/亩。穴播机点播后镇压1次,使种子与土壤完全接触。

垄膜穴播:采用覆膜穴播机在整好的耕地上,起垄、覆膜和播种一次完成,用宽120厘米、厚0.006～0.008毫米超薄地膜,每垄播5行,行距25厘米,穴距10厘米,播种深度3～5厘米,单穴下籽5～7粒。

2. 效益分析

糜黍地膜覆盖栽培较露地栽培增加了地膜投入,但经济效益十分明显。根据试验,糜黍覆膜穴播后产量较露地穴播增产48.7千克/亩,增产率为24.56%,饲草产量增加240.3千克/亩,增产率为34.09%。例如,地膜糜黍共投入地膜4千克/亩,合计人民币600元,地膜覆盖后减少了除草劳动量和间苗劳动量,二者合计少支出20元/亩,而增产糜黍48.7千克/亩,以糜黍最低价1.2元/千克计算,新增收入为58.32元/亩,饲草每亩增产240.3千克,以市场价0.6元/千克计算,新增收入144.17.52元/亩,二者合计增加收益202.5元/亩,单位地膜投入产出比为1:10.13。种植地膜糜黍不仅可以增产,而且可以获得较高的经济效益,并且糜黍秸秆又是理想的牲畜饲料,所以地膜糜黍具有重要的经济与社会意义。

(二)沟垄径流栽培

沟垄径流栽培是一项传统经验和现代科学技术相结合的抗旱增产技术。适用于半干旱、偏旱区的旱作农田,作物种在沟底,相当于抗旱深种,种子在湿土中便于发芽出苗;同时垄沟可大量蓄水,防止或减少地表径流,将雨水通过沟底渗入深层贮存起来;沟内可避风,使土壤蒸发减少,有利于保墒防寒。

通过人工或机械起垄(缓坡地沿等高线筑垄),形成微形径流集水区,使垄面降水向作物种植区(垄沟)进行空间上的水分聚集,以增进作物种植区的水分供应量。结合垄面覆膜,减少土壤水分蒸发,提高土壤蓄墒率。

沟垄径流栽培主要有以下几种方式:膜垄宽带、膜垄窄带、土垄宽带、土垄窄带。

1. 主要技术要点

(1)选地　选择坡度＜20°的地块,前茬为小麦、豆类、马铃薯,肥力较好的川旱地种植。

带型确定与播种根据地力和降雨量确定垄距带型,肥力好,降雨较多的地块带型比例为1:1.5,即垄宽度40厘米,种植沟宽度60厘米;水肥条件差的地块,垄沟带型比例为1:1,即垄宽度40~60厘米,种植沟宽度40~60厘米,种植沟距垄顶端的垂直高度10~15厘米。每沟种2行,播深3~4厘米,行距根据带型确定,一般为20~30厘米,播种量0.7~1.5千克/亩(按种植沟净面积计算4万~6万株/亩)。也可以沟植与地膜覆盖相结合,它是在起垄的情况下,垄上覆膜、沟内种植的一项技术措施。采用专用机械覆膜和播种一次完成。

(2)施肥　播前基施农家肥2 000千克/亩,磷酸二铵10千克/亩,尿素5.0千克/亩,用旋耕机旋耕耙磨。播种时用磷酸二铵5.0千克/亩作种肥,在抽穗灌浆阶段若遇较大降雨时可追施尿素5.0~7.5千克/亩。

2. 田间管理

及时间苗除草,其他管理与一般大田相同。根据研究,对半干旱、偏旱区通过沟垄径流栽培方式栽培糜黍,增产效果显著,依次为膜垄宽带＞膜垄窄带＞土垄宽带＞土垄窄带。

第五章 荞 麦

第一节 优良品种介绍

一、晋荞麦(苦)6号

审定编号:晋审荞(认)2011002。

申报单位:山西省农业科学院高寒区作物研究所,大同市种子管理站。

选育单位:山西省农业科学院高寒区作物研究所,大同市种子管理站。

品种来源:从当地农家种"蜜蜂"中系选而成。试验名称为"苦荞04-46"。

特征特性:生育期94天左右,比对照"晋荞麦(苦)2号"早5天。生长势强,幼叶、幼茎绿色,种子根、次生根健壮、发达,株型紧凑,主茎高103.6厘米,主茎节数20节,一级分枝6.9个,叶绿色,花黄绿色,籽粒长形、灰黑色,单株粒数201.6粒,单株粒重3.8克,千粒重18.7克。

产量表现:2009—2010年参加山西省苦荞麦区区域试验,2年平均亩产148.3千克,比对照"晋荞麦(苦)2号"(下同)增产10.3%,试点11个,增产点9个,增产点率81.8%。其中,2009年平均亩产145.5千克,比对照增产4.0%;2010年平均亩产151.3千克,比对照增产17.0%。

栽培要点:忌连作,前茬以豆类、薯类、瓜菜类、玉米、绿肥等为好,底肥以农家肥中的羊粪最好。晋北地区以5月下旬至6月上旬播种为宜,亩留苗4万~8万株,肥地宜稀,薄地宜密。苗期(苗高5~6厘米)和开花封垄前适时中耕,及时防治病、虫害。70%的籽粒成熟,即可收获,收获时间应选在早晨和上午,以免脱粒。

适宜区域:山西省苦荞麦产区。

二、黔苦4号

审定编号:晋审荞麦(认)2009001。

申报单位:山西省农业科学院高寒区作物研究所。

选育单位:威宁彝族回族苗族自治县农业科学研究所。

品种来源:从高原苦荞中系选而成,试验名称为"苦荞05-43"。

特征特性:生育期84天左右,比对照"广灵苦荞"早熟,幼茎淡红色,生长整齐,长势中等,株高96.2厘米,株型紧凑,主茎14.5节,茎粗、抗倒性较好,花黄绿色,一级分枝5.4个,单株粒重4.1克,籽粒灰褐色,长形,千粒重20.2克,综合抗性较好。

产量表现:2007—2008年参加山西省苦荞区域试验,2年平均亩产162.9千克,比对照"广灵苦荞"平均增产24.0%,试点10个,9点增产,增产点率90%。其中,2007年平均亩产

166.0 千克,比对照"广灵苦荞"增产 31.2%;2008 年平均亩产 136.3 千克,比对照"广灵苦荞"增产 24.0%。

栽培要点:晋北地区 5 月下旬至 6 月上旬播种,每亩留苗 4 万～6 万株,肥地宜稀,薄地宜密;适时中耕,以苗期(苗高 5～6 厘米)和开花封垄前为宜;及时收获,70% 的籽粒成熟即可收获,收获时间应选在早晨和上午,以免严重脱粒。

适宜区域:山西省苦荞中、早熟区。

三、晋荞麦(苦)5 号

审定编号:晋审荞(认)2011001。

申报单位:山西省农业科学院高粱研究所。

选育单位:山西省农业科学院高粱研究所。

品种来源:"黑丰 1 号"等离子诱变后系选而成,试验名称为"晋辐-4"。

特征特性:生育期 98 天,比"亲本黑丰 1 号"早 4 天。生长势强,幼叶、幼茎淡绿色,种子根健壮、发达,株型紧凑,主茎高 106.7 厘米,主茎节数 20 节,一级分枝数 7 个,叶绿色,花黄绿色,籽粒黑色、三棱卵圆形瘦果,无棱翅,籽实有苦味,单株粒数 283 粒,千粒重 22.4 克。抗病性、抗旱性较强,耐瘠薄。

品质分析:山西省食品工业研究所(太原)和山西省农业科学院环境与资源研究所检测,蛋白质含量 8.81%,脂肪含量 3.16%,淀粉含量 64.98%,黄酮含量 2.16%。

产量表现:2009—2010 年参加山西省苦荞麦区域试验,2 年平均亩产 149.6 千克,比对照"晋荞麦(苦)2 号"增产 11.2%,试点 11 个,增产点 9 个,增产点率 81.8%。其中,2009 年平均亩产 152.4 千克,比对照"晋荞麦(苦)2 号"增产 8.9%;2010 年平均亩产 146.8 千克,比对照"晋荞麦(苦)2 号"增产 13.6%。

栽培要点:适宜播期北部为 5 月 1—10 日,中部为 6 月 10—20 日。亩播量为 2.5～3 千克,亩留苗 5.5 万～6 万株。亩施磷、钾复合肥 30 千克有助于提高产量,适时中耕、除草,花期到灌浆期浇水 1 次,以保证籽粒饱满。70% 籽粒变黑色时即可收获,在场上后熟 2～3 天后再晒打。

适宜区域:山西省苦荞麦产区。

四、黑丰 1 号(苦荞麦)

品种来源:由山西省农科院农作物品种资源研究所于 1990 年从外引品种榆 6-21 中选择变异单株系选而成。

审定情况:1999 年 4 月经山西省农作物品审委三届四次会议认定通过。

特征特性:正常年份生育期 80 天左右。株高 110～140 厘米,径粗 8～12 厘米。株型紧凑挺拔,茎绿色。主茎节数 26～28 个,主茎一级分枝数 4～6 个。子叶肾形,对生。真叶三角形,互生。叶色深绿,由下向上逐渐变小变薄。花小,黄绿色。雌雄同花,自花授粉。复总状花序,果枝呈穗状。籽粒黑色、锥形,比亲本锥腰较宽,锥端较钝,有腹沟。生育期间需有效积温大于 1 800℃。植株近有限型,顶花可正常成熟结实,籽粒成熟较一致,黑化率可达 90% 以上。单株生长势强,茎粗、秆硬,抗风,抗倒伏,落粒轻,丰产稳产,单株产量大于 8 克,千粒重大于 21 克。

品质分析:蛋白质含量 11.82％,淀粉含量 68.58％,水分含量 9.8％,同时,含有种类齐全的氨基酸和丰富的矿物质元素及维生素。

产量表现:1993—1994 年在灵丘、右玉、平鲁、大同、盂县、寿阳、汾西、交口等地试验,产量 200 千克/亩左右,比"亲本榆 6-21"增产 30％～68％,比当地农家品种增产 52％～85％;1998 年榆次区科委在榆次区庄子乡南赵村示范,并在旱塬地上进行麦后复播试验,与当地甜荞同期播种,同时,采用浇水与不浇水 2 个处理,未浇水的生育期 70 天,平均每亩产量 180 千克;浇水的生育期 85 天,平均每亩产量 265 千克,比甜荞早熟 15～20 天,增产显著。

栽培要点:播期应根据当地积温条件,以既保证霜前成熟又使盛花期避过当地的高温期为宜,太原适期为 6 月中旬,往北应提前 15 天左右,往南可推迟 15～20 天。根据土壤肥力条件,每亩种植密度 4.5 万～5 万株,播量 22.5 千克,播深 3～4 厘米。每亩施 0.15 万～0.3 万千克有机肥作底肥,450 千克磷肥作种肥,封垄现蕾前看苗情追施 75～120 千克氮肥。苗高 15 厘米左右及封垄前中耕、除草 2 次。籽粒黑化粒达到 90％以上即可收获。如无大风或霜冻,可待籽粒完全黑后再收获,以保证种子质量。

适宜地区:适宜于无霜期 130 天以上的地区种植。在雁北地区及海拔 1 000 米以上地区宜春播;晋中、晋东南、多雨、温暖地区宜夏播,也可麦后复播。

五、品甜荞 1 号

审定编号:晋审荞(认)2014001。

申请单位:山西省农业科学院农作物品种资源研究所。

选育单位:山西省农业科学院农作物品种资源研究所。

品种来源:F326 高结实材料中发现 3 株变异单株组成集团连续混合选择,试验名称为"品甜试 1 号"。

特征特性:生育期平均 81 天。种子根健壮、发达,田间生长整齐,生长势强。幼茎绿色,株型紧凑,主茎高 95.0～148.0 厘米,茎上部绿色、下部浅红色,平均主茎节数 17.4 节,一级分枝数平均 4.1 个,叶绿色,花白色。籽实三棱形、褐色,平均单株粒重 22.1 克,平均单株粒数 710.0 粒,平均千粒重 31.5 克。

品质分析:2014 年山西省农业科学院农作物品种资源研究所检测,蛋白质含量 9.16％,粗脂肪含量 2.43％,赖氨酸含量 0.57％,维生素 E 含量 0.78 毫克/100 克,维生素 PP 含量 5.82 毫克/100 克。

产量表现:2011—2012 年参加山西省甜荞麦新品种区区域试验,2 年平均亩产 118.2 千克,比对照"晋荞麦(甜)3 号"(下同)增产 11.2％,2 年 8 个试点,全部增产。其中,2011 年平均亩产 114.2 千克,比对照增产 11.3％;2012 年平均亩产 122.2 千克,比对照增产 11.1％。

栽培要点:适宜播期太原地区 7 月 10—20 日,太原以北高海拔区 5 月 28 日—6 月 10 日,太原以南 7 月 25 日—8 月 1 日。一般亩播量 1.5～2.5 千克,亩留苗 5 万～6 万株。花期如遇到多雨天气,要人工辅助授粉。

适宜区域:山西省甜荞麦主产区。

六、晋荞麦(甜)7 号

审定编号:晋审荞(认)2015001。

申请单位:山西省农业科学院作物科学研究所。

选育单位:山西省农业科学院作物科学研究所。

品种来源:秋水仙素水溶液处理晋荞麦(甜)3号幼苗化学诱变选育而成,试验名称为"T407-8"。

特征特性:生育期83天左右。幼苗绿色,株型紧凑,主茎高119厘米,茎绿色,主茎节数9.3节,一级分枝数5.1个,叶绿色,花白色,单株粒数263粒,单株粒重12.1克,千粒重45.9克,籽实三棱形、褐色。

品质分析:西北农林科技大学测试中心分析,蛋白质含量11.53%,总黄酮含量0.266%。

产量表现:2013—2014年参加山西省甜荞麦区域试验,2年平均亩产134.5千克,比对照"晋荞麦(甜)3号"(下同)增产11.9%,10个试点全部增产。其中,2013年平均亩产127.1千克,比对照增产11.1%;2014年平均亩产141.9千克,比对照增产12.6%。

栽培要点:适宜播期北部春播5月下旬至6月上旬,中部复播6月下旬至7月上旬,亩播量1.5～2.0千克,亩留苗3.0万～4.0万株,苗高10厘米左右,中耕1次,封垄前,中耕1次,盛花期辅助授粉,当籽粒70%为褐色时,于阴天或早晨露水未干时,及时收获。

适宜区域:山西省甜荞麦产区。

七、晋荞麦(甜)8号

审定编号:晋审荞(认)2015002。

申报单位:山西省农业科学院高粱研究所。

选育单位:山西省农业科学院高粱研究所。

品种来源:日本引进甜荞经过EMS化学诱变剂处理系选而成,试验名称为"甜荞E09-2"。

特征特性:生育期84天左右。幼苗叶片绿色、幼茎紫红色,株高125厘米,株型紧凑,主茎节数9.7节,分枝5个,叶片卵状三角形,叶柄互生,千粒重31.9克,籽粒褐色、三棱形,无棱翅。

产量表现:2013—2014年参加山西省甜荞麦区域试验,2年平均亩产129.7千克,比对照"晋荞麦(甜)3号"(下同)增产7.9%,10个试点全部增产。其中,2013年平均亩产121.6千克,比对照增产6.3%;2014年平均亩产137.8千克,比对照增产9.3%。

品质分析:山西省出入境检验检疫局检验检疫技术中心分析,蛋白质含量14.4%,脂肪含量1.00%,总黄酮含量0.17%。

栽培要点:适宜播期北部春播5月下旬至6月上旬,中部复播6月下旬至7月上旬,亩播量3.5～4.0千克,亩留苗5.5万～6.0万株,亩施磷、钾复合肥30千克,及时中耕、除草,籽粒70%为棕褐色时收获,在场上后熟2～3天后再晒打。

适宜区域:山西省甜荞麦产区。

第二节　栽培技术

近年来,各地科研人员深入生产实际,总结荞麦生产经验,广泛开展了播期、密度、营养元素、收获期等单项因子对荞麦产量影响的研究。在试验研究的基础上,探索总结出了适合本地区应用的荞麦高产配套栽培手技术,并进行大面积的生产示范。

一、选用良种

选用良种是投资少、收效快、提高产量的首选措施。不同生态区,不同地土壤条件,所选用的品种也不同。不同品种在相同的栽培水平和相似的气候条件下,经济产量存在较大差异;同一品种在同一区域采取不同的栽培技术,其产量也相差甚远。因此,精心选择一个生育期适宜、高产、抗性强的品种尤为重要。

二、耕作管理

(一)选地整地

适于荞麦和苦荞种植的土壤类型,质地和肥力水平。荞麦和苦荞均对土壤的适应性比较强,只要气候适宜,任何土壤,包括不适合于其他禾谷类作物生长的瘠薄地,新垦地均可种植。但有机质丰富,结构良好,养分充足,保水力强,通气性好的土壤能生产出优质高产的荞麦和苦荞。荞麦对前作要求不严,但不宜连作。

荞麦根系发育要求土壤有良好的结构,一定的空隙度和空气的贮存及微生物繁殖。重黏土或黏土,结构紧密,通气性差,排水不良,遇雨或灌溉时土壤微粒急剧膨胀,水分不能下渗;气体水分蒸发,土壤又迅速干涸,易板结形成坚硬的表层,也不利于荞麦生长发育;沙质土壤结构松散,保水能力差,养分含量低,也不利于荞麦生长发育;壤土有较强的保水保肥能力,排水良好,含磷、钾较高,增产潜力较大。荞麦对酸性土壤有较强的忍耐力,在土壤 pH 为 4～5 时也能生长,以 pH 为 6～7 最适宜。碱性较强的土壤,荞麦生长受到抑制,经改良后方可种植。

荞麦和苦荞对土壤的肥力水平要求不高,有一定的耐瘠薄能力,但荞麦生长过程却需大量的营养。每生产 1 千克荞麦和苦荞,籽粒需从土壤中吸收氮 33 克、五氧化二磷 15 克、氧化钾 43 克。此外,锌、锰、硼、钼等微量元素在其受精结实过程中亦是很重要的。

(二)整地方法和标准

荞麦虽不择地,但种子顶土力不强,根系较弱,不易出土全苗。整地质量差,易造成缺苗断垄,影响产量。抓好耕作整地这一环节是保证荞麦全苗的主要措施,所以,播前应精细整地,使表土疏松细碎,保证苗齐、苗壮。

前作收获后,应及时浅耕、灭茬,然后深耕。春荞麦区的土壤耕作包括秋耕和播前耕作。如果时间允许,深耕最好在地中的杂草出土后进行。正茬荞麦地秋季深耕,蓄水保墒,春耕要浅,应在播种前 1～2 天进行。耕后及时耙耱,使表层土壤碎、细、平、润,为种子发芽出土创造良好的条件。不同的地区的自然条件和土壤类型不同,耕作方法也不同。在无霜期较长、播种较晚的地区,保墒是耕作整地的主要任务之一;在土壤黏重的地块,耕后易结块,破碎土块是耕地的主要任务之一。这些地方冬季应镇压,春季需多次耙耱。在风蚀严重的地区,秋季不需耕地,春季遇雨要抢耕、抢种。荞麦喜湿润,但忌过湿与积水,在多雨季节及地势低洼易积水之地,应做畦开沟排水。

深耕是中国各地荞麦丰产栽培的一条重要经验和措施。深耕能熟化土壤,加厚熟土层,同时改善土壤中的水、肥、气、热状况,提高土壤肥力,既有利于蓄水保墒和防止土壤水分蒸发,又有利于荞麦发芽、出苗和生长发育,同时,可减轻病虫草对荞麦的为害。深耕改土效果明显,但深度要适宜。各地研究结果表明,一般荞麦地深耕以 20～25 厘米为宜。深耕又分春深耕、伏深耕和秋冬深耕,其中,以伏深耕效果最好。伏深耕晒垡时间长,接纳雨水多,有利于土壤有机质的分解积累和地力的恢复。荞麦伏耕地较少。一般以春、秋深耕为主。在进行春秋深耕时,力争早耕。深耕时间越早,接纳雨水就越多,土壤含水量就相应越高,而且熟化时间长,土壤养分的含量相应也高。

选地和整地是荞麦获得丰产高质的前提和基础。过去种植荞麦通常是板土浅耕,即在耕作以前不对地进行整理,直接在地上进行浅耕。这样的结果可以想象,微薄收获使人们失去一次耕作的热情。现在再也不能延续进去的种植方式了,要改浅耕为精细整地,以增强土壤通透能力,为荞麦生长创造良好的条件。

由于荞麦和苦荞是小杂粮作物,所以,关于整地的方面的系统化研究较少,大部分是根据生产经验来总结,虽然在一定程度上比传统的耕作方式更进了一步,但相对应用于现代农业高速发展的要求,还缺乏更详细的研究。因此,加强荞麦精细整地的研究,根据不同的地质、气候和种植结构来调整整地方法和标准,对提高荞麦整体种植水平,适应当前高效农业发展需求,具有重要的实践意义。

三、栽培管理

(一)种植方式

1.单作

荞麦生产快,所以,荞麦根据自然条件不同、品种不同,一般在北方春荞区和西南高原春、秋荞麦区是单作。北方春荞区是中国甜荞主产区,春播的时间在 5 月下旬到 6 月上旬,一年一熟。西南高原春、秋荞麦区,是中国苦荞主要产区,一般在春天进行播种,采取一年一作的耕作制度。

2.轮作

合理轮作是荞麦高产栽培措施之一。荞麦对茬口选择不严格,无论在什么茬口都可以生长,但忌连作。为了获得荞麦高产,要在轮作中最好选择好茬口。荞麦比较好的茬口首选是豆类、马铃薯,这些都是养地作物;其次是玉米、菜地茬口,这些都是用地作物,也是荞麦的主要茬口。一般在高海拔地区采取荞麦、燕麦、马铃薯轮作较好;在海拔 2 000 米以下的地区,采取大豆、荞麦轮作的方式。豆科作物作为荞麦的前作,能使荞麦的产量提高 15％～30％。

(二)播种

1.种子处理

荞麦高产不仅要有优良品种,而且要选用高质量成熟饱满的新种子。播种前的种子处理,对提高荞麦种子质量、全苗、壮苗奠定丰产作用很大。种子处理主要有晒种、温汤浸种和药剂拌种几种方法。

(1)晒种　能提高种子的发芽势和发芽率。晒种可改善种皮的通气性和透气性,促进种子成熟,提高酶的活力,增强种子的生活力和发芽力。晒种还借助阳光中的紫外线可杀死一部分附着于种子表面的病菌,减轻某些病害的发生。晒种时选择播种前 7～10 天的晴朗天气,将荞麦种子薄薄地摊在地上或席上,晒种时间根据气温的高低而定,气温较高时晒 1 天即可。

(2)选种　目的是剔除空粒、破粒、草籽和杂质,选用大而饱满的整齐一致的种子,提高种子的发芽率和发芽势。大而饱满的种子含养分多,生命力强、生根快、出苗快、幼苗健壮。荞麦选种方法有风选、水选、筛选,利用种子的清选机同时清选几个品种时,一定要注意清理筛选机,防止机械混杂。

(3)温汤浸种 有提高种子发芽力的作用。用 35～40℃ 温水浸 10～14 分钟效果良好,能促进早熟。其方法是用 40～50℃ 的温水浸种 10～15 分钟,先把漂在上面的秕粒捞出弃掉,再把沉在下面的饱粒捞出,晾干即可。

(4)药剂拌种 此法是防止地下害虫和甜荞病害的有效措施。药剂拌种是在晒种和选种之后,用种子量 0.05％～0.1％ 五氯硝基苯粉拌种,以便防治疫病、凋萎病和灰腐病,用以防治蛴螬、金针虫等地下害虫。

2.适期播种

适时播种是荞麦获得高产成败的关键措施,播种早晚都会影响荞麦的产量,对不同生态区的不同品种,适宜播期也不尽相同,同时,荞麦耐寒力弱,怕霜冻,当温度低于 13℃ 或高于 25℃ 时,植株的生育会受到明显抑制,尤其是有霜降来临,一次霜降就可以将植株冻死。

综上所述,荞麦和苦荞的播期是影响其产量和品质的关键因子,荞麦的播种期应掌握"春荞霜后种,花果避高温;秋荞早种霜前熟"的原则。适宜播期的确定应根据不同生态区和不同品种的生育期的天数来确定。

3.种植密度

种植密度是影响荞麦产量的一个重要因素。构成荞麦产量的因素主要是每亩株数、每株粒数和千粒重,三者都和密度有关。合理的种植密度对保证荞麦群体的通风透光、单株健壮,增加群体的光能利用率,促进物质积累和产量的增加具有重要的作用。但是,荞麦的种植密度受到许多因素的影响,因此,确定适宜的种植密度,进行合理密植是荞麦栽培的主攻方向。影响种植密度的因素,有以下几点。

(1)播种量 通过调整播种量大、小可控制种植密度。在一般情况下,播种量大,出苗太密,个体发育不良,单株产量很低,单位面积产量不能提高。反之,播种量小,出苗好,单株产量自然很高,但单位面积上株数少,产量同样不能提高。所以,要根据地力、品种、播种期确立适宜的播种量,是确定荞麦合理群体结构的基础。目前,生产一般条件下,甜荞每亩用种量 4.5～5 千克,苦荞每亩用种量以 3～4 千克为宜。

(2)地力 地力影响荞麦分枝、株高、节数、花序数、小花数。肥沃地荞麦产量主要靠分枝,薄地主要靠主茎。一般参照中肥地密度指标,肥地适当减低密度,瘦地适当加大密度。

(3)播期 同一品种的生育日数因播种期而有很大的差异,其营养体和主要经济性状也随着生长日数而变化,同一地区春荞营养体较秋荞大,春荞留苗密度应小于秋荞。

(4)品种 荞麦品种不同,其生长特点、营养体的大小和分枝能力、结实率有很大区别。一般生育期长的晚熟品种营养体大、分枝能力强,留苗要稀;早熟品种则营养体小分枝能力弱,留苗要密。

4.播种方式

(1)条播 主要是畜力牵引的耧播和犁播,根据地力和品种的分枝习性分窄行条播和宽行条播。条播以 167～200 厘米开厢,播幅 13～17 厘米,空行 17～20 厘米。条播的优点是深浅一致,落子均匀,出苗整齐,在春旱严重、墒情较差时,可探墒播种,适时播种,保证全苗。条播还便于中耕、除草和追肥的田间管理,条播以南、北垄为好。

(2)点播　采取锄开穴、人工点籽。这种方式除人工点籽不易控制播种量外,每亩的穴数也不易掌握,营养面积利用不均匀,还比较费工。点播以167~200厘米开厢,行距27~30厘米,窝距17~20厘米,每窝下种8~10粒种子,待出苗后留苗5~7株。

(3)开厢匀播　厢宽150~200厘米,厢沟深20厘米,宽33厘米,播种均匀,每亩播饱满种子3千克。

(4)撒播　先耕地随后撒种子,再耙平。由于撒播无株行距之分,密度难以控制,田间群体结构不合理,密处不见苗。田间管理困难,一般产量较低。

(5)机械化播种　上述的播种方式都是传统经验的总结。但在现代农业高速发展的情况下,人工成本越来越高,尤其在目前很多地方,出现劳动力匮乏,劳动力成本逐年增加的趋势,因此,不管是条播,还是点播,应改人工播种为机械播种,大力倡导将播种的一系列农艺措施与农业机械化结合,以提高荞麦的播种生产效率,节约人工,适应当代农业的发展需求。

四、田间管理

(一)按生育阶段管理

1.苗期

荞麦播种后要采取积极的保苗措施。播种时遇干旱要及时镇压、踏实土壤,减少空隙,使土壤耕作层上虚下实,以利于地下水上升和种子的发芽出苗;播后遇雨或土壤含水升高,会造成地表结板。荞麦子叶大、顶土能力差,地面板结将影响出苗,可用钉耙破除板结,疏松地表。破除地表板结要注意,在雨后地表稍干时浅耙,以不损伤幼苗为度。前期应做好田间的排水工作,水分过多对荞麦生长不利,特别是苗期。

2.现蕾期

应当采取化学控制,防止徒长倒伏。在开花灌浆期需水为最多,春荞麦区有灌溉条件的地区,如遇干旱,应灌水满足荞麦的需水要求,同时及时进行追肥,以保证荞麦的高产。

3.花期

苦荞花序为混合花序,为总状、伞状和圆锥状排列的螺状聚伞花序。花序顶生或腋生。每个聚伞花序里有2~5朵小花。花较小,无香味,黄绿色。每朵花由5裂花被、呈二轮(外轮5枚、内轮3枚)排列的8枚雄蕊和雌蕊组成。雌雄蕊等长,能自花授粉。

甜荞花序为总状花序,上部果枝为伞房花序,着生在主茎和分枝的顶端或叶腋间。花朵密集成簇,一簇有20~30朵花。花较大,有香味,白色和粉红色。每朵由五瓣萼组成。8枚雄蕊呈二轮排列,内3外5。雌蕊柱头呈三叉状,白色透明,雄蕊基部附近有8个突起的黄色蜜腺。与雄蕊相间排列成环,以引诱昆虫取食。花有2种类型:一种是长雄蕊、短雌蕊,另一种是短雄蕊、长雌蕊,通常同一植株只有一种花型,是异花授粉作物,又为两性花,结实率低,只有10%~15%,这是低产的主要因素。提高甜荞结实率的方法是进行辅助授粉。辅助授粉为蜜蜂辅助授粉和人工授粉2种。

(1)蜜蜂辅助授粉　甜荞是虫媒花作物,蜜蜂、昆虫能提高甜荞授粉结实率。在田间养蜂、放蜂,既是高荞麦产量的措施之一,又利于养蜂事业的发展,具体做法是开花前2~3天,每2~3亩安设蜜蜂箱1个。

（2）人工辅助授粉　在没有放蜂条件的地方,采用人工辅助授粉。主要方法是在荞麦盛花期每隔 2～3 天,于上午 9:00～11:00 时,用一块长 240～300 厘米、宽 30 厘米的布,两头各系一条绳子,由两人各执一端,沿荞麦顶部轻轻拉过,震动植株。

（二）定苗

荞麦出苗后 2～4 片真叶时要及时间苗、定苗,淘汰弱苗,确保基本苗。甜荞每亩留苗 5 万～7.5 万株,苦荞每亩留苗 7 万～10 万株,达到苗齐、苗匀、苗壮的目的。荞麦定苗有利群体分布均匀,茎枝健壮生长,成熟整齐一致,提高结实率,增加单产。肥水条件好的田块留苗宜少些,反之则宜多些。

定苗是保证荞麦产量的关键技术措施。播种出苗后,要及时破板结,以保证全苗,播种量过大时,还要进行疏苗、间苗。这些都需要耗费一定的劳动力来完成,增加了荞麦的生产成本。目前,在谷子等杂粮生产上,大力推广免间苗技术,播种后一次性定苗,这节约了劳动力,降低了生产成本,可达到增收的目的。所以,也可进行荞麦免间苗技术,通过精播点播,化学除草剂,品种改良等方面的技术手段,来实现荞麦的免间苗技术,达到一次性定苗的效果。

（三）中耕

中耕有疏松土壤、增加土壤通透性、蓄水保墒、提高地温、促进幼苗生长的作用,也能消除杂草为害的效果。荞麦长出 2～3 片真叶的结合追肥进行第 1 次中耕,达到盖肥、松土、除草的目的。如果播量过大,这次中耕还应疏苗,锄去多余的弱苗。现蕾前进行第 2 次中耕,达到除草、培土、匀苗补缺的目的,如果追肥,应先撒肥料,在中耕时把肥料埋入土中。在点播的地块,这次中耕时培土、间苗,可促进根系发育。

根据资料,中耕一次能提高土壤含水量 0.12%～0.38%,中耕两次能提高土壤含水量 1.23%,能明显地促进荞麦营养发育,中耕、除草 1～2 次比不中耕的荞麦单株分枝数增加,粒数增加 16.81～26.08 粒,粒重增加 0.49%～0.8%,增产 38.4%。所以,中耕除草是农业生产上的一项清洁工程,它起到了节肥、增产作用,从而获得增产效果。中耕、除草次数和时间根据地区、土壤、苗情及杂草多少而定。

（四）科学施肥

1. 荞麦和苦荞需肥规律

荞麦是一种需肥较多的作物,要获得高产,必须供给充足的肥料。根据研究,每生产 100 千克荞麦籽粒,需要从土壤中吸收纯氮 4.01～4.06 千克、磷 1.66～2.22 千克、钾 5.21～8.18 千克,吸收比例为 1:（0.41～0.45）:（1.3～2.02）。氮、磷、钾比例和数量与土壤质地、栽培条件、气候特点有关,但对于干旱瘠薄地和高寒山地,增施肥料,特别增施氮、磷肥是荞麦丰产的基础。

根据研究,适当增加施肥量,对苦荞株高、分枝数、花序数、结实率、株粒数和株粒重都有明显的提高,其中,磷肥和钾肥对结实率的影响最大,氮肥与钾肥对千粒重的影响较大,而当施肥水平到一定程度后,再增加施肥量,则呈下降趋势。

（1）对氮的吸收　荞麦对氮（N）素的吸收随着生育日数的增加而逐渐提高,在进入灌浆至成熟期时最高。氮素在荞麦干物质中的比例呈两头高、中间低的趋势,可见施足底肥是荞麦丰产的基础,早施一些氮肥对满足始花期前、后苦荞对氮素营养的需求是十分必要的。在灌浆前追施适量氮肥对增加单株分枝数,提高结实率和粒重都有重要的作用。特别在瘠薄的土壤上,施用氮肥可使苦荞产量明显增长,但过多时,则会引起徒长,造成倒伏。

结合 2012 年国家燕麦荞麦产业体系研究结果,分析氮肥对荞麦农艺性状、产量及品质的影响。结果表明,施用氮肥显著增加荞麦的株高、节间长度的主茎节数,对茎粗无明显的影响;荞麦的单株粒数、单株粒重和产量以施用氮肥 8~16 千克/亩产量最高,再增加则会显著的减少,但氮肥的施用对千粒重的影响效果不显著;品质方面随着氮肥施用量的增加,荞麦的总黄酮含量明显降低,芦丁含量也呈显著降低的趋势,而适度的施用氮肥则会显著增加槲皮素的含量。

(2)对磷的吸收 荞麦在各生育阶段吸收磷的数量和速度不同,也是随着生育日数的增加而增加,以灌浆期为最高。因此,在施用氮肥的同时,必须增施磷肥。苦荞是喜磷作物,每亩施过磷酸钙 5.9 千克,比不施磷肥的田块增产 12.5%,在开花期,根外喷施磷酸二氢钾 0.3 千克/亩,可增产 19.2%。

(3)对钾的吸收 荞麦吸收钾素的能力大于其他禾本科作物。体内含钾量较高为其特点,也是随着生育进程而增加的,在成熟期达最大,对钾素的吸收主要在始花期以后,占整个生育期吸收钾素的 96%。

(4)对微量元素的吸收 在微量元素缺乏的土壤施用微肥时,增产效果明显,而且不同的微量元素对荞麦的作用不同,施用钼肥和锰肥可明显促进苦荞苗期生长,而且,在不同地区,施用微肥的效果不同,因此,应先了解当地土壤中微量元素的含量及盈缺情况,再通过试验确定施用微肥的种类和用量。

总之,荞麦和苦荞大多种植在土壤条件较贫瘠的地方,而这些地区的土壤养分情况各不相同,由于多年传统只施氮肥,不施或少施磷肥、钾肥的施肥习惯的积累,使得土壤缺素症严重,而荞麦又是喜磷、钾作物,从而造成成了许多地区荞麦产量一直在较低水平徘徊的状况,因此,有必要针对不同地区的土壤情况,根据荞麦对养分的需求规律,来确定合理的、全面的施肥方案,以提高荞麦的生产水平。

2.施用时期和方法

荞麦播种之前,结合耕作整地,施入土壤深层的肥料称为基肥。荞麦田基肥施用有早秋施、早春施和播前施。早秋施在前、作收获后,结合早秋深耕施基肥,可以促进肥料熟化分解,能蓄水、培肥,增产效果最好。过磷酸钙和钙镁磷肥作基肥最好与有机肥混合沤制后再用。硝酸铵、尿肥可以结合早秋深耕或早春耕作进施,也可以播前深施,以提高肥料利用率。基肥的施用方法通常是撒施,然后随耕地翻入土壤。

播种时将肥料施于种子附近的一项措施称为种肥采用。播前以肥拌籽、播种时撒播于种子旁或结合种子包衣等方法来实施。用无机肥作种肥一般不能与种子直接接触,否则,易烧苗,要离种子 5~10 厘米。

现蕾开花后,需要大量的营养元素,此时需要补充一定数量的营养元素称为追肥。追肥应视地力苗情而看:地力差,基肥和种肥不足的,出苗后 20~25 天,封垄前必须补施追肥,苗情长势健壮的可不追或少追;弱苗应早追苗肥。可采用根外追肥和叶面喷施的方法来实施,无灌溉条件的地方根外追肥应地雨天进行。

3.肥料种类、用量和配比

荞麦施肥应掌握以基肥为主,种肥为辅,追肥为补;有机肥为主,无机肥为辅;看苗施肥,增施磷肥、钾肥的原则。施用量应根据地力基础、产量指标、肥料质量、种植密度、品种和当地气候特点科学掌握。

（1）基肥　一般以有机肥为主，也可配合施用无机肥。基肥是荞麦的主要肥料，一般应占总施肥量的50%～60%，常用的有机肥有粪肥、厩肥和土杂肥。荞麦多种植在边远的高寒山区旱薄地上，作为轮作换茬作物种植，农家有机肥一般满足不了荞麦基肥的需要。科学实验和生产实践表明，若结合一些有机肥作基肥，对提高荞麦产量大有好处。目前用作基肥的有普通过磷酸钙、钙镁磷肥、硝酸铵和尿素。

（2）种肥　传统的种肥是粪肥，这是适应肥料不足而采用一种集中施肥法。随着荞麦科研的发展，用无机肥料作种肥成为荞麦高产的重要技术措施。常用作种肥的无机肥料有过磷酸钙、钙镁磷肥和尿素等。栽培荞麦以每亩施30千克磷肥定为荞麦高产的主要技术指标。

（3）追肥　对荞麦茎叶的生长，花蕾的发育，籽粒的形成具有重要的意义。追肥一般宜用尿素等速效氮肥，用量不宜过多，一般每亩以5～8千克为宜，叶面喷施一般用磷酸二氢钾，此外，在有条件的地方，可用含硼、锰、钾、钼等元素的肥料作根外追肥，也有增产效果。

4. 肥料配合施用

氮肥、磷肥、钾肥、有机肥适宜配合施用可显著提高荞麦的产量。其中，无机肥选用尿素、过磷酸钙，有机肥为腐熟鸡粪。结果表明，以施有机肥250千克/亩和无机肥处理最优。穆兰海等（2012）在宁夏研究了氮、磷、钾肥不同地区配比对荞麦的影响。结果表明，基肥氮肥4千克/亩、磷肥4千克/亩、钾肥6千克/亩，可以获得234.20千克/亩理想产量。侯迷红等研究了钾肥用量对甜荞产量的影响，认为在辽宁库伦旗施钾肥3～134.83千克/亩用由微生物菌剂、酵解有机肥、微量元素及风化煤等复配技术研制的荞麦生物有机专用肥，可有效地提高荞麦黄酮含量与产量。张卫中等（2008）按照荞麦需肥规律施用荞麦专用肥，产量获得最高。

（五）合理节水补灌

荞麦是典型的旱作作物，但其生育过程中抗旱能力较弱，以开花灌浆期需水最多。晋北荞麦多种植在旱坡地，缺乏灌溉条件，荞麦生长依赖于自然降水。有灌溉条件的地区，荞麦开花灌浆期如遇干旱，应灌水满足荞麦的需水要求，以保证荞麦的高产。灌水采用沟灌、畦灌均可，但要轻灌、慢灌，以利于根群发育和增加结实率。在地势低洼和多雨的地方，要注意开沟，及时排水。

荞麦是喜湿作物，一生中需要水760～840米^3，比其他作物费水，抗旱能力较弱。荞麦的耗水量在各个生育阶段也不同。荞麦生育期耗水量主要与生育期长短有关，生育期越长，耗水量越大，不同品种，耗水量也不同，而且施肥可提高荞麦的水分利用效率。

关于荞麦的节水补灌等方面的研究报道很少，很多地区还主要是雨养农田，极大地限制了荞麦的生产水平，因此，在干旱地区，可采用滴灌方式节水灌溉，根据荞麦的需水规律和实际情况，合理进行节水补灌，同时选择水分利用率高的品种，配以先进的种植方式与科学的田间管理手段，完全可以在传统的基础上，实现荞麦整体产业的创新。

（六）病、虫害的防治与防除

1. 主要病害

（1）种类　荞麦和苦荞常见病害有轮纹病、褐斑病、白霉病、立枯病和荞麦籽实菌核病等。

（2）防治措施　防治病害，应以农田防治为主，辅助以药剂防治。在生产上应合理轮作，清洁田园,实行深耕,以减少病害来源。同时,通过精耕细作,培育壮苗和加强田间管理以增强幼苗的抗病性。药剂防治可采用 65％可湿性代森锌粉 500 倍液或 20％粉锈宁 1 000 倍液或用 1∶200 的波尔多液喷雾防治;对低畦田,还须少灌水,降低湿度、控制病害。

2.主要虫害

(1)种类　荞麦和苦荞常见虫害有蚜虫、黏虫、地老虎、草地螟、钩刺蛾等,还有鼠害。

(2)防治措施　同样应当以农田防治为主,减少虫害来源,增强幼苗抗虫性。药剂防治可采用 90％的晶体敌百虫 1 000 倍液或 18％杀虫霜 200 倍喷雾防治。千万不能用中等以上毒性农药,以免增加荞麦籽粒中农药的残留量,降低荞麦品质,也可诱杀或捕杀害虫,如用灯光诱杀草地螟、钩刺蛾等。荞麦鼠害,可用化学灭鼠或器械灭鼠。

五、适期收获

(一)成熟和收获标准

荞麦花期长达 30～35 天,开花后 30～40 天形成种子;落粒性强,一般损失 20％～40％。由于植株上下开花结实时间早晚不一,所以,成熟也不整齐。因此,不能等全株成熟时进行收获。一般在整株有 70％～80％的籽粒变色即籽粒变为褐色、银灰色,呈现本品种固有颜色时收割为宜,做到成熟一片收割一片。收获时最好在阴雨天或湿度大的清晨到上午 11∶00 时前。收割好后及时脱粒并去除杂质、晒干贮藏。

(二)收获时期和方法

1.收获时期

荞麦开花期较长,籽粒成熟时间不一致,在同一植株上可以同时看见完全成熟的种子和刚刚开放的花朵。成熟的种子由于风雨及机械振动极易脱落,导致减产。因此,及时和正确的收获是高产的关键。最适宜的收获时期是田间大部分植株有 2/3 籽粒成熟时,为适宜收获时期,从时间上看,在早霜来临之前收获。过早收获,大部分籽粒尚未成熟,过晚收获,籽粒将大量脱落,均会影响产量。

2.收获方法

在收获方法上,除沿用传统的人工收获外,目前,在很多荞麦主产区,正在大力推广机械化收获,如宁夏原州区、盐池县等地和陕北地区的农业技术推广部门从 2010 年就开始积极研发和改进机械化收获荞麦,受到了当地农民的欢迎;山西省 2011 年在大同市现场展示了机械化收获荞麦,收到良好效果。试验使用金阳豹 4LTZ-2.0 型联合收割机,针对苦荞麦的生长特点作了多项专门设计改进。

结果表明,苦荞麦收割机具有操作灵活、安全可靠、节能高效的特点,每小时可收割苦荞麦 5～6 亩,效率是人工的 50 倍,且一次性完成收割脱粒工序,解决了困扰苦荞麦的“人工收割就地堆码、等待后熟霉变隐患严重”重大食品安全难题。同时,由于减少二次作业环节,避免了搬运中的损失,间接增加了近 10％的产量。机收荞麦既减轻了劳动强度,节约了生产成本、提高了生产效率、降低了损失率,同时又使荞秆直接还田,增加了土壤肥力。许多观看演示的农户主动要求演示机到自家地收割,并向技术人员咨询机具的价格和机收苦荞麦每亩收费情况。因此,研发荞麦专用收割机,推广荞麦机械化收割是杂粮产业发展的必然趋势。

六、特定地区栽培技术举例

山西省大同市高寒区苦荞麦高产栽培技术,主要有以下几个方面。

(一)选地选茬

播前1年进行秋深耕20厘米以上的地块,土壤养分的含量相应高。前茬以豆类、马铃薯为宜,谷黍、燕麦茬也可。最好在坡梁地上种植,不宜在下湿地的滩湾地种植。

(二)品种选择

选择高产、优质和抗逆品种,如"黑丰1号"和本地黑苦荞麦。

(三)整地施肥

应选耕层深厚的土壤,深耕细耙,精细整地,力求土壤细碎平整,上虚下实,水量适宜,为以后全苗、壮苗创造良好的土壤环境做准备。施肥应根据地区实际情况灵活掌握,在早春浅耕时将有机肥一次性施入,每亩施1 500~3 000千克有机肥作底肥,施30千克磷肥作种肥,封垄、现蕾前依地力、苗情追施6~8千克氮肥。

(四)种子处理

苦荞麦种子处理有晒种、选种、浸种和药剂拌种4种方法。

(五)适时播种

大同地区适宜播种期为6月中旬,并且春播应在5厘米地温稳定通过12℃以上进行。播种方法有条播、点播和撒播。由于苦荞麦籽粒大,单株发育及分枝能力强,每亩播量3~4千克为宜。播深一要看土壤水分;二要看播种季节;三要看土质。熟土地播深应浅些,旱地和沙质土要深些,晚播应浅些,一般4厘米为宜。

(六)田间管理

1. 保全苗

壮苗出苗之后,及时进行补栽,取密补缺,疏苗时做到间小苗留大苗,去弱苗和病苗留壮苗。条播每33厘米行长内留苗13~15棵,点播每窝留苗7~8棵。遇干旱应及时破碎土坷垃,减少空隙,便于地下水上升,提高出苗率;若遇下雨,土壤易板结,应及时耙糖或磙压以破除板结,保证出苗。

2. 中耕除草

苦荞麦生长初期行株间易生杂草,一般在幼苗长出第1片真叶时,结合间苗进行第1次中耕,以锄草和保墒为主要目的。第2次中耕在封垄前结合除草进行培土施肥。

3. 辅助授粉

人工辅助授粉可提高苦荞麦的结实率,增产幅度达15%~25%。在盛花期每隔2~3天进行1次,下雨天或露水大时不宜辅助授粉。

4. 追肥

出苗后结合第1次、第2次中耕,追施稀人粪尿或过磷酸钙。如底肥不足,可在中耕时追施氮肥10~15千克/亩,在开花现蕾期追肥磷肥或根外喷磷肥。

5.病、虫害防治

采用以农业防治、物理防治、生物防治为主,化学防治为辅的原则。首先,耕作栽培措施,清除田间病残植株,深翻、轮作倒茬,减少病源。其次,使用药剂拌种防治。最后,喷药防治。

6.适时收获

苦荞麦从开花期到成熟期需 25~45 天,开花期长,种子成熟不一致,收获过早、过晚均会导致减产。当全株有 66% 籽粒呈现褐色时是最适宜的收获期。一般在霜前收获最好,在早晨露水未干时进行,将收到的植株花果部朝里,根向外堆放,可促进未成熟的种子后熟。

第六章　大　豆

第一节　优良品种介绍

一、晋豆40号

审定编号：晋审豆2009001。

申报单位：山西省农业科学院经济作物研究所。

选育单位：山西省农业科学院经济作物研究所。

品种来源：以晋豆19号为母本，汾豆21号为父本杂交选育而成，原名"9877-10"。

特征特性：中部地区复播生育期91天左右，北部地区春播100～115天。无限结荚习性，株高70～90厘米，圆叶、紫花、棕毛，主茎节数15节，茎秆粗硬，单株结荚17～26个，单株粒数44～55粒，种皮黄色、黑脐、圆粒、有光泽，百粒重18～24克。

品质分析：2008年农业部谷物品质监督检验测试中心分析，粗蛋白质含量40.61%、粗脂肪含量20.66%。

产量表现：2007—2008年参加山西省大豆早熟区区域试验，2007年平均亩产151.8千克，比对照"晋豆25号"增产5%；2008年平均亩产148.7千克，比对照"晋豆25号"增产5.5%。2年平均亩产150.3千克，比对照"晋豆25号"平均亩产142.8千克增产5.2%，2年16个试验点，12点增产；2008年参加山西省早熟区生产试验，平均亩产168.1千克，比对照"晋豆25号"增产11.0%，8个试点，7点增产。

栽培要点：精细整地，施足底肥，播前亩施农家肥1 500千克、硝酸磷肥30千克；亩播量中部复播7.5千克，北部春播6.0千克，留苗密度中部复播每亩25 000株左右，北部春播每亩18 000株；田间管理要早定苗、早中耕、早追肥、早治虫，及时收获。

适宜区域：山西省中部地区麦茬复播、北部地区春播。

二、晋豆41号

审定编号：晋审豆2009002。

申报单位：山西省农业科学院高寒区作物研究所。

选育单位：山西省农业科学院高寒区作物研究所。

品种来源：以晋豆19号为母本，窄叶黄豆为父本杂交选育而成，原名"同豆H516"。

特征特性：一般比"晋豆25号"晚熟4～5天。亚有限结荚习性，株高75厘米左右，株型收敛，分枝少，叶披针形、叶色浓绿、紫花、棕毛，分枝2～3个，单株结荚20个左右，籽粒椭圆形，脐浅褐色，百粒重18克左右，抗旱性好，抗逆性强。

品质分析：2008年农业部谷物品质监督检验测试中心（哈尔滨）分析；粗蛋白质含量

40.73%、粗脂肪含量 19.12%。

产量表现:2007—2008 年参加山西省大豆早熟区区域试验,2007 年平均亩产 153.1 千克,比对照"晋豆 25 号"增产 5.9%;2008 年平均亩产 151.3 千克,比对照"晋豆 25 号"增产 7.3%。2 年平均亩产 152.2 千克,比对照"晋豆 25 号"平均亩产 142.8 千克增产 6.9%。2 年 16 个点次,9 点增产;2008 年参加山西省早熟区生产试验,平均亩产 161.2 千克,比对照"晋豆 25 号"增产 6.4%,8 个试点,6 点增产。

栽培要点:施足底肥,一般亩施农家肥 2 500 千克,硝酸磷肥 20 千克,过磷酸钙 30 千克。适时播种,春播 5 月中、上旬播种为宜。合理密植,每亩 19 000 株为宜。田间管理及时间苗、定苗,花期及时防治大豆实心虫。

适宜区域:山西省北部地区春播。

三、晋豆 43 号

审定编号:晋审豆 2010004。

申报单位:山西省农业科学院高寒区作物研究所。

选育单位:山西省农业科学院高寒区作物研究所。

品种来源:1-44(东北早)/晋豆 19 号,试验名称为"同豆 3931"。

特征特性:北部春播生育期 122 天左右。有限结荚习性。成株株高 100 厘米左右,株型收敛,分枝 1～2 个;叶片披针形,花紫色,茸毛棕色,单株结荚 30 个左右,单荚粒数 2～3 粒;籽粒圆形,种皮黄色,脐褐色,百粒重 20 克左右。

品质分析:2009 年农业部谷物品质监督检验测试中心(北京)分析,粗蛋白质 40.3%、粗脂肪 18.2%。

产量表现:2008—2009 年参加山西省大豆早熟区区域试验,2 年平均亩产 163.6 千克,比对照"晋豆 25 号"(下同)增产 8.3%,2 年 19 个点次,14 点增产。其中,2008 年平均亩产 144.6 千克,比对照增产 2.6%;2009 年平均亩产 182.6 千克,比对照增产 13.3%;2009 年参加山西省早熟区生产试验,平均亩产 163.0 千克,比对照增产 7.8%,8 个试点 7 点增产。

栽培要点:施足底肥,一般亩施农家肥 3 000 千克,过磷酸钙 25 千克,碳铵 25 千克。适时播种,北部春播 5 月上、中旬播种为宜。合理密植,每亩 16 000～19 000 株为宜。播前用钾拌磷、多菌灵拌种,防止地下害虫。在生长期要注意防治大豆蚜虫、食心虫和红蜘蛛。

适宜区域:山西省北部地区春播。

四、晋豆 45 号

审定编号:晋审豆 2013002。

申报单位:山西省农业科学院高寒区作物研究所。

选育单位:山西省农业科学院高寒区作物研究所。

品种来源:同豆 10 号/晋豆 19,试验名称为"H353"。

特征特性:早熟品种。北部春播平均生育期 115 天。有限结荚习性,幼茎紫色,植株直立,株型收敛。平均株高 70 厘米,叶片绿色、披针形,平均主茎节数 11.2 个,平均结荚高度 9 厘米,平均有效分枝 0～1 个,单株荚数 27.5～34.3 个,平均单荚粒数 3 粒,紫花,棕色茸毛,荚形弯镰形,荚褐色。籽粒圆形,种皮黄色,有光泽,脐无色,平均百粒重 17.8 克,不裂荚。

品质分析:2012 年农业部谷物品质监督检验测试中心(哈尔滨)分析,粗蛋白质含量42.16%、粗脂肪含量 19.57%。

产量表现:2010—2012 年参加山西省大豆早熟区区域试验,3 年平均亩产 183.6 千克,比对照"晋豆 25 号"(下同)增产 6.5%,24 个试点,18 点增产。其中,2010 年平均亩产 199.8 千克,比对照增产 2.3%;2011 年平均亩产 163.5 千克,比对照增产 11.4%;2012 年平均亩产187.6 千克,比对照"晋豆 25 号"增产 7.2%;2012 年参加山西省大豆早熟区生产试验,平均亩产 168.7 千克,比对照"晋豆 25 号"增产 9.1%,8 个试点全部增产。

栽培要点:适宜播期 5 月上旬。适宜密度每亩 1.7 万~2.1 万株。施足底肥,一般亩施农家肥 2 000 千克,碳氨 25 千克,过磷酸钙 25 千克。播种前使用甲拌磷或多菌灵拌种,防治地下害虫。

适应区域:山西省大豆春播早熟区。

五、晋豆 46 号

审定编号:晋审豆 2014001。

申请单位:山西省农业科学院高寒区作物研究所。

选育单位:山西省农业科学院高寒区作物研究所。

品种来源:应县小黑豆/H586,试验名称为"同黑 325168"。

特征特性:早熟品种,北部春播平均生育期 121 天,中部夏播平均生育期 83 天。亚有限结荚习性。株型收敛,幼茎紫色,平均株高 72.4 厘米,叶片绿色、圆形,主茎节数 16~18 节,结荚高 10 厘米,平均有效分枝 1.6 个,平均单株荚数 30.5 个,平均单荚粒数 3 粒。花紫色,浅棕色茸毛,荚形弯镰形,荚褐色。籽粒长圆形,种皮黑色,有光泽,平均百粒重 18.4 克。不易裂荚。

品质分析:2013 年农业部谷物及制品质量监督检验测试中心(哈尔滨)分析,粗蛋白质含量(干物质基础)43.14%,粗脂肪含量(干物质基础)18.97%。

产量表现:2011—2012 年参加山西省大豆早熟区区域试验,平均亩产 172.05 千克,比对照"晋豆 25 号"(下同)增产 7.0%。17 个试点,15 点增产。其中,2011 年平均亩产 158.4 千克,比对照增产 7.9%;2012 年平均亩产 185.7 千克,比对照增产 6.1%。2012 年参加山西省大豆早熟区生产试验,平均亩产 166.8 千克,比对照"晋豆 25 号"增产 7.9%,8 个试点,全部增产。

栽培要点:春播 5 月上、中旬为宜,夏播 6 月 25 日—7 月 5 日为宜。春播每亩 1.5 万~1.8万株,夏播每亩 3.5 万~4.0 万株。

适宜区域:山西省大豆早熟区。

六、晋豆 30 号

特征特性:大同市盆地春播生育期 123 天左右。子叶绿色,幼茎紫色。株高 90 厘米左右,株型收敛,亚有限结荚习性。分枝 4 个左右,主茎节数 20 个,单株成荚 33 个左右,单株粒数60~100 粒。披针叶,紫花,茸毛浅棕色。籽粒椭圆形,种皮黄色,脐黑色,百粒重 18 克左右。

产量表现:2003—2004 年参加山西省大豆早熟区区域试验,2003 年平均亩产 140.1 千克,比对照"晋豆 25 号"亩产 136.9 千克,增产 2.3%,居第 2 位;2004 年平均亩产 142.0 千克,比对照"晋豆25号"亩产124.5千克,增产14.1%,名列第1位。2年平均亩产141.1千克,比对照"晋豆25号"亩产130.7千克,增产8.0%。2年14个试点,其中,10点增产,增产点占总点数的71.4%。2004年参加山西省早熟区生产试验,平均亩产147.9千克,比对照"晋豆25号"亩产122.6千克,增产20.6%,名列第1位。5个试点,全部增产。

栽培技术要点:播前每亩施农家肥2 000千克,过磷酸钙25千克。大同市地区春播5月上旬为宜。每亩1.5万~1.8万株,播深3~5厘米。播前使用甲拌磷、多菌灵拌种,防治地下害虫和各种病害,在生长期要及时防治大豆蚜虫、红蜘蛛、实心虫等。

适宜种植区域:大同市盆地春播种植。

七、晋豆25号

品种来源:原名8711-4-3。由山西省农科院经济作物研究所以晋豆15号为母本,晋豆12号为父本杂交选育而成。

审定情况:2000年3月经山西省农作物品种审定委员会三届五次会议审定通过。

特征特性:早熟,生育期北部春播110~115天,中部复播90天左右,无限结荚习性。抗旱,抗倒,耐水肥,丰产性好;抗病毒病。株型紧凑,株高50~85厘米,主茎节数14节左右,单株结荚17~26个,单株粒数44~56粒。茸毛综色,花紫色,叶中圆,种皮黄色,有光泽,脐黑色,籽粒圆形,百粒重18~24克。

品质分析:经农业部谷物品质监督检验测试中心分析,粗蛋白质含量41.5%,粗脂肪含量21.84%。

产量表现:1997—1998年参加山西省大豆早熟组区区域试验。2年平均产量144.27千克/亩,比对照"晋豆15号"增产11.3%,增产点占84.6%;1998年组织生产试验,平均产量122千克/亩,比对照增产20.4%,增产点占85.7%。

栽培要点:北部春播宜于5月上旬播种;中部复播应于7月1日前完成播种。北部春播种植密度2.5万~3万株/亩,中部复播1.8万株/亩左右。

适宜地区:山西省北部地区春播,中部地区麦茬复播。

第二节 栽 培 技 术

晋北高寒、冷凉地区是早熟大豆的主要产区,大豆种植面积60余万亩,占粮食作物面积的10%以上,该生态区地域辽阔,光照充足、昼夜温差大、雨热同期,干物质积累多,气候优势明显,所生产的豆类蛋白质含量高,品质好,市场占有率较高,产品在国内市场供不应求。为了提高大豆的生产水平和经济效益,我们通过大量的试验和生产实践,总结出了适宜高寒、冷凉区的大豆高产高效栽培模式。

一、品种的选择与种子处理

(一)品种的选择

晋北地区气候多变,地形复杂,土壤类型多,所以,我们在选择品种时应根据当地的自然条件、生产水平和品种的生态类型搞好品种区划,区划的主要依据是地形地势、气候条件、土地生产能力、栽培管理水平和品种特征特性。据此可将晋北区分为4大区,分别是大同盆地、边山峪口、丘陵旱地、高寒山区。大同盆地主干品种为晋豆 30 号、晋豆 34 号；边山峪口主干品种为晋豆 41 号、晋豆 43 号；丘陵旱地主干品种为晋豆 45 号；高寒山区主干品种为同豆 5 号，除了上述品种外，各地还应选择一些适当的品种作搭配品种，以适应各地不同的土壤和气候条件。只要能做到选择适于当地种植的品种，抓好种子工作，保持优良种性，就可获得较高的产量。

(二)种子处理

选定品种后，在播种前要进行粒选，淘汰脐色粒型不一的杂粒、虫食粒、霉烂和其他杂质，选留饱满、大粒、整齐的种子，并进行发芽试验，尽量选用发芽率在 90% 以上的种子。同时根据不同土壤环境与病虫害情况，选用合适的种衣剂包衣，种子质量好坏直接影响大豆的苗齐、苗壮、苗全。

二、适时播种覆膜

(一)播种时间

播种期早晚对大豆生长发育影响很大。适期播种是保证大豆高产、稳产的重要措施之一。一般在当地地温稳定在 8～10℃ 时即可播种，晋北当地谚语："小满前后，点瓜种豆"。由此可见晋北高寒、冷凉区一般播种在 5 月 15 日—5 月 25 日之间，覆膜大豆的播期较当地直播大豆的播期可提前 10 天左右。一般采用机械化覆膜穴播，选用幅宽为 70 厘米，厚度为 0.005～0.007 毫米的强力超微膜，膜间距一般为 40 厘米，每幅膜上种大豆 2 行，穴距平均 15 厘米左右，每穴播种 2～3 粒，目前的播种机可以覆膜、播种同时完成，播种量为 5.3 千克/亩左右，确保一播全苗。注意每隔 1.5～2 米远在膜上压一锹土，防风揭膜。春播覆膜，切断了土壤水分直接进入大气的通道，使膜内水分损失减少，有利于保墒蓄水，对大豆出苗及幼苗生长非常有利。可使苗期缩短，花期加长，一般可使大豆提前开花 10 余天，增产明显。

(二)播种密度

大豆播种密度大小要根据品种特性、肥水条件而定。一般繁茂性强品种宜稀，分枝力弱宜密；肥地宜稀，瘦地宜密；宽行距宜稀，窄行距宜密。还要保证植株之间的合理密植，切不可植株过密，造成底部遮光，使植株茎部受热不均，造成茎秆瘦弱而发生植株倒伏现象。一般亩播种量 4.6～6 千克。每亩保苗 1.2 万～1.5 万株，大豆单位面积的株数、单株粒数和百粒重决定大豆的总产量。

(三)田间管理

1. 断根摘心

采用断根摘心栽培技术可增加根瘤数量和侧枝数，大幅度提高产量。适度切断主根，可以抑制主根的生长，促使侧根大量增生并形成更多的根瘤，充分发挥侧根对养分的吸收和根瘤的固氮作用。当大豆幼苗长出两片对生真叶时，进行断根。断根时用薄铁铲在豆苗地下深约 5 厘米处铲断主根，铁铲斜插进后原位拔出，防止豆苗移位而伤及侧根。断根过深、过浅都不能达到预期目的，甚至造成死苗。断根后 2～3 天进行间苗、补苗，每穴苗 2 株，每亩保苗 1.2 万～1.5 万株。

摘心可以抑制主茎生长，强制大豆同时长出两个主枝，形成更多侧枝，使之株壮叶茂，摘心时间要看豆苗出土后真叶的生长情况，以两片子叶间长出第 1 片真叶时最好，只要真叶长出但尚未展开也可以摘除,越早越好。摘心时千万不要损伤子叶,以免影响侧芽生长。适时摘心可长出两个粗壮对称的主枝,摘心过晚或稍不适时则主枝生长不良或一强一弱,有的甚至只长一个主枝,达不到高产的效果。

2. 化学除草

对大豆的化学除草,要谨慎执行,既要考虑大豆的安全性,又要考虑持效期长短,对后茬作物是否有影响,避免不必要的损失。大豆不可播后马上喷药,防止干旱等天气影响药效,但也不能太晚。大豆出苗前使用除草剂进行土壤封闭时,土壤应保持 80% 左右的含水量。过干会影响封闭效果;过湿则容易使药液下渗,对作物种芽产生药害。

目前,出苗早期适用的除草剂生产上使用最普遍的是普施特,在杂草刚出土时施药,一般不晚于大豆 2 片复叶期。出苗早期施用普施特的用量为 5% 的普施特水剂每亩 0.067～0.1 千克,不宜超过 0.1 千克。应选择降雨前后湿度较大的天气施用,避开高温、干燥的中午和大风天气。

出苗后期适用的除草剂一般在大豆 2～3 片复叶期施药。春季土壤水分好的年份,施药可适当早些,用药量一般采用下限。春季干旱,施药可适当晚些,用药量一般采用上限。施药时间一般要选择早晚气温低、湿度大、风速小时进行,要尽量避开高温、干燥的中午。施药后 2～6 小时内,至少不要有较大的降雨。

3. 施肥

(1)重施基肥 增施农家肥料作基肥,是保证大豆高产、稳产的重要条件。大豆基肥应在播种前结合整地施入,应以有机肥为主。用有机肥做基肥营养全面,肥效长,同时还能改善土壤结构,促进土壤熟化,提高土壤肥力,如将磷肥与农家肥混合沤制作基肥效果更好,一般施有机肥 1 333.3 千克/亩左右。

大豆喜磷好钾,施用磷钾肥可以为大豆提供营养外,还能促进大豆根瘤菌固氮,增强植株抗逆性。一般施磷肥 23.3 千克/亩,钾肥 7.3 千克/亩。生育期间不揭膜,一盖到底,所以,肥料要一次性施入。

(2)巧追肥 大豆追肥的最佳时期是花荚期,此时追肥对增花、保荚有明显的促进作用。根据土壤肥力状况、大豆长势、种肥的施用种类、数量而定。一般肥力的地块,在大豆初花期,追施尿素 5～6 千克/亩或硫酸铵 6～10 千克/亩。肥力较高的地块,如大豆长势健壮,可不追施氮肥,适当追施磷、钾肥,以促熟、抗倒伏;可结合中耕除草追施尿素 0.112 5～0.135 千克/亩。追施方法以开沟条施为宜,也可遇雨撒施。大豆在不同的生育期,对每一种元素的需求量也有所不同。只有根据需要合理施用氮、磷、钾及各种微肥,才能满足大豆不同生育期的需求,实现大豆高产。

(3)根外追肥 大豆开花、结荚、鼓粒初期需吸收大量养分。在土壤养分供给不足,根部追肥又困难的情况下,可采用叶面追肥。大豆叶片吸收养分能力较强,对氮、磷、钾及微量元素均能吸收。适量补充微量元素是促进大豆增产的重要因素,叶面追肥用量少、肥效快,能克服天旱时根部追肥不易见效的缺点,可抑制大豆呼吸作用的强度,减少光合产物的消耗,促进物质的积累,使大豆产量增加。还可避免根部追肥不方便及伤苗等问题。

叶面追肥时期大豆初花期至鼓粒初期喷 2～3 次,一般用磷酸二氢钾 0.002～0.003 千克/亩,每次间隔 7～10 天,下午 2:00～3:00 喷施,使肥液在叶面停留较长时间,有利于吸收。

4.病、虫害防治

大豆的病、虫害对大豆的正常生长危害较大,应坚持"预防为主,综合防治"的方针,加强生物防治、农业防治、化学防治、物理防治的协调与配套。大同地区的主要病害为大豆根腐病、孢囊线虫病;虫害为大豆蚜虫、食心虫等。防治措施有选用抗病优良品种,合理轮作,减少田间病原体的传播,防治大豆蚜虫,关键是早期发现、早期防治。一般可用 40％的乐果乳油 800 倍液,40％氧化乐果乳油 1 000 倍液;防治大豆食心虫用 2.5％敌杀死乳油或 20％速灭杀丁乳油。

5.适时收获贮藏

(1)适期收获　大豆收获适期应在黄熟末期至完熟初期,收获过早或过晚对大豆产量和品质都有一定影响。大豆鼓粒后期植株逐渐变黄,叶落 2/3,种子变硬,与荚分离,豆荚变褐或变黑,就进入了黄熟期。当大豆叶片全部脱落,茎秆呈枯黄色剥开豆荚,籽粒呈品种固有光泽,荚皮干硬,用手摇动豆棵,微微作响,手压豆荚易炸裂,此时,大豆进入了完熟期。大豆可以在黄熟至完熟初期进行收获。大豆收获后,要带荚晾晒,使大豆干燥、失水,以防豆粒炸腰和褪色,降低商品价值。

(2)安全贮藏　大豆种子脱粒、扬净、晒干后,籽粒含水量降到 12％以下,便可以入库储藏。人工鉴别时,用手抓,感到种子光滑、质感强,基本就可以了。这种方法比较简便实用,安全可靠。贮藏场所一定要干燥、通风,同时还要防止虫害和鼠害。

第七章　绿　豆

第一节　优良品种介绍

一、晋绿豆6号

审定编号:晋审绿(认)2009001。

申报单位:山西省农业科学院经济作物研究所。

选育单位:山西省农业科学院经济作物研究所。

品种来源:绛县绿豆/灰骨绿。灰骨绿为汾阳当地农家种。原名"汾绿豆2号"。

特征特性:生育期80天左右,属早熟品种,根圆锥状,生长整齐,长势中等,株高50厘米左右,茎绿色,方形,外被细毛,主茎分枝3～5个,叶色浅绿,初生真叶披针形,复叶心形,外被细毛,花黄色,荚长筒状,长6～8厘米,成熟时黑褐色,完整荚内着生籽粒11粒,粒色明绿,圆柱形,百粒重5.6克,盛花期集中,鼓粒快,丰产性好,抗病性强,抗旱性中等。

品质分析:农业部谷物品质监督检验测试中心检测,粗蛋白质含量(干物质基础)24.13%,粗脂肪含量(干物质基础)0.74%,粗淀粉含量(干物质基础)52.64%。

产量表现:2007—2008年参加山西省绿豆区区域试验,2年平均亩产79.9千克,比对照"晋绿豆1号"平均增产13.2%,试点9个,9点增产,增产点率100%。其中,2007年平均亩产66.9千克,比对照"晋绿豆1号"增产11.1%;2008年平均亩产92.9千克,比对照"晋绿豆1号"增产14.7%。

栽培要点:春播一般4月下旬至5月上旬播种,复播在6月下旬至7月上旬播种,亩播量1.5～2.5千克,每亩留苗0.8万～1.2万株;它是瘠薄土地种植的优势品种,过于肥、涝易引起营养生长过旺造成徒长;注意马齿苋、灰灰菜、稗草等田间杂草的防治;注意生育中、后期蚜虫、红蜘蛛及病毒病的防治。

适宜区域:山西省北部春播和中南部复播。

二、晋绿豆7号

审定编号:晋审绿(认)2011001。

申报单位:山西省农业科学院小杂粮研究中心。

选育单位:山西省农业科学院小杂粮研究中心、中国农业科学院作物科学研究所。

品种来源:NM92/(/TC1966)。NM92、VC1973A、TC1966均为野生绿豆资源,试验名称为"B-28"。

特征特性:生育期比对照"晋绿豆1号"早3～5天,春播80天,夏播65天。生长势强,株型直立,幼茎绿色,茎上有灰白色茸毛,主茎节数10～12节,株高50厘米,主茎分枝2～3个,成熟茎褐色,复叶卵圆形,花黄色,成熟荚为黑色硬荚、圆筒形,单株荚数 20 个,单荚粒数 10～11 粒,籽粒椭圆形,种子表面光滑,种皮绿色,有光泽,百粒重 6.5 克。抗旱、抗病性较好,高抗绿豆象。

品质分析:农业部谷物品质监督检验测试中心(北京)检测,粗蛋白质含量(干物质基础)22.42％,粗脂肪含量(干物质基础)1.11％,粗淀粉含量(干物质基础)53.76％。

产量表现:2008—2009 年参加山西省绿豆区区域试验,2 年平均亩产 103.2 千克,比对照"晋绿豆 1 号"(下同)增产 14.0％,试点 12 个,全部增产。其中,2008 年平均亩产 92.5 千克,比对照增产 14.2％;2009 年平均亩产 113.8 千克,比对照增产 13.7％。

栽培要点:忌连作,可与其他作物混作、间作和套种。播种之前进行晒种、选种、拌种可提高全苗壮苗。最佳播种期北部春播区一般在 5 月中、下旬,南部夏播区麦收后,抢墒播种,亩播种量 1.0 千克,播种深度 10.0 厘米,亩留苗 1.0 万株左右。1 片复叶展开时,间苗,2 片复叶时,定苗,第 1 次为结合间、定苗浅锄,第 2 次为促苗、保墒锄,最后一次为封垄前锄。花期需及时浇水,结合浇水亩施尿素或者复合肥 10 千克。适时防治病、虫害,适时收获。

适宜区域:山西省北部地区春播,中南部地区夏播。

三、晋绿豆 8 号

审定编号:晋审绿(认)2014001。

申请单位:山西省农业科学院作物科学研究所。

选育单位:山西省农业科学院作物科学研究所、山西四合农业科技有限公司。

品种来源:串辐-1/Vc1973A,试验名称为"9908-34"。

特征特性:生育期平均 82 天,中熟种。田间生长整齐,生长势中等。植株直立,株高平均50.0 厘米。幼茎绿色,成熟茎绿褐色,茎有茸毛,主茎 9.0～10.0 节,主茎分枝 2.0～3.0 个。叶色浓绿,复叶卵圆形,黄花,成熟荚黑色,圆筒形。单株荚数 20.0～30.0 个,单荚粒数 9.0～10.0 粒,百粒重平均 6.5 克,籽粒圆柱形,种皮绿色、有光泽。

品质分析:2014 年农业部谷物及制品质量监督检验测试中心(哈尔滨)检测,粗蛋白质含量(干物质基础)23.95％,粗脂肪含量(干物质基础)1.61％,粗淀粉含量(干物质基础)50.98％。

产量表现:2012—2013 年参加山西省绿豆新品种区区域试验,2 年平均亩产 88.8 千克,比对照"晋绿豆 3 号"(下同)增产 12.5％,2 年 10 个试点,9 个点增产。其中,2012 年平均亩产82.9 千克,比对照增产 12.7％;2013 年平均亩产 94.6 千克,比对照增产 12.2％。

栽培要点:合理轮作,忌连作。播前晒种、选种、拌种,适宜播期北部春播 5 月中、下旬,南部夏播区麦收后抢墒播种,条播或点播,亩播量 1.0～1.5 千克,播种深度 3.0～5.0 厘米,亩留苗 1.0 万株。1 片复叶展开时,间苗,2 片复叶时,定苗,适时除草,花期及时浇水,结合浇水亩追施尿素或复合肥 10.0 千克,及时防治蚜虫,田间 70.0％的荚成熟时,收获。

适宜区域:山西省北部春播,中南部复播。

四、晋绿豆 9 号

审定编号:晋审绿(认)2015001。

申请单位:山西省农业科学院高寒区作物研究所。

选育单位：山西省农业科学院高寒区作物研究所。

品种来源：从"灵丘小明绿豆"系选，试验名称为"06-L 选"。

特征特性：全生育期 98 天左右。株型半蔓生，株高 56 厘米，主茎分枝 3.4 个，主茎节数 11 节，叶片绿色、卵圆形，花黄色，成熟荚褐色、弯镰形，单株成荚 18 个，荚长 8.9 厘米，单荚粒数 10 粒，千粒重 69 克，籽粒长圆形、浅绿色、有光泽。

品质分析：农业部谷物及制品质量监督检验测试中心（哈尔滨）分析，粗蛋白质含量（干物质基础）24.39%，粗脂肪含量（干物质基础）1.21%，粗淀粉含量（干物质基础）52.35%。

产量表现：2012—2013 年参加山西省绿豆区区域试验，2 年平均亩产 85.9 千克，比对照"晋绿豆 3 号"（下同）增产 8.8%，10 个试点全部增产。其中，2012 年平均亩产 81.2 千克，比对照增产 10.3%；2013 年平均亩产 90.5 千克，比对照增产 7.4%。

栽培要点：采用腐熟有机肥与氮磷钾复合肥混施作底肥，适宜播期晋北春播 5 月中旬，晋南夏播 6 月 25 日前后，亩播量 3.0～4.0 千克，每亩适宜密度春播 1.0 万～1.2 万株，夏播 0.8 万～1.0 万株，行距 45～50 厘米，株距 12～15 厘米，五叶期中耕培土防倒伏，花初期随水亩施尿素 5.0～7.0 千克，及时防治病虫害，注意克服花期干旱，避免连作重茬。

适宜区域：山西省北部春播，南部复播。

第二节 栽 培 技 术

一、耕作管理

（一）精细整地

绿豆是双子叶植物，顶土力较弱，对整地有较高的要求，需深耕细耙、上虚下实、无坷垃、深浅一致、地平土碎。

春播绿豆多数在土层薄、结构差、肥力低的地块上种植，土壤条件不能满足绿豆生长发育的需要，要获得绿豆高产必须改良土壤。首先，早秋深耕（耕深 15～25 厘米），加深活土层，利于根群和根瘤的活动。其次，结合深耕，增施有机肥。每亩施有机肥 1 500～3 000 千克，以增补土壤耕作层的有机质，促进土壤熟化，改善土壤物理性状，提高土壤蓄水、保水和保肥能力，增强通气性。最后，早春顶凌耙地，播种前浅耕耙耱保墒，做到疏松适度，地面平整，满足绿豆发芽和生长发育的需要。复播绿豆多在麦后进行，前茬收获后要及早整地，疏松土壤，清理根茬，掩埋底肥，减少杂草。保墒、保肥、保全苗是绿豆增产的关键措施。实践证明，麦茬复播绿豆，软茬播种比硬茬播种增产 10% 以上。

套种绿豆受条件限制，无法进行整地，应加强套种作物的中耕管理，为绿豆播种创造条件。

（二）种植形式

1. 单作

（1）单种 绿豆生育期短，耐瘠薄，能肥田，多在无霜期较短及贫瘠的沙地坡地种植，特别是在气候干燥、土层薄的干旱地区及地广人稀，生育期短，管理粗放或遭受旱涝风沙等自然灾害而延误其他作物播种的地区，种一季绿豆，能获得一定产量，在山地、薄地、轻盐碱地、荒地上种绿豆，比其他作物产量稳定，经济效益高。在平原肥沃的耕地上单种绿豆，一般亩产 100 千克,高者可达 250 千克以上。单种绿豆省工,投资低,便于倒茬,在一些旱薄地,水肥条件较差的地区发展较快。

(2)轮作 绿豆对前作要求不严,除白菜茬外的任何作物之后都可种植。为使绿豆高产,最好与禾谷类作物轮作。绿豆茬土壤疏松,利于后作。《齐民要术》就记有"凡美田之法,绿豆为上,小豆胡麻次之""凡谷田,绿豆底为上"。绿豆忌连作,绿豆连作根系分泌的酸性物质增加,不利于根系生长,从而影响植株正常生长发育,妨碍种子形成,造成空荚、秕粒或落花落荚,且病虫害严重,品质差。

因此,种植绿豆要安排好地块,最好是与禾谷类作物轮作,一般以相隔 2~3 年为宜。合理轮作不仅有利于绿豆生产,还能提高下茬作物产量。

(3)复种 复种主要是利用绿豆生育期短,在麦类及其他农作物或蔬菜、瓜果的下茬种一季绿豆,实行一地多熟,提高土地利用率,增加单位面积上的粮食产量和经济效益,并为禾谷类作物提供好前茬。但这种种植形式与热量资源有很大关系,北部地区受温度条件的限制,种植面积不大。

近年来,由于地膜覆盖技术的推广应用,使作物播种、收获都相应提早。即使种植生育期较长的作物,仍可复种绿豆,经济效益和社会效益都很显著。

2.间作混种

绿豆对光照不敏感,较耐荫蔽,播种适期长,可利用其植株较矮、根瘤固氮增肥的特点,与高秆及前期生长较慢的作物间作套种或混种,充分利用单位面积上的光、温、水、土等自然资源,一地两收。这样不仅能多收一季绿豆,还能提高主栽作物产量,达到既增产、增收又养地的目的。

(1)间作 ①绿豆—玉米(高粱) 可采用 1:1、1:2、2:2、4:2 等多种形式,以玉米为主,增收绿豆;以绿豆为主,增收玉米。②绿豆—谷子 俗称"谷骑驴(绿)",即一耧谷子、四行绿豆。

(2)混种 无固定的种植形式,一般常在玉米、高粱、谷子等作物行间,撒种一些绿豆、或作为主栽作物补缺,以提高单位面积的收成。

二、栽培管理

(一)适期播种

1.种子处理

绿豆种子成熟度不一致,尤其是生育后期在低温条件下成熟的种子,成熟度差,不饱满粒多。另外,绿豆有炸荚落粒习性,种子易混杂,为提高品种纯度和种子发芽能力,实现全苗壮苗,要进行种子处理。

(1)晒种 在播种前选择晴天,将种子薄薄摊在席子上,晒 1~2 天,可增强种子活力,提高发芽势。晒种时要勤翻动,使之晒匀。

(2)选种 利用风、水、机械或人工挑选,清除秕粒、小粒和杂粒及杂物,选留干净、粒大、饱满的种子播种。

(3)擦种 对硬实较多的种子,可采用机械摩擦处理,使种皮稍有破损,增加其吸水能力。

(4)接种、拌种或浸种 在瘠薄地每亩用 50~100 克根瘤菌接种或 5 克钼酸铵拌种,可增产 10%~20%。在高产地块用种子量 3% 的增产菌拌种,增产 12%~26%,生产水平愈高效果愈明显。另外,用1‰磷酸二氢钾拌种,也能增产10%。

2.适期播种

绿豆生育期短,播种适期长,在许多地方既可春播亦可夏播。一般在地温达16~20℃时即可播种。北方春播自4月下旬至5月上旬,夏播在5月下旬至6月,过早或过晚都不适宜,要根据当地的气候条件和耕作制度,及时播种。一般应掌握春播适时、夏播抢早的原则。

绿豆是喜温作物,春播如播种过早,个体发育不良,生育期延长,产量降低。夏播绿豆以早播为好,幼苗生长健壮,开花结荚期处在高温多雨阶段,有利于花荚形成,荚多、粒多、粒重,产量高。另外,早播绿豆苗期正处在雨季到来之前,利于田间管理,能及时间苗、中耕除草,实现苗齐、苗壮、无草荒、无板结、无病虫为害。播种过晚,会使前期营养不良,错过高温期,生育后期花荚不能大量形成,粒重降低,且易遭受雨涝和低温影响,造成减产。

3.播种技术

绿豆的播种方法有条播、穴播和撒播,以条播为多。

播量要根据品种特性、气候条件和土壤肥力,因地制宜确定。一般下种量要保证在留苗数的2倍以上。播量过大,幼苗拥挤,易形成弱苗;播量过小,会造成缺苗断垄,如土质好,墒足,虫少,整地质量好,种小粒型品种,播量要少些;反之,可适当增加播量。鉴于绿豆子叶拱土能力较弱和植株有“稠不抗、稀不长”的群体生育习性,在黏重土壤要适当加大播量。一般条播为每亩1.5~2千克,撒播为60千克,间作套种的用种量根据种植情况而定。

播深对出苗率影响很大,要根据土壤状况、水分和种子大小及播期等因素而定。在黏土和湿墒地,播深要浅,以3~4厘米为宜;土壤疏松、墒差地,播深以4~5厘米为宜。6—7月雨水多、气温高,应浅些;春天土壤水分蒸发快,气温较低,可稍深些。

(二)合理密植

绿豆种植密度随品种、地力和栽培方式不同而异,一般掌握早熟种密,晚熟种稀;直立形密,半蔓生形稀,蔓生形更稀,瘦地密;早种稀,晚种密的原则。

绿豆的产量是由单位面积总荚数、每荚粒数和粒重3部分构成,其中,以总荚数占主导地位。而适当增加株数是增加单位面积总荚数的基础。只有合理密植,才能协调好群体生长和个体发育之间的对立统一关系。适宜的种植密度是由品种特征特性、土壤肥力和耕作制度决定的。一般行距40~50厘米,株距10~20厘米。具体到各生态型则差异很大:直立形品种,个体植株竖向发展,适宜密植,每亩留苗在植0.8万~1.5万株;半蔓生形品种基部直立,中、上部或顶端匍匐,应适当稀些,每亩留苗0.7万~1.2万株;蔓生形品种横向发展,一般蔓长在100厘米左右,适宜稀植,每亩留苗0.06万~1万株。

种植密度还要因土壤条件而变化。中等地留苗每亩1万~1.33万株为宜;瘠薄地块,每亩以1.33万~1.5万株为宜;肥沃地块,每亩留苗0.8万~1.2万株为宜。

以绿豆良种中绿1号为例,每亩产绿豆在200千克以上的高水肥地块,种植密度以每亩0.7万~0.9万株为宜;每亩产绿豆150千克左右的中上等肥力地块,密度以0.9万~1.1万株为宜;每亩产绿豆100千克左右的中等肥力地块,密度以1.2万~1.3万株为宜;每亩产绿豆80千克以下的瘠薄地,密度在1.4万株以上。

对间作套种田,应根据主栽作物的种类、品种、种植形式及绿豆的实际播种面积进行相应的调整。

（三）田间管理

在晋北地区，绿豆多为填闲种植，常常抢时播种，播种质量难以保证，为保证绿豆在苗期生长整齐、均匀一致，根系发达，次生根粗壮，有效瘤多，茎粗节间短，叶片浓绿，壮而不旺，花荚期多现蕾、多开花、多结荚，荚大粒、多粒重，高产、优质，播种后应做好以下管理工作。

1. 镇压

有的地块播种墒情较差，坷垃较多，土壤沙性较大，要及时镇压，随种随压，碾碎坷垃，减少土壤空隙，使种子与土壤密切接触，增加表层水分，促进种子发芽和发育，早出苗，出全苗。

2. 间苗、定苗

要早间苗、早定苗，在第 1 片复叶展开前，间苗，间苗时弱苗、病苗、小苗、杂草拔除；第 2 片复叶展开后，定苗，按规定密度匀留苗。同时还要做到查苗、补苗，如发现缺苗断垄现象，应在 7 天内补种或移栽完毕，务必要做到苗全苗壮。

3. 中耕除草

绿豆是喜温作物，多在温暖、多雨的夏季播种。此季节田间易生杂草，杂草与绿豆争肥、争水、争光能，使绿豆严重减产。另外，绿豆播种后遇雨造成地面板结，影响出苗。因此，绿豆在苗期应及时中耕除草。

播种后、出苗前是防除绿豆杂草的好机会，要抓住时机及时防除。有条件的地方可采用除草剂。春播用豆科威，每亩 0.17 千克，于出苗前喷雾；夏播可用甲苗胺，每亩 0.1 千克，也于出苗前喷雾。

中耕能提高地温，增加土壤透气性，促进植株生长和根瘤菌的活动，有利绿豆生长发育。中耕、除草要及时，当第 1 片复叶展开时，结合间苗进行第 1 次浅中耕。定苗后进行第 2 次中耕，分枝期进行第 3 次深中耕，并进行封根培土。中耕应掌握根间浅、行间深的原则，以防切根、伤根，保证根系良好发育。绿豆开花后枝叶茂盛可以封垄覆盖杂草，无须再中耕除草。

4. 适时浇水

绿豆比较耐旱，但对水分反应比较敏感，在不同的水分条件下，其产量相差很大。绿豆苗期抗旱性较强，需水量较少；3 叶期以后需水量逐渐增加；蕾花期是需水临界期；花荚期是需水高峰。试验表明，当土壤最大持水量为 30% 时，开花期浇水可增产 32.7%，若推迟到结荚期浇水仅增 18.9%，如开花和结荚两期都浇水比不浇水增产 62.3%。当土壤持水量在 20% 时，开花期浇水可增产 59.8%，推迟到结荚期浇水仅增产 36.6%，若两期都浇水比不浇水的增产 106.1%。因此，绿豆在生长期间如遇干旱应适当浇水。在有条件的地区可在开花前浇 1 次水，以促单株荚数及单株粒数；在结荚期再浇水 1 次，以增加粒重并延长开花时间。在水源紧张时，应集中在盛花期浇水 1 次；在没有灌溉条件的地区，可适当调节播种期，使绿豆花荚期与雨季同期。

5. 排水防涝

绿豆怕涝怕淹，如苗期水分过多，会引起烂根死苗，造成缺苗断垄，或发生徒长导致后期倒伏。若后期遇涝，根系及植株生长不良出现早衰，花荚脱落，产量下降。另外，土壤过湿，根瘤菌活动差，固氮能力减弱。对根瘤菌最适宜的土壤水分是最大田间持水量的 50%～60%。因此绿豆的排水除渍非常重要。在多雨、潮湿地区有"只要开好沟，绿豆年年好"的农谚。采用深沟高畦种植是绿豆高产的一项重要措施。但夏播时因时间紧迫,往往来不及作畦,可在三叶期或封垄前用犁在绿豆行间冲沟培土,使明水能排,暗水能泻,不仅防旱防涝,还能减轻根腐病发生。

6.增花保荚防脱落

绿豆花荚脱落率可达 $56\%\sim87\%$,其中,落花最多占 $50\%\sim70\%$。花荚脱落与品种类型有关,也与外界条件有关。实践证明,采用适宜的增花保荚措施具有一定的增产效果,常用的方法有:①选用光合效率高,早熟、耐肥、抗倒伏的品种。②以施有机肥为主,增施磷肥,瘠薄地追施氮肥。③充分利用光能和地力,协调好个体和群体的关系,创造良好的群体结构,实行合理密植。④实行间作套种,改善通风透光条件。⑤精细整地,适时播种和间苗,及时中耕除草。⑥遇旱灌水,遇涝排渍,花期更应如此。⑦以防为主,防病灭虫。⑧喷施增产灵,三碘苯甲酸农家乐、增产菌、叶面宝等植物生长调节剂,实行定向栽培。⑨必要时摘心,遏制顶端优势。

三、病、虫害防治

(一)病害及防治

1.绿豆立枯病

(1)发病症状　绿豆在苗期受到多种真菌的侵染,造成根腐或猝倒,为绿豆苗期病害,全国各地均有发生。病害在绿豆出苗后 $10\sim20$ 天发生较重,可一直延续到花荚期。发病初期,幼苗下胚轴产生红褐色到暗褐色病斑,严重时病斑逐渐扩展并环绕全茎,导致茎基部变褐、凹陷、折倒、枯萎。

(2)防治方法　①选用抗病品种。经鉴定,"晋绿豆 1 号"较抗立枯病。②使用健康种子。播种前进行种子清选,剔除变色、霉烂及带菌种子,并用种子量 0.3% 的 50% 多菌灵可湿性粉剂或 50% 福美双可湿性剂拌种。③实行轮作。可与禾本科植物倒茬轮作,一般 $3\sim4$ 年轮作一次为好。④田间管理。增施无病粪肥,及时防治地下害虫,拔除病株。

2.绿豆枯萎病

(1)发病症状　它又称萎蔫病是由半知菌亚门镰刀菌侵染引起的真菌性病害。在整个生育期间均可发病。一般是零星发生,但危害性很大,常造成植株萎蔫死亡。发病初期,植株发育不良,较健康株矮小,地上部萎蔫。重病植株叶片从下而上逐渐变黄,由黄变枯最后干枯脱落。后期病株在茎基部出现暗褐色乃至黑褐色的坏死斑,并有粉红色霉状物。在气候潮湿的条件下,病部可产生白色棉絮状菌丝体,病株茎维管束变褐,重者常死亡。

(2)防治方法　①合理轮作。绿豆最好与禾本科作物进行 3 年以上的轮作,能减轻病害发生。②加强田间管理。及时拔除零星病株,并将其烧毁,以防止病情蔓延。排除田间积水,及时中耕松土,降低土壤湿度。③选用抗病品种。④药物防治。发病初期,用下列药物喷射植株茎基部,每隔 $7\sim10$ 天 1 次,连喷 $2\sim3$ 次;70% 甲基托津可湿性粉剂 $800\sim1\,000$ 倍液;70% 百菌清 600 倍液;70% 敌克松 $1\,500$ 倍液。

3.绿豆病毒病

(1)发病症状　它又称花叶病、皱缩病等,是病毒引起的病害,发生非常普遍。绿豆从苗期至成株期均可被害,以苗期发病较多。幼苗受花叶病毒侵染后,叶片外形基本正常,叶色呈现浓绿淡绿相间的斑驳、花叶,接着出现皱缩症状,严重时不能结实。成株侵染后,叶片虽出现轻微退绿和皱缩现象,但对产量影响不大。

(2)防治方法 ①选用无病种子。从健康的绿豆植株上采收种子。②选用耐病品种。中绿1号、中绿2号、晋绿豆1号较耐病毒病。③及时防治蚜虫,杜绝病毒在田间传播。

4.绿豆叶斑病

(1)发病症状 由半知菌亚门尾孢属真菌侵染所致。它是我国绿豆生产中的重要病害,各绿豆产区均有发生。叶斑病在绿豆开花前4~5片复叶时就可发生,并在田间多次反复侵染,中、后期高温潮湿条件下发病严重。发病初期,在叶片上出现小水浸斑,以后扩大成圆形或不规则黄褐色至暗红褐色枯斑,到后期几个病斑彼此连接形成大的坏死斑,受害叶片的叶绿素被破坏,早衰枯死。一般减产20%~50%,严重时可达95%以上。

(2)防治方法 ①实行轮作倒茬或间作套种。②加强田间管理,实行合理密植,及时排除田间积水。③种植抗病品种,选用健康植株种子。④药剂防治。在绿豆现蕾期开始喷洒50%的多菌灵或80%可湿性代森锌400倍液。以后每隔7~10天喷药1次,连续喷洒2~3次,能有效控制病害流行,可提高产量50%~70%。

5.绿豆白粉病

(1)发病症状 它是绿豆生长后期常发生的真菌性病害,主要危害叶片。发病初期叶背出现褐斑点,后扩大,叶面出现白色粉状斑块,整个叶片渐渐枯黄、脱落。

(2)防治方法 ①轮作倒茬。②深翻土地。秋季将收获后的病株埋入土壤深层,或集中烧毁,减少初侵染来源。③药物防治。发病初期,用75%百菌清可湿性粉剂500倍液或25%粉锈宁湿粉2 000倍液喷雾。

(二)虫害及防治

1.蛴螬

金龟甲的幼虫,俗称"白地蚕",是常发性为害很重的地下害虫,种类很多,在土中生活,啃食绿豆及粮、豆作物的根系,使幼苗枯萎死亡。

(1)形态特征 成虫黑色或黑褐色,体长16~21毫米。小盾片近于半圆形。鞘翅长椭圆形,有光泽,每侧各有4条明显的纵肋,胸部腹面生有黄色长毛。幼虫体长35~45毫米,静止时呈"C"形,头部黄褐色,胸腹部乳白色。

(2)发生规律 蛴螬的发生和为害与温度、湿度等环境有关,最宜的温度是10~18℃,温度高或低,则停止活动,故春、秋两季危害最重。连阴雨天气,土壤湿度大,发生严重,如温度适合,但土壤干燥,则死亡率高,卵的孵化受影响。

(2)防治方法 ①拌种。播前用40%乐果乳剂或50%辛硫磷,按药、水、种子量1∶40∶500的比例拌种,并堆闷3~4小时,待种子吸干药液后播种。②撒药。在卵孵化盛期至蛴螬1龄期,每亩用50%辛硫磷乳油4千克加水300千克浇灌绿豆近根处或每亩用0.26千克50%辛硫磷中细沙土1.67千克混拌成毒土撒施,施后中耕,效果更好或每亩用干谷子0.5~0.8千克煮至半熟,捞出晾半干,拌入0.25%敌百虫粉0.66~0.47千克,沟施或穴施。也可将上述几种药物加入适量土粪,于播种前撒在播种沟内。

2.小地老虎

俗称地蚕、大口虫、切根虫。食性很杂,为害豆类、棉花、玉米、蔬菜等多种作物的幼苗。幼龄的幼虫常群集在幼苗的心叶和背上取食,把叶片吃成小刻口或网孔状,3龄以后的幼虫,则将幼苗从近地面的嫩茎咬断,造成缺苗断垄。

(1)形态特征 小地老虎成虫是暗褐色的蛾子,体长16～23毫米。幼虫体长30～50毫米,灰褐色,体表密布黑色小粒状突起,臀板黄褐色,有2条黑褐色纵带。

(2)发生规律 小地老虎每年发生的代数因地方不同而异,在山西省一年发生2代,山东省一年发生3代,南京、上海等地一年发生4代。在华北地区小地老虎以5月中、下旬至6月上旬危害最严重。在3龄以前,群集危害绿豆幼苗的生长点和嫩叶,4龄以后的幼虫,分散危害,白天潜伏于土中或杂草根系附近,夜出为害嫩茎,造成缺苗。成熟幼虫一般潜伏于6厘米左右的深土中化蛹,成虫有强大的迁飞能力,常在傍晚活动。对甜、酸、酒味和黑光灯趋性强。土壤温度是地老虎发生的主要因素。幼虫喜温,喜欢在较湿润的土壤里生活,如果土壤含水量在5%以下,幼虫不能生存。低洼地、地下水位高的地块,耕作粗放、杂草多的地块为害较重。

(3)防治方法 ①翻耕土地。冬闲地块,收获后及时翻耕,使土壤疏松,保持干燥,不利于幼虫在土壤里越冬。②除草防虫和堆草诱杀。清除田间地边的杂草,将它集中高温堆肥或烧毁,可消灭部分幼虫或卵。③诱杀成虫。用糖醋液诱杀,或用黑光灯诱杀。④药剂防治。用炒香的麦麸5千克拌入90%敌百虫晶体150克,用适量水配成药液,于傍晚时撒在幼苗的嫩茎处;50%辛硫磷乳剂1 500倍液灌根。⑤人工捕捉。3龄以后幼虫可在早晨拨开被咬断幼苗附近的表土,顺行捕捉幼虫,连续几天即可收到效果。

3. 蚜虫

又名豆蚜、花生蚜,在全国各地均有发生,主要为害绿豆、豇豆、大豆等豆类作物。蚜虫为害绿豆时,常群聚在绿豆的嫩茎、幼芽、顶端心叶、花器等处吸食汁液,受害绿豆叶片卷缩,植株矮小,影响开花结实,一般可减产30%。

(1)形态特征 有翅孤雌胎生蚜,体长1.6～1.8毫米,黑色或黑褐色,有光泽;无翅孤雌胎生蚜,体长1.8～2毫米,体较肥胖,黑色或紫色。

(2)发生规律 一年发生20多代,主要以无翅胎生雌蚜和若虫在背风向阳的地堰、沟边和路旁的杂草上越冬,少量以卵越冬。蚜虫繁殖的快慢与温度密切相关,一般花期重,中、后期较轻。温度高于25℃,相对湿度60%～80%时严重。连阴雨天,相对湿度在85%以上的高温天气,不利蚜虫生殖,雨水可冲刷一些蚜虫。

(3)防治方法 ①喷粉。用1.5%乐果粉、2.5%敌百虫粉、1.5%甲基1605和2%的杀螟松、25%的亚胺硫磷等粉剂,每亩2千克,宜在无风的早晨或傍晚进行。②喷药。40%乐果乳剂1 000～1 500倍液、50%马拉硫磷1 000倍、50%磷胺乳油2 000倍、25%的亚胺硫磷油1 000倍液或氧化乐果2 000倍液、38%～40%的氯磷乳油1 000倍液喷雾。

4. 豆荚螟

又名蛀荚虫、红虫。它是一种寡食性害虫,只为绿豆、大豆、豌豆等豆科作物,以幼虫咬食。初荚期为害,豆荚干秕,不结籽粒。鼓粒期为害,豆粒被食或破碎,使产量和品质下降,并且丧失发芽能力。

(1)形态特征 成虫是一种褐色的蛾子,体长10～13毫米,成熟幼虫体长13～18毫米,紫红色,前胸背板中央有"人"字纹,两侧各有1～2个黑色斑纹。

(2)发生规律 华北地区一年发生2～3代,以老熟幼虫在土中结茧越冬,第2年春天羽化出土,一般 4 月下旬至 5 月上旬为第 1 代盛卵期,第 2 代为害春绿豆、大豆等,第 3 代为害夏绿豆,直至老熟幼虫入土越冬。

(3)防治方法　①实行轮作。与禾本科作物轮作 1～2 年,可减轻虫害。②翻耕土地。收获后及时翻耕,豆田冬灌,可杀死大量越冬幼虫。③药物防治。在成虫盛发期或卵孵化期之前,及时喷下列药物,每隔 7～10 天 1 次,连喷 2～3 次:90%敌百虫晶体 1 000 倍,50%杀螟松乳油 1 000 倍液,2.5%溴氰菊酯 2 500～3 000 倍,20%杀灭菊酯 3 000～4 000 倍液。

5. 绿豆象

又名豆牛、豆猴、铁嘴,属鞘翅目豆象科,在贮粮仓和田间均能繁殖危害,是绿豆贮藏期的主要害虫。常将籽粒蛀食一空,丧失发芽能力,甚至不能食用。

(1)形态特征　成虫体长 2～3 毫米,茶褐色或赤褐色,头正面呈三角形,头小、向下弯曲。复眼呈马蹄形包围触角基部。幼虫长约 3.5 毫米,通体乳白色,肥大、弯曲。卵椭圆形,淡黄色、半透明、有光泽。

(2)发生规律　一年可发生 4～6 代,幼虫在豆粒内越冬,次年春天羽化为成虫。成虫善飞,有假死性、群居性,在贮粮仓内产卵于豆粒上,经 15～20 天变为成虫。绿豆象完成一生活世代需 24～45 天,在 25～30℃、相对湿度 80%左右,发育最快。

(3)防治方法　①选育抗豆象绿豆品种。山西省农业科学院小杂粮研究中心育成的"晋绿豆 3 号"绿豆新品种,高抗绿豆象,是目前国内育成的第一个抗豆象品种。②化学药物防治法。绿豆量较少时,可将磷化铝装入小布袋内,放入绿豆中,密封在一个桶内保存。若存贮量较大,可按贮存空间每立方米 1～2 片磷化铝的比例,在密封的仓库或熏蒸室内熏蒸,不仅能杀死成虫,还可杀死幼虫和卵,且不影响种子发芽。③物理防治法。绿豆收获后,抓紧时间晒干或烘干,使种子含水量在 14%以下,并且可使各种虫态的豆象在高温下致死。晾晒好的绿豆贮藏时表面覆盖一层 15～20 厘米的草木灰或细沙土,可防止外来豆象成虫产卵。家庭贮存绿豆,可将绿豆装于小口大肚密封容器内,如可口可乐瓶、干燥瓶等,用时取出,不用时,再密封,保存效果很好。另外,可利用绿豆象对花生油气味的敏感,闻触花生油不产卵的特性,用 0.1%花生油敷于种子表面,放在塑料袋内密封,以减轻虫害。

四、适时收获

绿豆有分期开花、结实、成熟和第一批荚采摘后继续开花、结荚的特性,开花结实由下而上顺序进行,荚果也是自下而上渐次成熟,农家品种成熟后又有豆荚从背缝线裂开引起"炸荚落粒"的现象,因此,应适时收获。收摘过早,种子成熟度差,降低产量和品质;过迟收摘,先成熟的豆荚遇雨涝天气会在荚上发芽或使籽粒霉变或遭鼠、鸟危害,影响产量和商品质量及下一批花荚形成。只有适时收获,才会颗粒饱满色艳、不炸荚、无霉变、丰产、丰收。

一般当绿豆植株上有 60%～70%的荚成熟后,开始采摘,以后每隔 6～8 天收摘 1 次,效果最好。一般采摘 2～3 次即可。若面积太大,则应视大田 2/3 荚成熟时一次收割。对于蔓生或半蔓生品种,分期收摘极不方便,应在 80%以上豆荚成熟后一次收割。若绿豆收获季节气温仍然较高,采摘工作应在早晨进行,以防豆荚炸裂。摘荚时要尽量避免损伤绿豆的茎叶、分枝、幼蕾和花荚,收割时要轻割、轻捆。收下的绿豆应及时运到场院晾晒、脱粒、清选入库。

第八章　莜　　麦

第一节　优良品种介绍

一、晋燕 13 号

审定编号:晋审燕(认)2010001。

申报单位:山西省农业科学院右玉农业试验站。

选育单位:山西省农业科学院右玉农业试验站。

品种来源:雁红 10 号/皮燕麦 455,试验名称为"Yy02-38"。

特征特性:生育期 105 天左右,属中熟品种。生长整齐,生长势强。幼苗直立、绿色,株高126.5 厘米,周散形圆锥花序,穗长 15～18 厘米,单株小穗数 25 个左右,穗粒数 64.2 粒,千粒重 23.0 克,种皮黄色,长椭圆形硬粒。抗寒性较强,抗旱性较好,田间调查有点片倒伏现象,未发现黑穗病、红叶病等病虫害。

品质分析:农业部谷物品质监督检验测试中心(北京)检测,粗蛋白质含量(干物质基础)16.37%,粗脂肪含量(干物质基础)7.17%。

产量表现:2008—2009 年参加山西省莜麦中熟区区域试验,2 年平均亩产 148.7 千克,比对照平均增产 16.0%,试点 7 个,增产点 7 个,增产点率 100%。其中,2008 年平均亩产 151.5千克,比对照"晋燕 8 号"增产 15.2%;2009 年平均亩产 145.8 千克,比对照"晋燕 9 号"增产 17.0%。

栽培要点:夏莜麦区一般应在春分到清明前后,最迟不宜超过谷雨,秋莜麦区 5 月中、下旬播种。亩播量 8～10 千克,行距 20～25 厘米,亩留苗 15.5 万～16.8 万株。以农家肥为主,化肥为辅,基肥为主,追肥为辅,分期分层施肥。中耕锄草 2 遍,遇干旱及时浇水。多雨年份要注意排水防涝,防止倒伏。蜡熟中、后期,麦穗由绿变黄,上中部籽粒变硬,表现出籽粒正常的大小和色泽时进行收获。

适宜区域:山西省莜麦中熟区。

二、品燕 1 号

审定编号:晋审燕(认)2010002。

申报单位:山西省农业科学院农作物品种资源研究所。

选育单位:山西省农业科学院农作物品种资源研究所。

品种来源:晋燕 7 号/Marion。试验名称为"燕 2007"。

特征特性:生育期 102 天左右,中熟品种。生长整齐,生长势强。幼苗半匍匐、绿色,株高130.0 厘米,叶片适中、上披,分蘖力较强,成穗率高,周散形圆锥花序,穗长 23 厘米左右,轮层数 6.5,主穗小穗数 32 个,穗粒数 48.4 粒,千粒重 25.9 克,籽粒长形,白色。抗旱性较好,耐瘠性较强,田间有轻度倒伏现象。

品质分析:农业部谷物品质监督检验测试中心(北京)检测,粗蛋白质含量(干物质基础)18.70%,粗脂肪含量(干物质基础)6.34%。

产量表现:2008—2009 年参加山西省莜麦中熟区区域试验,2 年平均亩产 151.8 千克,比对照平均增产 18.5%,试点 7 个,增产点 7 个,增产点率 100%。其中,2008 年平均亩产 149.8 千克,比对照"晋燕 8 号"增产 13.9%;2009 年平均亩产 153.8 千克,比对照"晋燕 9 号"增产 23.4%。

栽培要点:合理轮作倒茬,前茬以小麦、玉米、谷子、马铃薯、胡麻、豆类等为好。一般播种期在 5 月中、下旬,旱地合理密度 30 万株,高肥力旱滩地 40 万株。一般亩施农家肥 1 500 千克作基肥,硝酸铵 10 千克作种肥。在分蘖后期至拔节阶段,结合降雨亩追施尿素 20 千克。多雨年份注意防倒伏。播种前种籽用 0.3%拌种双拌种防治黑穗病,在生长后期发现黏虫,可用速灭杀丁等农药进行防治,要尽可能消灭在 3 龄前。蜡熟中、后期,麦穗由绿变黄,上、中部籽粒变硬,表现出籽粒正常的大小和色泽时进行收获。

适宜区域:山西省莜麦中熟区的一般旱地、旱坡地。

三、晋燕 14 号

审定编号:晋审燕(认)2011001。

申报单位:山西省农业科学院高寒区作物研究所。

选育单位:山西省农业科学院高寒区作物研究所。

品种来源:7801-2/74050-50,7801-2 为省高寒所皮燕麦高代品系;74050-50 为省高寒所裸燕麦高代品系,试验名称为"XZ04148"。

特征特性:生育期与对照"晋燕 8 号"相当,秋莜麦区 90 天,夏莜麦区 85 天。幼苗半匍匐、深绿色,有效分蘖 2 个,生长势强,株高 96 厘米,叶姿短宽上举,蜡质层较厚,穗长 17 厘米,穗周散形,小穗串铃形,无芒,主穗小穗数 31 个,轮层数 5 层,内稃白色,外稃黄色,主穗粒数 62 粒,主穗粒重 1.7 克,籽粒长筒形、黄色,千粒重 23.2 克。抗旱、抗寒、较抗红叶病。

品质分析:中国农业科学院麦片加工厂测定,β-葡聚糖 5.68%。

产量表现:2008—2010 年参加山西省莜麦中熟区区域试验,2 年平均亩产 148.7 千克,比对照"晋燕 8 号"(下同)增产 19.7%,试点 10 个,全部增产。其中,2008 年平均亩产 164.8 千克,比对照增产 25.3%;2010 年平均亩产 132.6 千克,比对照增产 13.5%。

栽培要点:合理轮作倒茬,前茬以马铃薯、胡麻、豆类等为好。夏莜麦区 3 月 25 日—4 月 5 日播种,秋莜麦区 5 月 15—25 日播种。亩留苗 30 万株,前期生长缓慢,早中耕锄草(3 叶 1 心期),后期生长较快,加强田间管理。一般亩施复合肥 25 千克作底肥,分蘖期亩施尿素 15 千克作追肥。适时防治病虫害。蜡熟中、后期,上、中部籽粒变硬,籽粒大小和色泽正常时及时收获。

适宜区域:山西省莜麦产区。

四、晋燕 15 号

审定编号:晋审燕(认)2011002。

申报单位:山西省农业科学院五寨农业试验站。

选育单位:山西省农业科学院五寨农业试验站、山西省农业科学院高寒区作物研究所。

品种来源:925-18/皮燕麦原始材料"健壮"。925-18 为五寨试验站自育的杂交后代材料,试验名称为"9526-12"。

特征特性:生育期 90 天,比对照"晋燕 8 号"早 3 天。根系发达,幼苗直立、深绿色,有效分蘖 1.3 个,生长势强,株高 95.5 厘米,叶姿上举,蜡质层中等厚度,主穗长 20.7 厘米,无芒,穗周散形,小穗串铃形,小穗数 34.8 个,轮层数 4～5 层,内稃白色、外稃浅黄色,主穗粒数 56 粒,主穗粒重 0.98 克,籽粒椭圆形、黄色,千粒重 24.5 克。抗旱性强,抗寒性强,抗燕麦坚黑穗病、秆锈病,轻感红叶病,抗倒性强。

品质分析:农业部谷物品质监督检验测试中心(北京)检测,粗蛋白质含量(干物质基础)18.32%,粗脂肪含量(干物质基础)5.21%,粗淀粉含量(干物质基础)59.27%。

产量表现:2009—2010 年参加山西省莜麦中熟区区域试验,2 年平均亩产 144.2 千克,比对照增产 19.4%,试点 9 个,全部增产。其中,2009 年平均亩产 157.1 千克,比对照"晋燕 9 号"增产 26.1%;2010 年平均亩产 131.2 千克,比对照"晋燕 8 号"增产 12.3%。

栽培要点:合理轮作倒茬,前茬以马铃薯、胡麻、豆类等为好。秋深耕结合施肥,春耕不宜太深。饱浇分蘖水、晚浇拔节水、早浇孕穗水。施肥以农家肥为主,化肥为辅,基肥为主,追肥为辅。播期为 5 月 30 日前后,亩播量 8～10 千克,亩基本苗 28 万～30 万株。适时中耕、除草,蚜虫危害严重的区域注意防治红叶病。进入蜡熟中、后期,上、中部籽粒变硬,籽粒大小和色泽正常时进行收获。

适宜区域:山西省秋莜麦产区旱平地、沟坝地。

五、品燕 3 号

审定编号:晋审燕(认)2014001。

申请单位:山西省农业科学院农作物品种资源研究所。

选育单位:山西省农业科学院农作物品种资源研究所。

品种来源:皮燕麦 nms9804/裸燕麦 9103-2-1,试验名称为"燕 2011"。

特征特性:生育期 90～100 天,中熟品种。幼苗匍匐,叶片细窄,浅绿色。株高 110.0～130.0 厘米,分蘖力中等,茎秆粗壮,抗倒性较强。周散形圆锥花序,平均穗长 20.0 厘米,平均轮层数 6.4 层,平均主穗小穗数 38.0 个,平均穗粒数 62.0 粒,平均穗粒重 1.5 克,平均千粒重 25.0 克,籽粒纺锤形、白色。田间轻感红叶病。

品质分析:2013 年农业部谷物品质监督检验测试中心分析,粗蛋白质含量(干物质基础)14.98%,粗脂肪含量(干物质基础)10.01%。

产量表现:2012—2013 年参加山西省莜麦(裸燕麦)新品种区域试验,2 年平均亩产 140.8 千克,比对照"晋燕 8 号"(下同)增产 12.0%,2 年 12 个试点,全部增产。其中,2012 年平均亩产 144.0 千克,比对照增产 12.3%;2013 年平均亩产 137.6 千克,比对照增产 11.8%。

栽培要点:亩施农肥 1 500 千克作基肥,硝酸铵 10.0 千克作种肥。适宜播期 5 月中、下旬,亩播量 9.0～10.0 千克,一般旱地合理密度每亩 30.0 万株,高肥力旱滩地合理密度每亩 40.0 万株。在分蘖期和抽穗期,结合降雨亩追施尿素 10.0 千克。蜡熟中、后期,上、中部籽粒变硬,表现出籽粒正常的大小和色泽时及时收获。

适宜区域：山西省莜麦（裸燕麦）产区的旱滩地、旱平地。

六、晋燕 17 号

审定编号：晋审燕（认）2014002。

申请单位：山西省农业科学院高寒区作物研究所。

选育单位：山西省农业科学院高寒区作物研究所。

品种来源：74039-26/8303，试验名称为"XZ04183"。

特征特性：生育期平均 95 天。幼苗直立、深绿色，生长整齐，长势强。平均株高 120.3 厘米，茎秆较粗，叶片短宽、上举，生育后期有灰色蜡质层。平均穗长 17.9 厘米，周散形圆锥花序，小穗串铃形，平均轮层 5.8 层，平均主穗小穗数 22.5 个，平均穗粒数 73.0 粒，平均穗粒重 1.76 克。籽粒纺锤形、黄色，平均千粒重 25.4 克。

产量表现：2012—2013 年参加山西省莜麦（裸燕麦）新品种区域试验，2 年平均亩产 147.2 千克，比对照"晋燕 8 号"（下同）增产 17.1％，2 年 12 个试点，全部增产。其中，2012 年平均亩产 152.6 千克，比对照增产 19.0％；2013 年平均亩产 141.9 千克，比对照增产 15.3％。

栽培要点：选择豆类、马铃薯、胡麻为前茬。亩施复合肥 25.0 千克作底肥，分蘖期亩施尿素 15.0 千克作追肥。适宜播期夏莜麦区 3 月 25 日—4 月 5 日，秋莜麦区 5 月 15 日—5 月 25 日。一般亩播量 11.5 千克，亩留苗 30.0 万株。前期早中耕、锄草（3 叶 1 心期），后期加强田间管理。蜡熟中、后期，上、中部籽粒变硬，表现出籽粒正常的大小和色泽时及时收获。

适宜区域：山西省莜麦（裸燕麦）产区的旱平地。

七、晋燕 18 号

审定编号：晋审燕（认）2015001。

申请单位：山西省农业科学院右玉农业试验站。

选育单位：山西省农业科学院右玉农业试验站。

品种来源：三分三/加拿大燕麦，试验名称为"Yy06-09"。

特征特性：生育期 95～103 天。幼苗直立，深绿色，有效分蘖率 77.7％，株高 123 厘米左右，叶姿上举，蜡质层较厚，有中、长芒，主穗长 25.1 厘米，侧散形穗，小穗串铃形，主穗铃数 48.6 个，花梢率 7.1％，轮层数 4.6 层，内稃白色、外稃黄色，主穗粒数 71.1 粒，籽粒椭圆形、黄色，千粒重 24.2 克。

品质分析：农业部谷物品质监督检验测试中心分析，粗蛋白质含量（干物质基础）15.7％，粗脂肪含量（干物质基础）7.21％。

产量表现：2013—2014 年参加山西省莜麦（裸燕麦）区区域试验，2 年平均亩产 150.9 千克，比对照"晋燕 8 号"（下同）增产 11.8％，12 个试点，11 点增产，增产点率 91.7％。其中，2013 年平均亩产 138.6 千克，比对照增产 12.6％；2014 年平均亩产 163.1 千克，比对照增产 11.0％。

栽培要点：前茬以玉米、谷子、马铃薯、胡麻、豆类等为好，亩施复合肥 25 千克作底肥，分蘖期和抽穗期，亩追施尿素 10 千克，播种前用拌种双拌种，防治坚黑穗病，适宜播期 5 月中、下旬，亩播量 8.0～10.0 千克，亩播种密度 25.0 万～30.0 万株，中耕及时锄草，蜡熟中、后期，麦穗由绿变黄，上、中部籽粒变硬，表现出籽粒正常的大小和色泽时及时收获。

适宜区域:山西省莜麦(裸燕麦)产区的旱平地。

八、同燕2号

审定编号:晋审燕(认)2015002。

申请单位:山西省农业科学院高寒区作物研究所。

选育单位:山西省农业科学院高寒区作物研究所。

品种来源:Marion/裸燕麦8914,试验名称为"2001"。

特征特性:生育期95天左右,属中熟品种。幼苗直立、叶片上冲,叶色深绿,有效分蘖率79%,株高113厘米左右,主穗长18.9厘米,主穗铃数40.3个,主穗粒数71.6粒,花梢率6.7%,千粒重24.8克,籽粒卵圆形、白色。

品质分析:农业部谷物及制品质量监督检验测试中心(哈尔滨)分析,粗蛋白质含量(干物质基础)17.51%,粗脂肪含量(干物质基础)10.26%,粗淀粉含量(干物质基础)58.0%。

产量表现:2013—2014年参加山西省莜麦(裸燕麦)区区域试验,2年平均亩产152.7千克,比对照"晋燕8号"增产13.1%,12个试点,11点增产,增产点率91.7%。其中,2013年平均亩产142.0千克,比对照"晋燕8号"增产15.2%;2014年平均亩产163.5千克,比对照"晋燕8号"增产11.3%。

栽培要点:前茬以谷子、马铃薯、豆类、胡麻为好,施足有机肥作底肥,播种前用拌种,双拌种,防治黑穗病,一般旱地适宜播期5月中、下旬,亩播量12千克,一般旱地亩播种密度35万株,分蘖后期至拔节前,亩追施尿素30千克,注意防治黏虫。

适宜区域:山西省莜麦(裸燕麦)产区的旱坡地,旱滩地。

九、晋燕19号

审定编号:晋审燕(认)2015003。

申请单位:山西省农业科学院五寨农业试验站。

选育单位:山西省农业科学院五寨农业试验站。

品种来源:三分三/健壮,试验名称为"0413-221"。

特征特性:生育期100天左右。幼苗直立,叶片上冲,叶色浓绿,成株株型紧凑,上部叶短而宽,株高110厘米左右,单株分蘖1.7个,侧散穗型,小穗串铃形,颖壳黄色,无芒,主穗长16.7厘米,主穗铃数22.5个,主穗粒数56.5粒,花梢率0.2%,千粒重22.4克,籽粒黄色,细长圆,带壳率0.15%。

品质分析:农业部谷物品质监督检验测试中心分析,粗蛋白质含量(干物质基础)17.17%;粗脂肪含量(干物质基础)5.12%;粗淀粉含量(干物质基础)62.81%。

产量表现:2012—2013年参加山西省莜麦(裸燕麦)区区域试验,2年平均亩产137.2千克,比对照"晋燕8号"(下同)增产9.2%,11个试点,10点增产,增产点率90.9%。其中,2012年平均亩产139.5千克,比对照增产8.8%;2013年平均亩产134.8千克,比对照增产9.5%。

栽培要点:农肥与过磷酸钙化肥提前混合沤制作基肥,适宜播期5月中、下旬,亩播量7.0~8.0千克,亩留苗25.0万~28.0万株,生育前期中耕锄草,生育中期亩追施3.0~5.0千克速效化肥,生育后期拔除大草,成熟后及时收获。

适宜区域:山西省莜麦(裸燕麦)主产区旱平地。

十、同燕 1 号

审定编号:晋审燕(认)2012001。

申报单位:山西省农业科学院高寒区作物研究所。

选育单位:山西省农业科学院高寒区作物研究所。

品种来源:皮燕麦 9028/裸燕麦 79-11,试验名称为"9406-1"。

特征特性:生育期 98 天左右,比对照"晋燕 8 号"晚熟 4 天。幼苗直立、深绿色,有效分蘖64.4%。株高 111.0 厘米,茎秆节数 6 个,叶姿上举、蜡质层较厚,穗长 29.6 厘米,短芒,穗形侧散,小穗串铃形,小穗数 35 个,轮层数 5 层,穗粒数 59 粒,穗粒重 2.1 克,千粒重 22.7 克,籽粒卵圆形,白色。抗旱性较强,耐寒性强。

品质分析:农业部谷物品质监督检验测试中心(北京)检测,粗蛋白质含量(干物质基础)17.79%,粗脂肪含量(干物质基础)6.75%。

产量表现:2009—2010 年参加山西省莜麦中熟区试验,2 年平均亩产 138.2 千克,比对照增产 14.5%,9 个试点,全部增产。其中,2009 年平均亩产 143.7 千克,比对照"晋燕 9 号"增产 15.4%;2010 年平均亩产 132.6 千克,比对照"晋燕 8 号"增产 13.5%。

栽培要点:以谷子、马铃薯、豆类、胡麻为前茬,春季土壤解冻后及时耙耱、镇压,亩施农肥1 500 千克作基肥,硝酸铵 10 千克作种肥,5 月中、下旬播种,旱地合理密度 30 万株/亩,高肥力旱坡地 40 万株/亩,当麦穗由绿变黄,上、中部籽粒变硬,表现出籽粒正常大小和色泽时收获。

适宜区域:山西省秋莜麦产区旱坡地。高肥地注意防倒伏。

十一、品燕 2 号

审定编号:晋审燕(认)2012002。

申报单位:山西省农业科学院品种资源研究所。

选育单位:山西省农业科学院品种资源研究所。

品种来源:CAMS-6/品五,CAMS-6 来源于崔林发现的 CA 雄性不育株的改造材料,品五来源于山西省农科院品种资源所燕麦资源库。试验名称为"燕 2009"。

特征特性:生育期 95 天左右,与对照"晋燕 8 号"相当。幼苗匍匐、浅绿色,有效分蘖率56.8%。株高 104 厘米,茎秆节数 7 个,叶姿下披、蜡质层薄,短芒,穗长 21 厘米,穗周散形,小穗纺锤形,小穗数 36 个,轮层数 6 层,穗粒数 55 粒,籽粒纺锤形、白色,千粒重 25 克。

品质分析:农业部谷物品质监督检验测试中心(北京)检测,粗蛋白质含量(干物质基础)17.60%,粗脂肪含量(干物质基础)5.87%。

产量表现:2010—2011 年参加山西省莜麦中熟区试验,2 年平均亩产 158.8 千克,比对照"晋燕 8 号"(下同)增产 15.5%,11 个试点,全部增产。其中,2010 年平均亩产 133.5 千克,比对照增产 14.3%;2011 年平均亩产 184.1 千克,比对照增产 16.5%。

栽培要点:亩施农肥 1 500 千克作基肥,硝酸铵 10 千克作种肥,播前种籽用 0.3%拌种双拌种防治黑穗病,5 月中、下旬播种,密度一般旱地每亩 30 万株,高肥力旱坡地每亩 40 万株,及时防治蚜虫,以防红叶病发生。

适宜区域:山西省莜麦产区。

十二、冀张莜 1 号

特征特性:中熟种,生育期 83～95 天。幼苗半直立,绿色。株高 110～130 厘米,最高可达 170 厘米,有效分蘖 1.8 个。周散形穗,短串铃,内颖褐色,籽粒长圆形,粒色浅黄,主穗长 20.5 厘米,主穗小穗数 21.0 个,穗粒数 40～60 粒。千粒重 26～28 克。茎秆粗壮,抗倒伏能力强。耐黄矮病,抗莜麦坚黑穗病。口紧不落粒,落黄好。抗旱性中等。一般亩产 100 千克左右。

品质分析:籽粒含蛋白质 16.21%,含脂肪 8.73%。

产量表现:1976—1977 年参加旱地品种比较试验,平均亩产 214.3 千克,比对照种"华北 2 号"增产 32.3%;1978—1979 年参加张家口旱地莜麦区区域试验,平均亩产 147.7 千克,比对照"华北 2 号"平均增产 12.6%。1980—1982 年参加全国旱地莜麦区域联合试验,平均亩产 113.6 千克,比对照品种"华北二号"平均增产 15.4%,居第 1 位。1979—1981 年生产示范,一般亩产 100 千克左右,比当地对照增产 25%;1982 年开始大面积推广。到 1984 年张家口播种面积为 30 万亩,占本省同类型区适宜种植面积的 30%以上。在内蒙古、山西、甘肃、宁夏、云南等省区也有一定面积。

栽培要点:选择生产潜力在 250 千克以下的滩地和肥力较好的平、坡地种植。张家口市坝上中、北部区以 5 月下旬至 6 月上旬为宜,坝头区以 5 月中、下旬为宜。一般沙壤地亩播种 9～10 千克,土壤较黏重的滩地亩播种量应增加 1～2 千克,亩苗数掌握在 25 万～30 万之间。不抗坚黑穗病,播种前要用 50%的多菌灵或甲基托布津以种子重量的 0.3%拌种防病。在施用一定基肥的基础上,一般要结合播种亩施 5～10 千克磷酸二铵做种肥。

适宜区域:适应河北张家口坝上的一般滩地和肥力较好的平坡地种植,也可在内蒙古、山西、甘肃、宁夏等省(自治区)同类型区种植。

第二节　栽培技术

一、选用良种

因地制宜选用适宜品种可以发挥品种最大的生产潜力,为高产提供保证。品种选用的原则是,选择适于产地和播种季节的气候条件、土壤条件和其他生产条件,品种类型适宜、高产、优质、抗逆性强的优良品种。

由于不同地区气温变化较大,气温随着海拔高度的升高而降低。不同莜麦品种对积温要求不同,因而不同地区对莜麦生育期的要求不同。海拔 2 400～3 000 米地区只能种植早熟莜麦品种,海拔 2 400 米以下地区适合种植中熟和中晚熟品种。

二、耕作管理

(一)选地整地

1.选择适宜土壤

莜麦具有较强大的根系,吸肥力强,在土壤 pH 为 5～8 的地块均能种植,适应范围较其他麦类宽,适宜在多种土壤条件下种植。若想莜麦取得高产,还是种植在有机质含量高,养分丰富,土壤结构疏松的壤土或比较好的湿润土壤或黏壤土为佳,忌干燥沙土栽培。应当选富含有机腐殖质、pH 在 5.5～6.5 的地块种植莜麦。如果进行无公害产品生产,首选通过有机认证转换期的地块;次之选择经过 3 年以上(包括 3 年)休闲后允许复耕的地块或经批准的新开荒地块。以栗钙土、草甸土类壤土为好。选择土壤肥沃、有机质含量高、保肥蓄水能力强、通透性好、pH 6.5～7.5 的地块。有机农业生产田与未实施有机管理的土地(包括传统农业生产田)之间必须设宽不小于 8 米的缓冲带。

2. 精细整地

(1)深耕　深耕的方法有机耕、套耕、锹翻等,但以机耕最好。因机具限制而不能使用机耕时,可使用步犁套耕。在耕地时间上,有伏耕、秋耕、春耕 3 种情况。有的地区也有伏耕和秋耕结合起来进行浅伏耕,深秋耕。一般在临播前进行耕地。试验结果表明,伏耕、秋耕增产效果最好,春耕最差。据调查,秋耕比春耕一般增产 10% 左右,秋耕 20～25 厘米比秋耕 10～15 厘米增产 9.9%～23.5%。

(2)整地与保墒　秋耕、深耕虽能提高土壤水分,但当年不能促进土壤水稳性团粒结构的形成。因此,保水、保墒必须依靠耙、磨、滚、压等整地保墒措施。耕后立即耙、磨或边耕边耙、耱。冬季镇压是北方莜麦产区长期行之有效的保墒措施。据研究,镇压时间以早春顶凌镇压保墒效果最好。

为了增加土壤水分,应结合秋耕、深耕,进行秋、冬灌溉。一般以秋灌最好,可以提高土壤的持水量,如进行春季灌溉,时间不宜过晚,一般在土壤解冻时立即进行,灌溉过晚,将会影响适期播种,如春耕,则应耕后灌溉,而后及时耙磨整地。

(3)免耕　在干旱、半干旱地区,为了减少风蚀、水蚀导致土壤表层养分、水分的流失,“免耕法”得到了迅速发展。免耕法可增加土壤小的孔隙,改善土壤表层性质,保护表土不受雨滴淋溶,防止水土流失和风蚀。与传统的耕作法比较,免耕法的主要特点如下。

①以“生物耕作”代替了机械耕作(传统耕作)。即通过植物根系的穿插和土壤微生物的活动来改变和创造土壤结构和孔隙。在根系穿插过程中,积累有机质,并借助土壤微生物的帮助,可以形成水稳性团粒结构。

②要有残茬覆盖。在前作物收获时,将作物秸秆切成小段,均匀地铺在地面上。这些覆盖物对土壤水分状况、物理状况、养分状况和有机质以及保护土壤等起着重要的作用。残茬覆盖是免耕法的重要环节。

③要与化学除草相结合。要求有高效、杀草范围较广、性能及残效期不同的各种除草剂相配合,才能有效地杀死各个时期发生的不同杂草。

④使用化肥。因为作为秸秆含碳素多,含氮素少,为了平衡土壤的碳、氮比,一般要比传统耕作法多施 1/5 左右的氮肥。

⑤使用特制的联合作业免耕播种机。可以一次完成灭茬、开沟、播种、施肥、施农药和除草剂、覆土、镇压等多种作业。

(二)种植方式

1. 单作

单作也称为清种,具有便于管理和适于机械化作业的优点。

2.间作

研究结果表明,莜麦、小麦间作可改善小麦的锰营养。莜麦可能通过根系分泌来活化土壤难溶性的锰氧化物,从而促进了小麦的生长,提高生产效益。

3.混作

试验表明,混作莜麦的产量明显高于单作莜麦,且与苜蓿混作的产量最高,其经济产量为68.56千克/亩,干草产量为605.52千克/亩,分别是单作莜麦的2.09倍和1.69倍,可见与苜蓿混作有利于提高莜麦的耐盐碱能力。

4.轮作

根据莜麦产区的不同自然条件,作物种类和各作物所占比重,以及轮作中存在的"养地不够,用地过度,用养失调"的实际情况,以莜麦为主体,秋莜麦区主要采用以下轮作方式。

秋莜麦区的主要作物除莜麦外,主要有春小麦、马铃薯、胡麻、油菜和豆类。对于坡梁旱地,土壤墒情差,有机肥施用很少。因此,通过轮作调节土壤营养条件,为轮作周期各作物创造有利的生活条件,对于进一步发挥土壤的潜在力,获得丰产有重要意义。一般确定豌豆、马铃薯为养地作物,春小麦为用养兼用作物,莜麦、胡麻、油菜为用地作物的轮作制是比较适宜的。主要轮作方式为:豌豆→莜麦→马铃薯;马铃薯→胡麻、油菜→豌豆→春小麦、莜麦。

这些轮作方式既体现了小麦、莜麦是主要作物,又有经济价值较高作物(油料),又有粮草兼用和民食习惯的地区优势作物。就茬口的用地特性而言,马铃薯虽是用地作物,但更是养地作物。因为马铃薯系中耕作物,并能施用有机肥料,加之多次中耕,翌年杂草很少。由于马铃薯的生育期较长,收获时气温较低,影响土壤熟化,在马铃薯之后种植春小麦,这样可改变马铃薯茬口遗留下来的不利因素;莜麦和小麦对N素养分有良好的反应,因此,安排豆科作物为其前作。

在秋莜麦地区的坡梁旱地,还采用轮歇压青耕作制,以恢复地力。实行粮草(绿肥)轮作。轮作方式如下:绿肥→胡麻、油菜;绿肥→莜麦→马铃薯。

对于土层厚、土质肥沃、地下水源丰富、地势平坦、适宜机械化作业的滩川水地,种植的作物有莜麦、春小麦、马铃薯、蚕豆以及胡麻、油菜和菜类,并种植莜麦为主,因而具有莜麦长期连作的习惯。但长期连作莜麦产量不高,因此,不提倡长期连作。可采用的轮作方式如下:小麦→蚕豆→莜麦;蚕豆→莜麦、小麦→马铃薯→胡麻+油菜。

三、栽培管理

(一)播种

1.种子处理

播前种子处理对于播种质量,全苗壮苗以及最后获得高产有很大意义,因此,是栽培技术的重要环节。种子处理主要包括种子精选、晒种和药剂拌种3个方面。

(1)选种 选种的目的是清除杂物,选出粒大饱满,整齐一致的种子。大而饱满的种子,所含养分多、活力强、发芽率高,播种后出苗快,生根多而迅速,幼苗健壮,苗期抗逆性好。

清选种子要根据籽粒形成过程的特点,尽量选用穗子上、中部小穗基部的大粒种子作为播种材料。莜麦种子清选的方法有风选、筛选、泥水(或盐水)选、机选和粒选等,一般先进行风选和筛选。风选可利用扇车、簸箕等工具,借助风力,把轻重不同的种子分开,除去混在种子里的秕壳、茎屑等杂物和秕粒,留下大而饱满的种子。筛选是利用筛孔适当的筛子筛除小粒、秕粒和杂物,同时通过筛子旋转,使重量较轻,不饱满种子和比较大的杂物聚积在优良种子的上面和中部,以便除去。种子清选机选种可以同时起到风选和筛选的作用,效果好,效率高。但利用清选机同时清选几个品种时,一定要注意选完一个品种以后要把机器清扫干净,以防品种之间的机械混杂。经过风选、筛选之后,最好再用泥水或盐水进一步筛选。泥水或盐水选是把种子放在30%的泥水或20%的盐水中搅拌,绝大部分杂物和秕粒浮在水面时,即可先除去,然后把沉在水底的种子捞出,在清水内淘洗干净,晒干,留作播种。粒选可以提高品种纯度,保证种子质量,但比较费工。

(2)晒种　晒种可提高种子的发芽率和发芽势。种子经过晒种以后,可改善种皮的透气性和渗水性,促进种子后熟,从而提高种子的生活力。晒种还可能杀死一部分种子表明附着的病菌,减轻某些病害的发生。在种子清洗以后,选择晴朗的天气,把种子薄薄地铺在平坦而干燥的地方,在阳光下晒3~4天即可播种。

(3)拌种　为防治黑穗病(特别是坚黑穗病)而进行拌种。种子选、晒后,用种子重量0.15%~0.20%的拌种双或其他农药进行拌种。为确保防治效果,拌种时必须做到药量准确,拌种均匀。

2. 适期播种

科学研究和生产实践表明,莜麦的播种期对其最后的产量构成有很大的影响。只有适期播种才能充分有效地利用自然条件中的有利因素,克服不利因素,并有利于发挥其他栽培技术措施的增产作用,从而获得高产。晋北地区适宜播期为4月上旬。

3. 种植密度

莜麦的合理密度是以不影响生产条件及栽培条件下,适宜的播种量能保持一定数量的壮苗为标准的。要求达到以籽保苗,以苗保蘖,提高分蘖成穗率,增加单位面积穗数,协调群体与个体之间的关系,增株,增穗,达到粒多粒大的目的。

根据确定适宜密度的基本原则,考虑干旱、风沙、害虫、杂草、耕种粗放的影响,致使出苗率普遍降低等因素,莜麦栽培密度(以亩播种量表示)的适宜范围是亩产100~125千克的中等肥力的水、旱地,亩播种量以30万~35万粒(9~10千克),保穗30万个左右为宜;亩产159~175千克,肥力基础较高的水地及无灌溉条件的下湿地,每亩播量以40万~45万粒(10~11千克),保穗32万~35万个为宜。当肥力条件很高,亩产200千克以上时,其播种量不宜再有所增加,还可适当减少,对穗部经济性状的发育有利,个体发育健壮和群体发育良好,可收到增产效果。

4. 播种方式

采用适当的播种方法,对苗全、苗匀、苗壮以致获得丰产也很重要。随着单位面积播种量的增加,莜麦产区在播种方法上,已改变了宽行稀播的习惯,而普遍采用了窄行宽幅条播的方法。对于充分利用地力,提高北方莜麦产区良好的光能资源的利用率,达到匀播密植,合理密植之目的,从而获得丰产。最好采用机械播种或人工开沟条播,不宜撒播,因撒播大部分种子播在干土层上,严重影响出苗。条播出苗率高,采用行距20厘米、播深5~6厘米为宜,太浅因土壤水分蒸发量不利于种子吸水发芽,太深影响出苗率。播种后覆土要严,镇压1次。机械播种出苗匀,密度易于掌握,因为莜麦茎秆脆弱,密度太大易倒伏会严重影响产量。土壤墒情适宜播种量为 10～12.5 千克/亩,土壤墒情较差时,播种量可加大到 15 千克/亩,保苗为 25 万～30 万株/亩。

(二)田间管理

1.按生育阶段管理

田间管理的任务就是根据莜麦生长特性及其在不同的生育阶段对环境条件的不同要求和外部形态的表现,及时采用相应的技术措施,使之能够向有利于丰产方向发展。

苗期田间管理的主要任务是在保证全苗的基础上,防草害,促根系育壮苗。中期田间管理的主要任务是,在促蘖增穗的基础上,促进壮秆和大穗的形成。后期田间管理的主要任务是养根保叶,延长上部叶片的功能期,防止旱、涝、病虫草等为害,达到穗大、粒重的目的。

2.定苗

当幼苗长到 3～4 个叶片时,结合中耕,及时间苗与定苗。间苗与定苗要根据苗情,排除病弱苗,选留健壮苗,充分发挥良种的增产作用。

3.中耕

中耕除草要根据莜麦的生育过程,掌握由浅到深、"除早、除小、除了"的原则。当幼苗长到 3～4 个叶片时,进行第 1 次中耕,对于消灭弱草,破除板结,提高地温,减轻盐碱或杂草为害,促进幼苗生长有重要作用。此次中耕,因幼苗较小,深度宜浅,以 3～6 厘米为宜。对于连作时间长,杂草多的地块,中耕时间还应适当提前;第 2 次中耕在分蘖后至拔节前进行。此时气温较高,中耕利于灭草、松土、减少土壤水分的蒸发;第 3 次中耕应在拔节后至封垄前,进行深中耕,既可减轻地表蒸发,又可借中耕适当培土,起到壮秆防倒的作用。中耕次数可根据具体情况而定。对于旱地莜麦,中耕具有非常重要的作用。因为旱地莜麦前期生长较慢,单位面积株数较少,田间郁闭程度低,抑制杂草生长能力差,正值旱季,及时中耕,不仅能够切断土壤毛细管,减少下层土壤水分蒸发,而且锄净垄背杂草,也能减少大量的水分和养分的消耗。锄地可使表土疏松,减少地表径流,更多地接纳雨水,提高雨水的利用效率。

4.科学施肥

(1)莜麦需肥规律 莜麦是喜氮作物。生长前期需氮量较少,分蘖到抽穗期需氮量大增,此期宜增加氮素供应。抽穗后减少氮素,以防贪青晚熟。磷在生育前期可促进根系发育,增加分蘖数,后期能促进籽粒灌浆。土壤中速效磷含量低于 15 毫克/升时,施用磷肥的效果明显。钾能促进茎秆健壮,提高抗倒伏能力。

据研究,在土壤肥力较高的滩、水地生产条件下,莜麦产量为 200～250 千克/亩,需要吸收氮素 8～9 千克、五氧化二磷 3.5～4.0 千克,即每生产 50 千克籽粒需要吸收氮素 1.8～2.0 千克、五氧化二磷 0.8～0.9 千克。在肥力较低的坡、梁旱地,产量为 50～75 千克/亩,要吸收氮素 2.0～2.5 千克、五氧化二磷 1.0～1.25 千克,即每生产 50 千克籽粒需要吸收氮素 1.6～2.0 千克、五氧化二磷 1 千克左右。

自分蘖至成穗,对氮素和磷素的吸收量是随着生育进程而逐渐增加的。莜麦产区土壤的基础养分状况通常是缺氮、少磷,钾充足,有机质含量较低。因此,单靠土壤供给远不能满足莜麦需要,必须根据不同生育时期的需要,施肥加以补充。

(2)施用时期和方法　　施用有机肥料作为基肥,不仅因其养分完全,而且能够不断分解出各种营养元素,在长时间内不断供给作为生长发育的需要,因此,施足基肥是获得莜麦高产的重要环节。施足基肥可以满足莜麦生长初期所需要的养分,对于促使初生根和次生根系的良好生长和分蘖成穗具有重要作用。施用基肥必须与耕作、灌溉等其他措施配合,注意基肥的施用时间、数量和质量等具体问题,更好地发挥基肥的增产效果。

在莜麦产区,由于气候冷凉,土壤干旱,耕层浅,结构不良,因而春季土壤微生物活力减弱,土壤养分矿化过程缓慢,速效养分含量低,不能满足莜麦苗期生长发育对主要养分的需要,苗期缺肥症状极为普遍。当土壤基础养分较低,基肥用量不足时,通过施用种肥加以补给十分必要。特别是在基肥用肥不多或不施基肥的情况下,施用种肥就更为重要。主要肥料有磷酸二铵、氮磷二元复合肥,碳酸氢铵和过磷酸钙,施肥方法主要采用播种沟集中条施,即随机播或犁播,种子肥料同时播下。

据试验,适时追肥是高产的必要措施。在莜麦 4 叶期,结合浇水每亩追尿素 5～7.5 千克,或追氮、磷复合肥料每亩 10 千克,以供给幼穗分化阶段对养分的需要,并且此追肥,对于促进根系发育,提高有效分蘖率,增加每穗小穗数,对获得大穗十分重要。如果在施用种肥的基础上,四叶期再追肥,则增产效果极为明显。

5. 合理节水补灌

莜麦是需要水分较多的作物。如果按每亩籽实产量为生物产量的 1/3 计算,则亩产籽粒 200 千克的高产田,每亩需水 335～373 米³,相当于降水量 500～560 毫米。因此南北方都需要在莜麦生育期间适时浇水。莜麦不仅需要水分较多,而且对于水分的反应亦较敏感,故生育期间灌溉,必须按照莜麦的需水规律,根据不同时期的降水多少,莜麦生长情况灵活进行。浇水要与追肥密切配合,总的原则是有控有促,促控结合。

(1)早浇头水　　在一般的水肥条件下,莜麦第 3 片叶停止生长时开始分蘖,同时生长次生根,主穗顶部小穗开始分化。因此,首次浇水应在 3～4 片叶时进行。第一次浇水的时间早晚,对产量影响也较大。据试验,3～4 片叶浇头水,比第 5 叶时,浇头水穗粒增加 2～2.5 粒,增产 7.8%～15.1%。早浇头水与早播密切配合。早播种的莜麦,3～4 叶期气温低,浇后地上部分营养生长不致过旺。第一次浇水时因幼苗较小,要浅浇,慢浇,在杂草较多时,浇前要锄草一次,浇后要及时松土。

(2)晚浇拔节水　　拔节期是莜麦营养生长和生殖生长的旺盛时期。莜麦自拔节开始,主穗进入小花分化阶段,至孕穗期,基部轮生层小穗分化完毕。由于经历时间较长,故需要水分、养分也多。这一时期不仅是决定穗粒数多少的关键时期,也是采取有效措施防止或减轻后期倒伏的关键时期。如果浇水得当,则可争取穗大穗多、粒多而获得高产;反之,如浇水过早,N 素肥料施用过量,反致群体迅速增大,个体基部郁蔽,通风透光不良,群体与个体之间的矛盾加剧,花梢数量增加,导致后期倒伏。

拔节期浇水以控为主,促控结合。既要供给充足的水分、养分,又要控制第 1 节间、第 2 节间徒长,防止倒伏。具体做法是拔节水控在第 1 节间已经停止伸长或延至第 2 节间生长高峰已过时再浇。要根据气候、土壤和作物长相灵活掌握,要控之适当,控二水不能过头。控水期间要中耕一次,深度 3 厘米左右,既可灭草,减轻地面蒸发,又可培育壮秆防倒。

(3)浇好灌浆水　　莜麦抽穗、灌浆阶段是光合产物输送到籽粒最多的时期,此时气温高,植株耗水量大,对水分的要求更为迫切。尤其灌浆至乳熟期间,如果水分供应不足,功能叶片的光合强度显著下降,夜间呼吸作用加强,就会影响有机养分向籽粒的输送和积累。所以要及时浇好扬花灌浆水,此次浇水可增加空气湿度,减轻高温逼熟的危害程度。但后期浇水要注意天气变化,避免灌后遇到风、雨引起倒伏。如果发现氮肥用量过大时,则要适当控制浇水,防止贪青倒伏造成损失。

四、病、虫、草害的防治与防除

(一)主要病害

1.种类

据调查,危害严重的莜麦病害主要有燕麦坚黑穗病、散黑穗病、燕麦冠锈病和秆锈病 4 种。另外莜麦真菌性叶斑病在华北地区也时有发生。

2.防治方法

(1)应选用抗病品种　研究证明,凡前期生长发育快、单株分蘖力低的品种田间抗病力强,反之,生育期长,分蘖力强的品种抗病力弱。

(2)做好药剂拌种　研究证明,只要选用优良的拌种药剂,并且严格按照操作规程进行拌种,坚、散黑穗病是完全可以消灭的。其中,拌种双、多菌灵、萎锈灵等已在生产上广泛应用,取得了良好效果。好的拌种药剂,还应当采用严格的拌种技术和必要的拌种工具。

(二)主要虫害

1.种类

莜麦没有专一性的害虫。为害麦类、禾谷类的杂食性害虫均对莜麦有为害性。例如,苗期的地下害虫,春麦夜蛾;成株期的黏虫、土蝗、草地螟;籽粒成熟期的麦穗夜蛾等。其中,最重要的是黏虫、地下害虫、麦二叉蚜、土蝗、蝼蛄等。

2.防治方法

虫害防治应遵循预防为主综合防治的方针。优先使用农业措施、生物措施、综合运用各种防治措施,创造不利于害虫滋生、有利于各类天敌繁衍的环境条件,保持生态系统的平衡及生物多样性,将各类虫害控制在允许的经济阈值以下,将农药残留降低到规定的范围内。引种时应进行植物检疫,不得将有害虫的种子带入或带出。选择优良品种的优质种子,实行轮作,合理间作,加强土、肥、水管理。清除前茬宿根和枝叶,实行冬季深翻,减轻虫基数。农药防治掌握适时用药,对症下药。黏虫用 80%敌百虫 500～800 液或 20%速灭丁乳油 400 倍液等喷雾防治。对地下害虫可用 50%辛硫磷乳油 0.25 千克/亩配成药土,均匀撒在地面,耕翻于土壤中防治。

(三)主要杂草

1.种类

莜麦田杂草主要有狗尾草、稗草、碱草、茅草、禾草、芒草、雀麦草等一年生禾本科杂草,灰菜、苋菜、胡舌芽等一年生藜科杂草,以及菊科杂草甜苣、苦苣和苍耳、田旋花、酸地柳等。

2.防治方法

研究表明,使用传统的人工锄草,灭草和增产效果最好。化学除草剂 2,4-D 丁酯稀释

1 500～2 000 倍液锄草效果较好,采用先使用化学除草剂,再人工锄草或后期拔大草的模式锄草有更好的效果。

五、适期收获

(一)成熟和收获标准

莜麦的收获要求时间性很强,一旦成熟,就应及时收获。不可延误,否则籽粒脱落,影响收成。籽粒用莜麦收获期通常以主枝或主穗的籽粒达到完熟,分蘖或枝端的籽粒蜡熟为宜。莜麦穗上下部位的籽粒成熟期不一致,当麦穗中、上部籽粒进入蜡熟末期时,应及时收获。蜡熟末期的表现是,莜麦茎秆有韧性,而且不易折断,用手指甲掐麦粒,麦粒应有韧性,不易碎。此时应及时收获。

(二)收获时期和方法

莜麦收获通常应在 9 月上旬进行,收获可人工收获。人工收获时,应将莜麦的地上部分用镰刀全部采收,进行连株收获。

第九章 高　粱

第一节　优良品种介绍

一、晋杂 29 号

审定编号：晋审粱（认）2013001。

申报单位：山西省农业科学院高粱研究所。

选育单位：山西省农业科学院高粱研究所。

品种来源：209A×J7682，试验名称为"晋中0925"。

特征特性：生育期平均125.0天。幼苗绿色，平均株高174.6厘米，叶绿色，叶脉白色，平均穗长28.7厘米，穗纺锤形，穗码中紧，颖壳红色、卵圆形，单穗重平均107.4克，平均单穗粒重81.6克，平均千粒重30.7克，籽粒红色，粒形椭圆形，粒质粉质。

品质分析：农业部谷物及制品质量监督检验测试中心（哈尔滨）检测，粗蛋白质含量（干物质基础）8.20%，粗脂肪含量（干物质基础）3.53%，粗淀粉含量（干物质基础）75.49%，单宁含量（干物质基础）1.20%。

产量表现：2011—2012年参加山西省高粱早熟组直接生产试验，2年平均亩产644.6千克，比对照"晋杂15号"增产13.5%，2年10个试点，全部增产。其中，2011年平均亩产635.6千克，比对照"晋杂15号"增产15.2%；2012年平均亩产653.6千克，比对照"晋杂5号"增产11.9%。

栽培要点：施足底肥，每亩施复合肥50千克左右。5月上旬地温稳定在10℃以上时播种，亩播量1~1.5千克，亩留苗7 000~7 500株。生长中期、后期注意防治蚜虫。

适宜区域：山西省大同、朔州及寿阳等高粱早熟区。

二、晋杂 36 号

审定编号：晋审杂（认）2015001。

申请单位：山西省农业科学院高粱研究所。

选育单位：山西省农业科学院高粱研究所。

品种来源：203A×J7582，试验名称为"晋中1023"。

特征特性：生育期125天左右。幼苗绿色，株高165.8厘米，叶绿色，叶脉白色，穗长29.1厘米，穗纺锤形，穗型中紧，穗重161.2克，穗粒重120.9克，颖壳黑色、卵圆形，千粒重27.2克，粒红色、扁圆形，粒质粉质。

品质分析：农业部谷物及制品质量监督检验测试中心（哈尔滨）分析，粗蛋白质含量（干物质基础）10.14%，粗脂肪含量（干物质基础）4.05%，粗淀粉含量（干物质基础）75.42%，单宁含量(干物质基础)1.06%。

产量表现:2013—2014年参加山西省高粱早熟区区域试验,2年平均亩产573.2千克,比对照"晋杂15号"增产13.7%,9个试验点,全部增产。其中,2013年平均亩产552.3千克,比对照"晋杂15号"增产15.0%;2014年平均亩产594.0千克,比对照"晋杂15号"增产12.5%。

栽培要点:亩施复合肥50千克左右做底肥,适宜播期4月下旬至5月上旬,亩播量1.5千克,播深3～4厘米,4叶期间苗,亩留苗7 500～8 000株,中期和后期注意防治蚜虫。

适宜区域:山西省高粱春播早熟区。

三、晋杂37号

审定编号:晋审杂(认)2015002。

申请单位:山西省农业科学院高粱研究所。

选育单位:山西省农业科学院高粱研究所。

品种来源:SX330A×SX860,试验名称为"晋中1242"。

特征特性:生育期129天左右。幼苗绿色,叶绿色,叶脉白色,株高163.2厘米,穗长26.7厘米,穗纺锤形,穗型中紧,穗粒重104.7克,千粒重24.2克,籽粒扁圆形,红壳红粒。

品质分析:农业部谷物及制品质量监督检验测试中心(哈尔滨)分析,粗蛋白质含量(干物质基础)8.83%,粗脂肪含量(干物质基础)3.85%,粗淀粉含量(干物质基础)74.9%,单宁含量(干物质基础)1.5%。

产量表现:2013—2014年参加山西省高粱早熟区区域试验,2年平均亩产560.8千克,比对照"晋杂15号"(下同)增产11.2%,9个试点全部增产。其中,2013年平均亩产542.1千克,比对照增产12.8%;2014年平均亩产579.5千克,比对照增产9.7%。

栽培要点:播前施足农家肥,亩施复合肥50千克左右,尿素15千克;4月下旬至5月上旬地温稳定在10℃以上时播种,播种后出苗前喷施高粱专用除草剂,亩播量1.5千克,出苗后及时间苗定苗,亩留苗水肥地8 000株,山旱地7 000株;拔节至抽穗期,亩追施尿素15千克;后期注意防治蚜虫。

适宜区域:山西省高粱春播早熟区。

四、晋杂15号

审定编号:GPD高粱(2017)140017。

申请单位:山西省农业科学院高粱研究所晋中龙生种业有限公司。

选育单位:山西省农业科学院高粱研究所　张福耀　高德进　阎永康　孟春刚　曹昌林。

品种来源:黑龙11A×七抗七。

特征特性:酿造用杂交种。生育期127天左右,幼苗叶片绿色,株高170厘米左右,穗长25厘米,穗粒重65.3克,千粒重22.5克,红壳红粒,粉质,穗呈纺锤形。高抗丝黑穗病,抗倒性强,抗旱,耐瘠水平达二级。

产量表现:第1生长周期亩产380.2千克,比对照"晋杂2号"增产20.9%;第2生长周期亩产343.3千克,比对照"晋杂2号"增产14.4%。

品质分析:总淀粉含量75.59%,粗脂肪含量75.59%,单宁含量1.92%。

栽培要点:适时早播,在山西省春播早熟区种植以早播为宜,一般应在5月1日前、后播种；合理密植，一般地块亩留苗 9 000～10 000 株，高水肥地可增加到 11 000 株，旱垣地以 8 000～9 000 株为宜。施足底肥，亩施优质农家肥 2 000 千克，尿素 20 千克，复合肥 40 千克。病虫防治，防治蚜虫，可用 40％氧化乐果对水喷施。

适宜区域：适宜在晋东高寒区、晋北春播早熟区无霜期 130 天左右地区种植。注意预防蚜虫。

五、赤粱 2 号

审定编号：蒙审粱 2012005 号。

申请单位：赤峰赤粱种业科技有限责任公司。

选育单位：赤峰赤粱种业科技有限责任公司。

品种来源：以不育系 C5A 为母本、恢复系 H74 为父本组配而成。母本是以 314A×（206B×黑 30B）为基础选育而成；父本是以 5933×恢 11 为基础选育而成。

特征特性：生育期 111 天，比对照"敖杂 1 号"晚 1 天。叶片绿色，芽鞘紫色。株高 163 厘米，19 片叶，白色叶脉。果穗纺锤形，中散穗。籽粒椭圆形，黑壳、红粒，千粒重 28.2 克。

品质分析：2011 年农业部农产品质量监督检验测试中心（沈阳）测定，粗蛋白质含量 8.38％，粗淀粉含量 73.17％，赖氨酸含量 0.21％，单宁含量 1.4％。

抗病鉴定：2011 年辽宁省国家高粱改良中心用丝黑穗病 3 号生理小种进行接种鉴定，抗丝黑穗病（发病率 9.5％）。

产量表现：2010 年参加高粱早熟组区区域试验，平均亩产 671.9 千克，比对照"敖杂 1 号"增产 9.0％；2011 年参加高粱早熟组区区域试验，平均亩产 588.8 千克，比组均值增产 4.0％；2011 年参加高粱早熟组生产试验，平均亩产 579.1 千克，比对照"敖杂 1 号"增产 12.6％。

栽培要点：亩保苗 7 500～8 000 株。

适宜区域：内蒙古自治区≥10℃活动积温 2 500℃以上地区种植。大同市可在相同积温生态区种植。

六、赤粱 4 号

审定编号：蒙审粱 2013003 号。

品种名称：赤粱 4 号。

申请单位：赤峰赤粱种业科技有限责任公司。

选育单位：赤峰赤粱种业科技有限责任公司。

品种来源：以不育系 314A 为母本、恢复系 R185 为父本杂交育成。母本是赤峰市敖汉旗农科所由 3197B×黑龙 11B 经多代选拔连续回交转育而成；父本是以 7788×7084 为基础经 6 代连续单株选择选育而成。

特征特性：幼苗叶片绿色，芽鞘绿色。植株高 175 厘米。果穗穗纺形，中紧穗，穗长 27.9 厘米。籽粒红壳、红粒，千粒重 33.5 克。

品质分析：2011 年农业部农产品质量监督检验测试中心（沈阳）测定，粗蛋白质含量 8.59％，粗淀粉含量 77.34％，单宁含量 0.71％，赖氨酸含量 0.24％。

抗病鉴定：2010—2011 年国家高粱改良中心用丝黑穗病 3 号生理小种进行接种鉴定，高抗丝黑穗病（2 年平均为 1.4％）。

产量表现:2010 年参加国家高粱区区域试验,通辽点平均亩产 639.8 千克,比对照"四杂 25 号"增产 9.6%;赤峰点平均亩产 818.5 千克,比对照"四杂 25 号"增产 7.2%。平均生育期 114 天,比对照"四杂 25 号"早 1 天;2011 年参加国家高粱区域试验,通辽点平均亩产 578.8 千克,比对照"四杂 25 号"增产 11.3%;赤峰点平均亩产 692.3 千克,比对照"四杂 25 号"增产 10.3%。平均生育期 113 天,比对照早 3 天。2011 年参加国家高粱生产试验,通辽点平均亩产 568.7 千克,比对照"四杂 25 号"增产 7.8%;赤峰点平均亩产 662.0 千克,比对照"四杂 25 号"增产 8.4%。平均生育期 117 天,比对照早 1 天。

栽培要点:5 厘米地温稳定在 10~12℃以上时播种,亩留苗 7 000~8 000 株。施种肥磷酸二铵或复合肥 10 千克/亩,种肥切忌与种子接触。结合耥地亩追施尿素 15~20 千克。

适宜区域:内蒙古自治区通辽市、赤峰市≥10℃活动积温 2 600℃以上地区种植。大同市可在相同积温生态区种植。

七、禾粱 1 号

审定编号:蒙审粱 2016009 号。

选育单位:内蒙古禾为贵种业有限公司。

品种来源:以吉 2055A 为母本、R5 为父本选育而成。

特征特性:植株株高 156 厘米。果穗纺锤形中紧穗,穗长 26.9 厘米,穗粒重 82.0 克。籽粒红壳红粒,千粒重 28.1 克。

品质分析:2015 年农业部农产品质量监督检验测试中心(沈阳)测定,粗蛋白质含量 7.8%,粗淀粉含量 76.58%,粗脂肪含量 3.3%,单宁含量 1.5%。

抗病鉴定:2015 年辽宁省国家高粱改良中心用丝黑穗病 3 号生理小种进行接种鉴定,中抗丝黑穗病(19.2%)。

产量表现:2013 年参加高粱预备试验,平均亩产 595.5 千克,比对照"内杂 5"增产 6.4%。平均生育期 121 天,比对照晚 5 天。2014 年参加高粱中熟组区域试验,平均亩产 735.7 千克,比组均值增产 2.5%。平均生育期 119 天,比对照"内杂 5"晚 3 天。2015 年参加高粱中熟组生产试验,平均亩产 606.6 千克,比对照"内杂 5"增产 6.1%。平均生育期 118 天,比对照晚 2 天。

栽培要点:通辽地区适宜 5 月 1—15 日播种,亩留苗 7 500 株左右。底肥施磷酸二铵每亩 10~15 千克,拔节期追肥尿素每亩 15~20 千克。

适宜区域:内蒙古自治区≥10℃活动积温 2 700℃以上地区种植。大同市可在相同积温生态区种植。

第二节　栽 培 技 术

一、选用良种

所谓良种就是能适应当地气候条件、耕作制度和生产水平的品种,具有高产、优质、低成本的特点。

在生产中,应选用与当地光照条件、温度状况、雨季吻合和轮作制度相适应的对路品种,即在土壤肥沃、雨水充沛、栽培条件较好的地区,应选用喜肥水、茎秆粗壮、抗倒伏、丰产性能好、增产潜力大的高产品种;在土壤肥力较差或干旱地区,则应选用耐瘠薄、抗干旱、抗逆性强的品种。同时,还要根据当地自然灾害特点,选用的大面积推广良种必须对当地主要自然灾害以及病虫害有较强的抗耐性,以达到丰产丰收的目的。

品种的优劣对高粱高产、稳产有着重要的作用,良种不仅是提高农业生产的一项成本低、见效大的增产措施,也是促进栽培技术不断向前发展的主要因素。选用良种是获得高产的内在因素,它与自然环境、栽培技术措施有着密切的联系。

虽然良种具有增产作用,但是我们也要充分认识到,农业生产的各项措施是一个辩证的统一体,良种的作用再大,也只是增产作用中的一个局部,而不是它的全部。要正确估价良种的作用。

二、耕作管理

(一)选地整地

高粱具有抗旱、抗涝、耐盐碱、耐瘠薄、适应性广等特点,对土壤的要求不太严格,不过好地更有利于高产。高粱在播种前要想拿全苗必须做到精细整地。将地耙平、耙细,否则对出苗不利。整地质量好坏是抓全苗及决定质量的关键环节。高粱提倡秋翻地、秋耙地、深翻灭茬,以利于蓄水保墒,为拿全苗创造良好的基础。

高粱多种植于干旱地区,或者涝洼、盐碱、土坡薄地上。对北方旱地种植高粱来说,一次播种出全苗的关键因素是土壤墒情。但是北方干旱半干旱地区降水量少,春季又常发生春旱,因此播种保苗的难度较大,必须做到春墒秋保,秋翻整地是重要的技术环节。经过耕地和整地,耕层表面形成一层团粒,土壤中产生大量的非毛细管孔隙。降雨时,雨水很容易通过这些孔隙深入耕层,将土壤水分积蓄在耕层底部。团粒内部的毛细管孔隙因吸附能力强,积蓄的水分不易蒸发,提高了土壤的保墒能力。

在晋北旱区,糖地是防止水分蒸发的有效耕作措施。糖地常为先耙地后糖地,连续进行,以提高保墒效果。主要作用是糖松表土,进一步破碎土块和平整土面。可在耕层部分创造一个内部紧密、表面疏松的覆盖层,使耕层达到适于播种状态。有灌溉条件的地区,可在播种前浇地使土壤达到宜耕含水量,在耕层达到适于播种状态。

在耕翻前散施腐熟有机肥 0.2 万～0.22 万千克/亩,复合肥 80～100 千克/亩,耕翻后再撒施复合肥 40～50 千克/亩,糖平后用低毒农药喷雾,进行土壤消毒,防治地下害虫。同时,用33%除草通乳油加水喷雾,防治草害。

(二)种植方式

1. 间作

间作是指两种作物相间种植,其两种作物的播种期和收获期相同或大体相同。与高粱实行间作的主要有谷子、大豆、甘薯等。

(1)高粱与谷子间作　这一间作形式在中国北方高粱产区应用较为普遍,行(垄)比为1:3、1:6、3:6 或者 6:6,即 1 行高粱 3 行谷子或者 1 行高粱 6 行谷子等。

(2)高粱与大豆间作　这是高粱产区最为普遍的一种间作方式,即利用高度上的差异获得高产。其行比要看以哪种间作物为主要收获物来定。以高粱为收获物时,常采用 8 行高粱与

4行大豆间作的方式或者采用4行高粱与4行大豆间作方式。如果以大豆为主要收获物,则应增加大豆的行数。

研究认为,大豆5∶1行间套种高粱是在全程免耕大豆加密种植的基础上,每隔5行大豆,在其行间又加密种植一行高粱。此方法大豆行距为45厘米,双株株距20厘米,高粱在45厘米大豆行间种植,单株高粱株距为9.5厘米,与两边大豆行间距为22.5厘米,不单独占耕地。采用这种种植方法,大豆和高粱均增加3.33千克/亩施肥量,化肥量多支出16.67元/亩,而纯收入比清种大豆增加400元/亩以上。

2.套种

2种作物相间种植,但2种作物的生育期长短不同,其中,一种作物生育较短,可以在相同时间或大体相同时间播种,但产出却大大提高。晋北地区与高粱套种的作物主要有马铃薯。

这是晋北高粱产区常采用的一种套种方式。其做法是先种马铃薯,待马铃薯达生育中期时,套种高粱。行比一般多采用2行高粱2行或4行马铃薯,这种套作方式对2种作物都有利。前期,高粱生长缓慢,不妨碍马铃薯生长;当马铃薯结薯期间,高粱植株有一定的遮阳作用,可降低温度,有利于块茎形成;高粱达生育中期时,马铃薯已成熟收获了,其所占的空间高粱可充分利用,通风透光条件大为改善,有利于高粱的生长发育。因此,这种套种方式的增产效果最显著。

3.轮作

(1)高粱实行轮作倒茬的原因　高粱不宜连作。生产实践表明,高粱连作减产。其主要原因是高粱需肥量大,吸肥多,对土壤结构破坏严重。高粱连作之后病虫害加重。调查资料表明,连作3年后高粱丝黑穗病发病率可达30%以上,而轮作3年后发病率只有1%～2%。调查发现,连作高粱茬地的蛴螬数量比玉米、大豆、向日葵茬地都多。发生严重的地块,每平方米有蛴螬9.2头,缺苗率达9.8%。因此,在高粱连作下,由于土壤营养元素消耗量大,残留给土壤的有效养分少,加之高粱连作茬地土壤含水量低和病虫害加重,造成连作高粱减产。

(2)高粱轮作倒茬增产的原因　第一,轮作倒茬有利于均衡利用土壤养分。因为种过高粱的地块,地力消耗较多,如不进行轮作倒茬,就会造成耕层中某些营养元素缺乏,肥力降低。据调查,高粱倒茬比连作增产20%以上。第二,轮作倒茬能够减轻病害。第三,实行轮作倒茬可减少落生高粱。落生高粱与栽培的品种幼苗相似,但穗子散,成熟时易脱粒,连作时因其数量增多而降低栽培品种的产量。

多年的生产实践表明,为获得高产,高粱的前茬最好为大豆,其次是施肥较多的玉米等作物。玉米混作大豆也是较好的茬口。

(3)高粱的轮作形式　由于各地的生态、生产和经济条件的不同,形成了不同的轮作形式。以"→"表示年间的轮换,晋北一年一熟制地区,常用一茬豆科作物恢复能力。常见轮作方式有:

高粱→大豆;高粱→谷子→大豆;高粱→大豆→玉米;高粱→谷子→玉米大豆混作;高粱→谷子→玉米。

三、栽培管理

(一)适期播种

适期播种、保证播种质量是确保苗齐、苗壮、创高产的首要条件。高粱种子发芽的最低温度为 8～12℃,生长时期所需的最低温度为 12.8～16.5℃。因此,播种的确定依据地温和土壤墒情,一般 5 厘米耕层地温稳定在 12℃左右,土壤含水量在 15%～20%时,可作为高粱适时播种指标。晋北地区容易发生春旱,在墒情允许的条件下,应适期早播以争取较长的生育日数,达到正常成熟。播期应在 4 月 25 日—5 月 5 日比较合适,常规种植宜早播,杂交种宜迟播。播种期过早、土温低、出苗时间延长,易导致烂种烂芽严重,出苗率低,且不整齐;播种过迟。生育后期易受高温伏旱影响,穗部虫害也重。

高粱播种太早、土壤温度低,种子在地里时间长,容易腐烂,出苗率降低,造成缺苗断垄;播种太晚,土墒差,影响种子发芽和出苗,还可能造成生育延迟不能正常成熟。因此,高粱种植一方面要选择生育期适宜的品种,另一方面还要确定适宜的播种。

(二)种植密度

高粱籽粒的干物质中,有 90%～95%来自光合作用的产物。叶片是进行光合作用的主要器官,是制造有机物质的小加工厂。叶片中的叶绿素把高粱根系吸收的水、肥和无机盐以及叶片气孔吸收的二氧化碳通过太阳光的作用,将无机物质转化为有机物质,再输送到植株的各个部位,供给植株生长发育的需要和积累。因此,叶面积的大小直接影响干物质的形成,即高粱产量与叶面积大小关系密切。高粱是 C_4 植物,其光合效能比小麦高。在合理密植条件下,能发挥更大的增产作用。

1. 合理密植的作用

在一定范围内,增加密度,扩大叶面积,光合产物增加,产量上升。但密度过大,叶片相互重叠,株间透光率降低,田间郁闭,叶片光合作用降低,有机物质积累总量反而减少,产量下降。在合理密植的情况下,由于叶面积的增加,光合产物的增长大大超过呼吸消耗量,干物质净增量多,因此,产量较高。

高粱在不同生育期提高光合产物有一个最适宜的叶面积系数,低于最适叶面积系数时增加密度对光合产物形成有利,超过这个限度则不利,密度过大,株间光照不足,引起植株竞争旺长,基部节间变长,茎秆细弱,机械组织不发达,以致出现倒伏,加大了减产的幅度,产量和品质下降。试验证明,当叶面积系数最大值超过 6 时,产量呈下降趋势。

合理密植不仅使群体叶面积达到最适宜的程度,而且要保持一个良好的动态变化。叶面积前期扩展速度越快,抽穗以后下降的速度越慢,维持绿色面积时间越长,对高粱的产量形成越有利,这种动态变化对光能的利用率较高,制造干物质多,容易获得高产。

2. 合理密植的原则

高粱的种植密度受许多因素的影响。合理的密植要根据具体条件来确定,不能照搬套用外地经验,必须根据当地的自然和栽培条件,结合品种、土壤、肥水条件等,因地制宜,综合考虑。

(1)品种特性 品种的植物学特征和生物学特性是确定密度的主要根据之一。一般株型紧凑,叶片窄小上冲,茎秆坚韧抗倒的中矮秆、早熟品种或杂交种多适于密植。植株高大,叶片大而披散,对水肥要求高,茎秆较弱的晚熟品种,种植密度不宜过大。抗逆性强、适应性广的品种宜密植,喜水肥、适应性差的品种宜稀植。早熟类型宜密植,晚熟类型则宜稀植。

(2)土壤肥力　高粱种植密度在很大程度上还受土壤肥力、施肥水平所制约。在土壤肥沃,水肥充足,能够满足单位面积上较多植株生长发育所需的情况下,种植密度应大,而土壤瘠薄、施肥水平低,则种植密度要小。沙土地积蓄养分和水分的能力差,密度应稀点;黏土地养分和水分的含量较高,供肥能力强,有后劲,可适当密植。平地、土层厚、肥力高,宜密植;山地、土层薄、肥力差,应稀植。洼地、盐碱地土层虽厚,但含水量大,通气性不良,也应适当稀植。

(3)地势　有一定坡度的地,植株呈等高线分布,利于通风透光,可适当增加密度。山坡地一般植株矮小,叶片相对较少,应适当稀植。向阳坡地,光照充足,可适当密植,背阴坡地,光照少,温度低,应稀植。

(4)种植方式　随着土壤肥力和施肥水平的不断提高,高粱的种植密度也可相应地增大。但密度增大以后,到生育后期高粱群体与个体的光照矛盾又会加剧。为了解决这一矛盾,可采用适宜的种植方式,进一步发挥合理密植的增产效果。

(三)播种方式

1. 等距条播

采用等行距,单株留苗,较为普遍。行距的宽窄主要因种植习惯和农机具的不同而异。一般行距为35~40厘米,株距为16~20厘米。这种方式植株分布较为均匀,对水分、养分和光能的利用都较充分,产量较高。但容易过早封行,引起田间下层郁闭。在中等肥力条件下,缩小行距能增加产量,但带来的问题是田间管理不便,特别是机械化作业难以进行。

2. 宽窄行播种

是采用宽行和窄行相间排列的种植方式。这种种植方式有利于改善通风透光条件,植株封行晚,有利于中后期的田间管理。在高水肥地块采用这种种植方式,对增加密度,提高产量有利。宽窄行适宜的种植密度可达1万~1.2万株/亩。据试验,同样的地块采用等行距和宽窄行种植比较,宽窄行种植比等行距种植可增产30%以上,后期通风透光条件明显优于等行距,倒伏程度在不同年份均较等行距轻。因此,宽窄行种植是增大密度,提高产量的有效措施之一。

3. 穴播

在高水肥条件下,应采用增大穴距,增加每穴留株数的种植方式,增强了穴行内通风透光的条件,从而获得较高的产量。

(四)田间管理

1. 按生育阶段管理

(1)苗期田间管理　破除土壤板结。高粱出苗前,有时会遇到降雨,地表会出现板结,妨碍出苗。播后适时耙地可消除板结,还能减少水分蒸发,提高地温,减轻病害。如果在高粱出苗前有杂草发生,可以进行铲地,既消除杂草,又破除土壤板结。

(2)拔节到抽穗期间田间管理　这一时期是高粱营养器官旺盛生长的时期,也是生殖器官迅速分化和形成的时期。这是高粱生长发育最为茂盛的时期,所需各主要元素的最大摄取量和临界期几乎都出现在这一时期,是决定穗子大小和籽粒多少的关键时期。因此,这一时期田间管理的主要任务是协调好营养生长和生殖生长,在促进茎、叶生长的同时,充分保证穗分化的正常进行,为实现穗大粒多打下基础。

这一时期主要的田间作业有追肥、灌水、中耕、除草、防治病虫害等。追肥是关键,也是主要的田间管理措施。在运用原则上,要掌握高肥地块上要促控兼备,肥力差的地块要一促到底。

为防止茎秆脆弱倒伏,这一时期喷施矮壮素可使植株矮化粗壮。矮壮素能抑制细胞伸长但并不影响细胞分裂,会有效地增加产量。

(3)抽穗至成熟期田间管理　这一时期以形成高粱籽粒为生育中心,籽粒中的干物质少部分来自茎秆和叶片等器官贮藏的物质,大部分是这一时期功能叶片光合作用的产物。籽粒灌浆速度与后期植株体内水分含量的关系很密切。因此,为获取较高的穗粒重和单产水平,在这一时期保持植株的含水量,叶片的旺盛光合作用能力以及根系较强的吸收能力是获取高产的关键。在这一时期田间管理的中心任务,常采取的农艺措施有追穗肥,浇灌浆水,喷洒生物激素和防治病虫害等。

为促进高粱早熟,防止早霜为害,可于生育后期喷洒乙烯利、石油助长剂等激素。据观察,喷乙烯利的高粱旗叶长、宽有所增加,旗叶面积增加了 4.1%,其叶绿素含量也有所提高。这可能是乙烯利促熟增产的生理原因,乙烯利适宜的喷洒时期为开花末期,适宜的浓度为 1 000 毫克/千克,每亩用量 60 千克药液。

2. 间苗和定苗

间苗的目的是使幼苗形成合理的田间分布,避免幼苗相互争养分和水分,减少地力消耗。间苗应提早到 2 叶至 3 叶期,有利于培育壮苗。3 叶后,幼苗开始长出次生根,遇雨次生根长得更快,间苗过晚,苗大根多,容易伤根或拔断苗。

在保全苗的基础上,可于 4 叶期定苗,不要晚于 5 叶期,定苗时,要求做到等距留苗,留壮苗、正苗、不留双株苗。在偶尔缺苗的情况下,也可适当借苗。

3. 中耕

高粱中耕是田间管理的基本作业。中耕可以消除板结,消灭杂草,对调节土壤水分、温度状况有重要作用。农谚"锄头底下有水又有火"就是说明这个道理。天旱时,中耕能破除土壤板结,疏松表土,接纳雨水,并由于表层毛细管被切断而减少水分蒸发;相反,雨多地湿时,中耕增大了土壤孔隙度,可加速水分散发,提高地温。中耕还可以改善土壤环境条件,可使土壤中好气性微生物活性增强,加速有机质分解,提高土壤养分含量。中耕可切断垄沟内大量须根,断根恢复需要一定时间,因而减少了对茎部的养分供应,可控制茎叶徒长,并能刺激次生根大量发生,增强根系吸收能力,有利于"蹲苗"。

4. 科学施肥

(1)施肥原则　高粱施肥的原则应根据品种的生物学特性、土壤类型、肥料的特性、天气状况、劳力和机械化程度等综合因素考虑决定。

①根据品种需肥规律施肥。不同高粱品种需肥的规律有所不同,同一品种不同生育阶段对肥料的需求量也不一样。因此,应根据这些特点和植株长相选择肥料种类,确定适宜用量和施用时期。对喜肥、生育期长的品种,应施用充分腐熟的有机肥基肥,多追无机氮肥;对肥水要求不高、生育期短的品种,应施用速效性的无机肥作种肥,追施氮肥数量不要太多,实行一次追

肥为好。

②根据土壤性质和肥力施肥。由于土壤的保水保肥能力、酸碱度、肥力高低等因素不同,因此,应采取不同的施肥对策。对肥力低、熟化程度差的土壤,应多施有机肥,并配合施用磷肥才能取得较好的增产效果;对保水保肥能力差的沙质土壤,应多次少施的方法追肥,以减少化肥损失。

③根据肥料性质施肥。有机肥多属迟效性肥料,磷、钾肥料移动性差,应作基肥或种肥,人粪尿和无机氮肥的肥效快,应作追肥施用。有机和无机肥料配合施用可充分发挥肥效。有机肥料的营养元素全,不仅可以满足高粱生育对多种营养的需要,而且内含的腐殖酸带有多种负电荷,能够吸附阳离子(Ca^{2+},Mg^{2+},K^+,NH_4^+等)的养分,因此,有机和无机肥料的配合施用可减少化肥中营养成分的流失,提高化肥利用率。

(2)施肥种类和方法　高粱施肥时期种类主要有基肥、种肥、追肥和叶面喷肥。就高粱高产而言,要本着施足基肥、用好种肥、巧追化肥,补充叶面肥是基本的施肥技术。

①基肥。基肥又称底肥,一般是前茬作物收获后或本茬作物播种前施入的肥料。基肥多以有机肥为主,包括堆肥、绿肥、人粪尿、土杂肥、秸秆肥等。这些肥料营养元素全,对培肥地力,用地养地非常有利。有些化肥,如磷矿粉、过磷酸钙、氯化钾等分解慢,流动性差,也可作基肥;碳酸氢铵、氨水、液氨等化肥易被土壤代换吸收,所以,深施作基肥比追肥效果好。

②种肥。种肥又称口肥,播种时随种子同时施入。它的作用是为幼苗的生长发育创造良好的条件。传统高粱生产中,常用腐熟的人畜粪尿,沼气肥、草木灰、炕土等有机肥作为种肥,也有用硫酸铵、过磷酸钙、磷酸铵等化肥作种肥。

用速效性氮肥作种肥可使幼苗生育健壮,有助于产量的提高。每亩施用 4 千克硫酸铵作种肥的幼苗叶色较有机肥的深绿,鲜重增加,增加籽粒产量 8.9%。种肥的常用施肥量是,每亩施腐熟优质有机肥 500～1 000 千克,腐殖酸铵 50～100 千克,硫酸铵 4～5 千克,过磷酸钙 10～20 千克。种肥的施用方法以采取肥料和种子分沟条施、种子和肥料混合条施以及种子包衣微量元素种肥等。

③追肥。追肥是高粱生育期间根据生育状况和产量指标补充施用的肥料,目前,多以施用化学氮肥为主。追肥是解决土壤供肥状况和作物需肥状况之间矛盾的有效措施。在土壤肥力高、基肥充足时,追肥往往在需肥最多的关键时期进行;在土壤肥力低、基肥用量少的情况下,追肥应于前、后分次进行,借以增加养分供应数量。

5.合理节水灌溉

(1)高粱生育期和不同生育阶段需水量　虽然高粱是较耐旱的作物,但是要完成一生正常的生长发育,仍需要吸收一定数量的水分。高粱总的需水趋势是两头少,中间多。生育中期是对水分需要的敏感时期之一,此期如果缺水影响到幼穗发育,造成小穗小花退化,严重时抽不出穗来,称之为"卡脖旱"。这时遇干旱需灌水。高粱灌浆期的土壤水分对增加粒重有明显作用。乳熟期决定籽粒大小,与水分供应有直接关系。"春旱不算旱,秋旱减一半"正说明了此期水分的重要性,如遇干旱,需要浇水。

(2)节水灌溉的主要方式　在生产中,由于灌溉粗放,水的利用效率很低,在与其他行业争水时其竞争力较弱。然而,随着经济建设的不断发展,又面临着粮食安全问题的巨大压力,特别是晋北地区,水资源供需矛盾十分突出。因此,节水农业将成为农业发展的必由之路。

生产上高粱很少有灌溉的,尤其是晋北地区,水资源供需紧张,但在遇到大旱和有灌溉设施的农田应进行灌溉。现行的灌溉方式主要有沟灌和畦灌。垄作地区多借助于垄沟进行沟灌。适宜的沟灌坡度为 2/1 000～5/1 000,沟长以 50～100 米为一段。平作地区多采取畦灌,适宜的畦长为 30～60 米,畦宽 2～4 米。畦面应平整。这种灌溉方式耗水量大,不利于节水,一般多采用喷灌和滴灌技术,节省水,效果好,但设备成本高。目前,逐渐形成了一种水地高粱节水灌溉模式,即沟灌交替灌溉。

水地高粱节水灌溉模式采用沟灌交替灌溉的方法,即以常规法进行整地、施肥、灌底墒水;以 50 厘米行距进行种植;在高粱进入拔节期后,利用犁中耕的同时,在高粱行间纵向蹚出一条 10～15 厘米深的沟,于高粱 12～14 片展开叶时,以 37.5 毫米的水量对其进行隔沟灌溉(生产中以 20 吨/小时左右及其以下的入沟流量进行灌溉,10 天左右再灌一次水);在高粱进入灌浆期后,以同样的方式及水量,在未灌水沟中进行灌溉。

研究表明,采用沟灌交替灌溉法,在有较充足定底墒水的条件下,拔节水可推迟到 12～14 片展开叶进行,且灌水量应达到 37.5 毫米以上,为保证水量的要求,入沟流量宜小不宜大,且 10 天左右时尚需再灌一水,进入灌浆期后如无较多的降雨,尚需要未灌水沟中再行一次灌溉。高粱实行交替隔沟灌溉,与漫灌相比,产量相当的条件下,可节约灌溉 44.44％,提高水分生产效率 11.94％,减少土壤水分下渗率 17.2％,具有极显著的节水效应。

四、病、虫、草害的防治与防除

(一)主要病害

1.种类

高粱的病害主要有黑穗病和真菌性叶斑病,其次是细菌性叶斑病、病毒病。为害高粱的病害还有细菌性条纹病、斑点病。病害性的矮花叶病。真菌侵染的纹枯病、麦角病等。这些病害发生不普遍,为害轻,对生产影响甚微。

2.防治措施

(1)适时播种和提高播种质量 播种过早、土壤干旱、整地质量差以及覆土过厚都会延长出苗时间,增加侵染机会,使病情加重。因此,一般应在保证成熟的情况下尽量晚播,播前墒情适宜,整地精细,覆土深度适宜,以保证早出苗、出壮苗,缩短幼芽被侵染时间,减轻病害发生。

(2)选择品种 选用抗病品种。

(3)轮作 在可能的条件下轮作,可以控制和减轻为害。一般轮作年限为 3 年。进行土壤消毒也是一项行之有效的防治措施。用 20％萎锈灵乳油对细土 100 倍,点种后,每穴覆药土 50 克,然后盖土。也可用 75％五氯硝基苯 0.2 千克,拌细土 500 千克,撒于播种沟上面。

(4)清除病株 减少病原,抑制病害发生。

(5)拌种 实行药剂拌种,预防病害发生。按 1 千克种子使用 4 克混配杀菌剂(按 15％粉锈宁可湿性粉剂 60％、2％立克锈粉剂 40％混配),加水适量后拌种或浸种后拌种,拌种要均匀,堆闷 2～4 小时后播种。

(6)药剂防治 发病初期用 70％甲基托布津可湿性粉剂 1 000 倍液喷雾或用百菌清、多菌灵喷雾,连续使用 2～3 次。

(二)主要虫害

1. 种类

为害高粱的害虫有 30 余种,普遍而严重的有蚜虫、玉米螟等。

(1)地下害虫　主要有蝼蛄、蛴螬、地老虎,咬断根部,影响幼苗生长或致幼苗死亡。

(2)苗期害虫　主要有高粱长椿象,刺吸幼细汁液,影响苗期生育。

(3)食叶害虫　主要有黏虫、高粱舟蛾、高粱蚜等。黏虫为禾本科作物共同害虫、幼虫啃食叶片,造成缺刻孔洞。高粱蚜是中国高粱产区主要害虫,大发生年,轻者大幅度减产,重者颗粒不收。

(4)蛀茎害虫　主要有亚洲玉米螟、高粱条螟。

(5)穗部害虫　主要有桃蛀螟、高粱穗隐斑螟。

2. 防治方法

(1)农业综合防治方法　主要包括选用抗病虫的良种;严格执行晒种、风选,水选等种子处理;选用无病无虫壮苗移栽;加强除草管理,清洁田园;禁止施用化学氮肥;实行分带轮作,宽带种植等。

(2)人工防治方法　主要包括人工捉虫、人工拔除病株、及时摘除植株基部老病叶等。

(3)物理机械防治方法　主要是安装杀虫灯等。

(4)生物防治　主要是利用自然界的病虫害天敌防治,在不施用化学农药的情况下,病虫的天敌会对高粱的病虫害有一定的控制作用(如瓢虫就会吞食蚜虫)。

(5)药剂防治　主要包括利用生物农药防治虫害,如使用的生物农药有 Bt 乳剂、清源宝 、卫保、三保奇花等;利用植物农药防治虫害的植物药剂主要有烟草虫、核桃叶、除虫菊等。

(三)主要杂草

1. 种类

高粱春播田以多年生杂草、越年生杂草和春性杂草为主,如稗草、马唐、狗尾草、反枝苋、铁苋菜、马齿苋、鳢肠、龙葵和碎米莎草等。

2. 防除方法

杂草是高粱生产的一大为害,它与高粱争水、争肥、争光、争地,造成高粱的产量和品质下降。低洼地盐碱地的草害尤为严重,并且是周年性的,即任何时期都会有杂草的为害。杂草对高粱的为害主要在苗期,此期发生草害对培育壮苗极为不利,一些地块往往因草害而毁苗重播或造成减产。为害高粱的杂草有数百种,它们在外形、生态繁殖习性、为害特点以及对除草剂的敏感性等方面都不相同。因此,草害的防除要根据杂草的种类以及当地栽培习惯灵活掌握。

(1)深耕　深耕是防除杂草的有效方法之一。大部分杂草的种子在土表 1 厘米内发芽良好,耕翻越深对杂草种子发芽越不利,如看麦娘草在 1～3 厘米内发芽良好,而 5 厘米以下,则不能发芽。杂草繁殖系数相当大,一株播娘蒿能产生 50 万粒种子,马齿苋可产生 20 万粒种子。深耕可将大量杂草种子翻入深土中,使其不能发芽,有效减少杂草的为害。

(2)旋耕　播前旋耕可有效地消灭大批土壤表层萌发的杂草,从而降低田间杂草发生的基数。旋耕同时可以消灭多年生宿根性杂草,如狗牙根等,对较深层的宿根杂草的旋耕层内萌动的顶端优势,可进行破坏,推迟杂草为害高粱的时间,对培育壮苗有利。

(3)中耕 中耕可以直接消灭杂草。在草害较重的田块,中耕是消灭杂草行之有效的措施。但在手工和半机械化操作时,中耕除草用工往往占整个田间管理用工的一半以上,并且效率低,劳动强度大,十分辛苦。在草害较重和人力紧张的地方,往往容易因劳力缺乏造成草荒。

(4)化学除草 生产实践证明,使用化学除草具有除草及时,效果好,劳动强度小,工效高,成本低等优点,从而取得较好的经济效益和社会效益。化学除草主要在播种到出苗前和出苗后5叶期和8叶期进行,具体使用方法和药剂分述如下。

①高粱田间常用的播后至出苗前的化学除草方法是利用时差选择法除草,它是指在高粱播种后至幼苗未出土前喷洒除草剂。杂草萌发早的,遇药后会迅速死亡,即是利用种子和杂草萌发时间上的差异,来进行化学除草。高粱对化学药剂很敏感,使用时一定严格掌握用药品种、时间、浓度和方法,否则,容易造成药害。

②高粱田间常用的播后苗前化学除草药剂有:每亩用质量分数为25%绿麦隆可湿性粉剂200~300克,加水50升,均匀喷于土表;每亩用质量分数为25%绿麦隆可湿性粉剂150克,加体积分数为50%的杀草丹(又名禾草丹灭草丹稻草完)乳油150毫升或加体积分数为60%丁草胺(又名灭草特灭草胺去草胺)乳油50毫升,加水45~50升,喷洒土表,如遇干旱可浅耙2~3厘米,使药液与土混合,增加同杂草幼草接触机会;每亩用体积分数为72%都尔,(又称异丙甲草胺)乳油100~150毫升,加水35升左右,喷洒土表或用75毫升都尔,加体积分数为40%阿特拉津(又称莠去津)胶悬剂100毫升,加水喷洒土表;每亩用质量分数为50%利谷隆可湿性粉剂150~200克,加水40升,均匀向土表喷雾;每亩用体积分数为48%百草敌(又称麦草畏)水剂25~40毫升加水35升;或百草敌20~30毫升加体积分数为40%阿特拉津胶悬剂150~300毫升或加体积分数为48%甲草胺(又称拉索草不绿)乳油200~300毫升,加水35升,喷洒土表;每亩用体积分数为72% 2,4-D丁酯乳油50~80毫升,加水35升,均匀喷洒土表;每亩用体积分数为40%西马津胶悬剂200~300毫升,加水40升,均匀喷洒土表。注意此药有效期长,后茬作物不宜安排小麦、油菜、大豆等作物,后茬安排玉米时,可加大用药量至500毫升。

③苗期化学除草是利用除草剂在作物和杂草体内代谢作用的不同生物化学过程来达到灭草保苗的目的。高粱出苗后5叶期和8叶期,抗药力较强,使用除草剂较为安全,而5叶期前8叶期后对除草剂很敏感,故苗期化学除草一般在5叶期和8叶期进行,否则,容易产生药害。所以,应严格掌握喷药时间、浓度和品种。

④常用的苗期化学除草药剂和方法。高粱出苗后4叶期和5叶期,每亩用体积分数为72% 2,4-D丁酯乳油40~65毫升,加水35升左右,均匀喷雾杂草茎叶,主要防除阔叶杂草和莎草科杂草,对禾本科杂草无效;高粱出苗后4叶期和5叶期,每亩用体积分数为40%阿特拉津胶悬液200~250毫升,加水35升,均匀向杂草茎叶喷雾,可防除单、双子叶杂草以及深根性的杂草;高粱出苗后4叶期和5叶期,每亩用体积分数为20%二甲四氯水剂100毫升和体积分数为48%百草敌水剂12.5毫升混合,加水35升,向杂草茎叶均匀喷雾。

五、适期收获

(一)不同类型高粱的成熟或收获标准

高粱雌蕊受精后将迅速发育形成籽粒。一般从籽粒形成开始,通过灌浆过程至成熟需要30~50天,早熟基因型所需天数少些,晚熟基因型则多些。籽粒的成熟过程一般划分为乳熟、蜡熟和完熟 3 个时期,受精后子房即膨大,不久便进入乳熟期。乳熟期的籽粒外形绿色或浅绿色,丰满,籽粒内充满白色乳状汁液。此时,胚已经发育成熟,具有发芽能力。蜡熟期的籽粒略带黄色,内含物基本凝固呈黏性蜡状,挤压时籽粒虽破裂,但无汁液出,一般称之为"定浆"。当籽粒内含物呈固体状时,用手挤压不易破碎时就进入完熟期了。完熟期的高粱籽呈现出本品种固有的形态和颜色,籽粒的含水量在 20％左右。

(二)收获时期和方法

确定收获期的准则应该是收获的籽粒产量最高、品质最佳、损失最少。高粱籽粒的干物质积累量在蜡熟末期和完熟初期达到最大值。此时,高粱籽粒中含水量约 20％。蜡熟末期之前籽粒的干物质仍在积累中;蜡熟末期之后,干物质积累已基本完成,主要进行水分散失。因此,蜡熟末期是最适宜的收获适期。收获方法主要有人工收获和机械收获 2 种。

1.人工收获

即用镰刀手工割收,因不同生态区栽培习惯不同,因而人工收获习惯也存在差异。收获方式主要有如下几种。

(1)带穗收割　即连秆带穗一起收割。具体的操作步骤是,用镰刀从茎秆基部割断,再按 20～30 株捆于地上。一般经过十天半月的晾晒后,开始拆椽子扦穗,将扦下的穗子捆成捆,准备脱粒。

(2)扦穗收割　先将高粱穗用刀扦下,捆好,晾晒,以备脱粒。全部高粱收获完后,再收割茎秆。这种方式多见于南方高粱种植区。

(3)连根刨收　在河南、山西、山东等省的部分地区,为多收秸秆,连根刨收,然后分别进行扦穗和捆秸秆。

2.机械收获

机械收获的优点在于效率高,损失少。辽宁 4G-4 是一种高秆高粱收割机,收获时要求植株高度一致,行距一致。机械收获时,要严格掌握收获时期才能减少田间损失,一般籽粒含水量达到 20％时,为适宜收获期。

参 考 文 献

[1] 范宏贵,等.玉米良种与栽培指南.北京:中国农业科学技术出版社,2008.

[2] 汪黎明,等.中国玉米品种及其系谱.上海:上海科学出版社,2010.

[3] 王国忠,等.现代玉米高产栽培实用技术.北京:中国农业科学技术出版社,2013.

[4] 张效梅,等.黑玉米种植与加工利用.北京:金盾出版社,2011.

[5] 曹广才.山西玉米新品种与优化栽培.北京:气象出版社,2000.

[6] 曹卫星.作物栽培学总论.北京:科学出版社,2017.

[7] 黄长岭,等.特种玉米优良品种与栽培技术.北京:金盾出版社,2006.

[8] 张世煌.玉米良种引种指导.北京:金盾出版社,2007.

[9] 孙耀邦.特用玉米种植技术.北京:中国农业出版社,1999.

[10] 周有耀.农作物良种选用200问.北京:金盾出版社,2006.

[11] 王素华.农作物新品种与栽培技术.北京:中国农业出版社,2005.

[12] 农业部优质农产品开发服务中心.马铃薯优质高产高效生产关键技术.北京:中国农业科学技术出版社,2017.

[13] 邢宝龙,等.中国高原地区马铃薯栽培.北京:中国农业出版社,2017.

[14] 庞淑敏,等.怎样提高马铃薯种植效益.北京:金盾出版社,2012.

[15] 陈应志.大豆品种管理与推广技术指南.北京:中国农业科学技术出版社,2007.

[16] 邢宝龙,等.黄土高原食用豆类.北京:中国农业出版社,2015.

[17] 李变梅.谷子高产高效栽培技术.北京:中国农业出版社,2014.

[18] 郑殿升,等.高品质小杂粮作物品种及栽培.北京:中国农业出版社,2009.

[19] 全国农业技术推广服务中心.中国小杂粮优质高产高效栽培技术.北京:中国农业出版社,2015.

[20] 丁国祥,等.高粱栽培技术集成与应用.北京:中国农业科学技术出版社,2010.

[21] 曹广才,等.北方旱地粮食作物优良品种及其使用.北京:金盾出版社,2001.